นอส

าศัยและทำงานอยู่

ลป์ในกรุงบรัสเซลล์

มหาวิทยาลัยปารีส

먹고 싶을 때 먹고

자고 싶을 때 자고

놀고 싶을 때 놀고

사고 싶을 때 사고

여자가 바라는 모든 것이 있는 곳

당신을 위한 원더랜드

Bangkok

떠나자, 그곳으로
가끔은 호사스러워도 괜찮아
눈물 나게 따분한 하루하루를
우리는 성실히 견뎌 내었으니까

Bangkok princess

방콕에서 1,000원으로 할 수 있는 것.

BTS 타고 창밖으로 뱅글뱅글 시내 구경하기.
해질 무렵엔 사판 탁신 역에서 내려
무료 보트 타고 황혼에 물든 짜오프라야강 유람하기.

방콕에서 5,000원으로 할 수 있는 것.

소박한 현지인 식당에서 태국 음식 한 상 거하게 먹고
디저트로 거리에서 아줌마들이 껍질을 깎아주는 과일 사먹기.
그래도 돈이 남으면 달달한 연유커피 한 잔.
그래도 또 돈이 남으면 친구를 위한 소소한 기념품 하나.

방콕에서 20,000원으로 할 수 있는 것.

럭셔리한 스파에 들러 2시간짜리 전신 마사지를 즐기고
잔돈은 수고한 테라피스트 언니에게 미소와 함께 건네기.
가볍게 발 마사지를 받는다면
노곤해진 발걸음으로 카페에 들러 우아하게 애프터눈 티를.

Delicious Thai Fried Noodle...
With Shrimp 50.-
With Egg, Chicken 40.-
Egg Chicken 40.-
With Egg 30.-
No Egg 25.-
Spring Roll 1 For 10.-
อาหารสะอาด รสชาติอร่อย ได้ใจ
Thai Spring Roll

방콕에서 50,000원으로 할 수 있는 것.

드레스업 하고 연인과 함께 럭셔리 다이닝 즐기기.
루프톱 바에서 살랑살랑 바람을 만끽하며 칵테일도 한 잔.
친구들과 함께 왔다면 클럽에서 먹고 마시며 신나게 떠들기.
밤. 새. 도. 록.

방콕에서 100,000원으로 할 수 있는 것.

부티크 호텔에서 느지막이 일어나 조식 먹기.
수영장 선베드에 누워 책을 읽다가
얼음이 가득 찬 버킷에 담아내온 샴페인 마시기.
바삭거리는 침대 시트 위에서 뒹굴뒹굴거리다가
호텔 레스토랑에서 고품격 런치 코스 즐기기.

방콕은 미디엄 스테이크다.
겉은 바삭하게 익고
속은 부드럽게 육즙이 배어 있어
누구나 먹기에 딱 좋다.
언제 먹어도 맛있다.
먹을 때마다 기분이 좋다.
방콕은 미디엄 스테이크 같은 여행지다.

여성들이 열광하는
세련된 도시 여행지로서의 매력을
두루 갖추고 있으면서도
어떻게 보면 한없이 소박하고
다르게 보면 비상식적이기도 하고
때로는 원색적이기도 하다.

높은 빌딩 속 곳곳에 숨어 있는
세련된 핫 플레이스와
화려한 쇼핑몰이 눈에 들어오는가 하면
한 발자국만 움직이면 옛날 시골장터에 온 듯
수더분한 포장마차와 상인들,
퇴폐적이기보다는 촌스럽다고 해야
어울리는 댄서 언니들이
사이좋게 공존하고 있다.
끝도 없이 펼쳐질 것만 같은
빌딩숲을 벗어나 근교로 향하면
푸른 바다와 넉넉한 자연을
손쉽게 만날 수도 있다.

다른 나라를 여행할 때는
마른 침을 삼키며 지나칠 수밖에 없었던
최고급 호텔을 선택할 엄두를 낼 수 있는 곳도
방콕이다.
샹그릴라, 세인트 레지스,
만다린 오리엔탈, 포시즌스…
방콕에선 세계적인 수준의 호텔들이
다른 지역에 비해 가격이 낮은 편이니까.

갖가지 개성으로 똘똘 뭉친 100달러 미만의 부티크 호텔들을 입맛대로 고르며
여행 내내 호사스러운 호텔 놀이를 즐길 수 있는 곳도 방콕이다.

길거리 포장마차에서 열기를 뿜으며 치열하게 먹는 쌀국수,
매워서 입술이 부어올라도 손을 멈출 수가 없는 카랑카랑한 쏨땀,
부드럽고 오묘한 맛에 중독되어 손가락까지 빨게 되는 뿌팟퐁 커리 등
세계 3대 요리로 손꼽히는 태국 음식의 어메이징한 열전을 즐기게 되는 곳도
방콕이다.

세계적인 수준의 파인 다이닝 레스토랑과 시크하고 세련된 루프톱 바도
마음껏 경험할 수 있는 곳이 방콕이다.
우리나라 홍대, 가로수길의 톡톡 튀는 카페와
청담동 스타일의 고급 레스토랑을
그 절반의 가격으로 즐길 수 있는 곳이 방콕이다.

1만 원만 있으면 알짜배기 타이 마사지를 아침저녁으로 받을 수 있고
거기에 1-2만 원만 더 보태면
이름만 들어도 탄성이 나오는 쟁쟁한 스파에서
럭셔리한 휴식을 취할 수도 있다.

TV나 신문 지면에 하루가 멀다 하고 등장하는
저가형 방콕 패키지 여행 광고는 이제 그만 잊어버리길.
전통 왕궁을 둘러보고 코끼리 발 밑에서 기념 촬영을 하고
수키와 한국 음식을 먹는 구태의연한 방콕 여행에서 벗어나면
여자를 위한 새로운 원더랜드가 펼쳐진다.

부담스럽지 않은 가격으로 최상의 시간을 보내고 싶을 때
깍듯하게 대접 받으면서 여유를 부리고 싶을 때
평범한 나를 잠시 잊고 화려한 무대에 서고 싶을 때
헛헛한 일상 한가운데서 자존감이 바닥을 칠 때

떠나자, 그곳으로. 공주놀이 즐기러.
방콕이니까 가능한 꿈 같은 시간 속으로.

2013. 여름. 한혜원. 김정숙.

♛ Princess Style 1.

Modern & Chic
모던하거나 시크하거나

Romantic & Classic
로맨틱하거나 클래식하거나

♥

♛ Princess Style 3.

Vintage & Casual
빈티지하거나 캐주얼하거나

스폿 명칭은 현지 영어식 발음에 가깝게 표기하였습니다. 태국어 발음 방식과 조금 다르긴 하지만, 현지에서 의사소통하기에는 불편함이 없습니다.

각 스폿을 콘셉트별로 수록하였습니다. 자신의 취향에 맞는 스폿을 골라 보세요. 책 마지막에 지역별 스폿 리스트가 수록돼 있으니 코스 짤 때 참고하세요.

스파 보타니카

Bling & Bling

WHAT 스파
WHERE 사톤 map.
PRICE 1인 1,500B~

가격 수준을 표시합니다.
- 👑 5만 원 이하
- 👑 👑 5~15만 원선
- 👑 👑 👑 15~30만 원 선

🏠 주소
📞 전화
🕐 영업시간
🚶 가는 방법
📶 홈페이지

WHERE
해당 업체가 위치하는 지역과 지도상의 위치를 알려줍니다.

PRICE
가격대는 태국 현지 화폐인 바트(B) 혹은 미국 달러(US$)로 표시합니다.
1B=35원/1US$=1,120원 (2013년 8월 기준)

- 👑 <방콕 프린세스>는 1천 원대부터 최고 30~40만 원대 안팎의 고품격 스타일리시 스폿들을 엄선하여 소개합니다. 가격이 믿어지지 않는 놀라운 퀄리티를 체험할 수 있습니다.
- 👑 태국어의 알파벳 표기는 현지에서 여러 가지가 혼용되고 있습니다(ex.칫롬=Chit Lom or Chidrom, 텅러=Thonglo or Thonglor). 이 책에서는 그중 한 가지 명칭을 선택하되, 각 스폿의 주소 표기는 해당 업체에서 표기하는 대로 따랐습니다.
- 👑 이 책의 정보는 2013년 8월까지의 취재 내용을 바탕으로 합니다.

아눗싸와리 Anutsawari
외곽으로 가는 관문

아눗싸와리 지역은 사실 다른 어느 지역보다 로컬색이 강한 면모를 보인다. 중심이 되는 빅토리 모뉴먼트 (전승기념탑) 주변에 아유타야, 파타야, 후아힌 등으로 향하는 교통수단 롯뚜를 탈 수 있는 정류장이 많다.
🚶 BTS 파야타이Phayathai 역 혹은 빅토리 모뉴먼트Victory Monument 역에서 하차한다.

카오산 Khaosan
전 세계 배낭 여행자의 천국

TV나 잡지를 통해 가장 흔히 접하게 되는 방콕의 이미지가 바로 카오산 로드다. 히피스럽고 재미있는 숍과 레스토랑이 꽤 있기는 하지만 최근에는 인기가 조금 떨어지고 있는 추세다.
🚶 BTS 사판 탁신Saphan Taksin 역에 내려 선착장에서 짜오프라야 익스프레스를 탑승, 타 프라아팃Tha Phra Athit에서 하차한다.

시암 Siam
트렌드세터들의 중심지

시암 파라곤, 시암 센터, 시암 디스커버리 등 성격과 콘셉트가 전혀 다른 세 개의 쇼핑 플레이스가 역을 따라 나란히 서 있고 반대편엔 우리나라 이대 비슷한 젊은이의 거리, 시암 스퀘어가 펼쳐진다. 개성을 중시하는 다양한 콘셉트의 쇼핑 스폿이 넘쳐나는 매력적인 지역이다.
🚶 BTS 시암Siam 역에서 하차한다.

리버사이드
Riverside
낭만과 여유가 있는
고급 호텔 격전지

짜오프라야강을 따라 샹그릴라, 페닌슐라, 만다린 오리엔탈 등 고급 호텔들이 자리하고 있다. 복잡한 도심에서 떨어져 방콕 속 또 다른 휴양을 꿈꾸는 여행자에게 완벽한 조건을 갖추고 있는 지역이다.
🚶 BTS 사판 탁신Saphan Taksin 역에서 하차하여 선착장에서 보트를 타고 이동한다.

차이나타운 China Town
사람 냄새 물씬 풍기는 리얼 방콕

거미줄처럼 뻗어있는 작은 골목골목이 다른 지역에서는 느끼기 힘든 리얼 방콕의 매력을 보여준다.
🚶 MRT 활람퐁Hua Lam Phong 역에서 하차한다.

실롬 & 사톤
Silom & Sathorn
최근 떠오르는 히든 플레이스

비교적 여행자들에게 조명을 덜 받는 실롬Silom과 사톤Sathon. 하지만 최근 W, 이스틴 그랜드 등 화제만발의 스타일리시한 호텔들이 속속 들어서면서 많은 여행자들이 찾고 있다.
🚶 BTS 살라댕Saladaeng, 총논씨Chong Nonsi, 수라삭Surasak 역 혹은 MRT 룸피니Lumpini, 실롬Silom, 쌈얀Samyan 역에서 하차한다.

방콕 주요 지역

스쿰빗 Sukhumvit
여행자들의 홈그라운드

여행자들에게 가장 익숙하고 여행자들이 가장 자주 찾는 지역. 스쿰빗은 BTS 라인을 기준으로 하면 에까마이Ekkamai부터 나나Nana에 이르는 방대한 지역을 말한다. 쇼핑, 다이닝, 스파, 호텔 등 여행자들에게 필요한 모든 것이 고르게 발달되어 있다.
🚶BTS 스쿰빗 라인을 탑승, 나나Nana 역이나 아속Asok, 프롬퐁Phrom Phong 역 하차.

텅러 & 에까마이
Thonglor & Ekkamai
스타일리시한 카페와
레스토랑 집결지

BTS 스쿰빗 라인의 끄트머리에 자리한 지역으로 스쿰빗 쏘이55는 텅러Thonglor라는 이름으로, 쏘이63은 에까마이Ekkamai라는 이름으로 불린다. 세련되고 스타일리시한 카페와 레스토랑이 많아 여성 여행자들이 특히 선호한다.
🚶BTS 스쿰빗 라인 탑승, 텅러 Thonglor 역이나 에까마이 Ekkamai 역에서 하차한다.

→
파타야 방면

→
메가 방나 방면

칫롬 & 플런칫
Chit Lom & Ploen Chit
방콕 상류층들의 아지트

칫롬Chit Lom에는 대형 쇼핑몰과 고급 호텔들이 모여 있어 쇼핑하기 매우 편리하다. 플런칫Ploen Chit은 방콕 상류층들이 주로 거주하는 지역으로 골목골목 숨어있는 고급스런 카페에서 한가로이 브런치를 즐기기에 좋다.
🚶BTS 칫롬Chit Lom, 라차담리Ratchadamri, 플런칫Ploen Chit 역에서 하차.

수완나폼 국제공항
Suvarnabhumi International Airport

모던하거나 시크하거나

뉴욕 시크나 프렌치 시크 따윈 잊어버리고 이제 방콕 시크에 눈을 뜰 시간. 절제된 단순함에서 세련미가 묻어나오고 무채색과 톤 다운된 파스텔 컬러들이 도도하게 카리스마를 내뿜는 곳. 굳이 핫하고 힙하다는 말로 유난 떨지 않아도, 들어서는 순간 그 진가를 알게 될 것이다. 방콕만의 지성과 아트, 크리에이티브가 표출되고 있는 스폿들. 모던하거나 시크하거나.

Modern &
Chic

Meet the Modern & Chic Bangkok!

방콕에 처음 온 여행자들이 가장 놀라는 것은 방콕이 상상 이상으로 세련됐다는 것이다. 동남아 특유의 비비드함을 걷어내고 철저히 모던함과 시크함으로 무장한 공간들이 눈앞에 펼쳐지는 순간, 이제껏 당신이 가지고 있던 방콕에 대한 편견은 짜오프라야강 저 너머로 멀리 날아가 버릴 것이다.

방콕은 국가 차원에서 디자인 산업에 적극적인 지원을 하고 있는데, 시끌벅적한 쇼핑 플레이스 한 중간에 떡하니 자리 잡은 '방콕 아트 앤 컬처 센터'나 '방콕 크리에이티브 디자인 센터' 같은 문화공간을 보면 지금 방콕의 미적 감각이 어느 정도인지, 왜 세계가 파리·밀라노·뉴욕·런던에 이어 방콕을 주목하는지 짐작할 수 있다.

방콕 시크의 대명사 '어나더 하운드 카페'의 디스플레이, 고품격 웰빙의 선두주자 '메트로폴리탄 호텔'의 어메니티, 태국 전통 문화가 현대적으로 재해석된 '텐페이스 호텔'의 감각적인 인테리어, 쿨하고 핫한 '드림 호텔'과 재패니즘과 모더니즘이 만난 '오쿠라 호텔'까지… 어느 것 하나 범상치 않은 것이 없는 방콕.

무심한 듯 차가운, 그러나 놀랍도록 크리에이티브하고 지적인 방콕이 당신에게 인사를 건넨다. Welcome, Princess.

Bangkoker Say

크리에이티브하고 위트가 넘치는 태국 로컬 브랜드를 주시할 것

남뿌Nampu
이사야 시아미즈 클럽 오너

사와디카! 안녕하세요. 레스토랑 '이사야 시아미즈 클럽'을 운영하고 있는 남뿌Nampu라고 해요. 짜오프라야강이 도시를 가로지르는 아름다운 방콕에 오신 걸 환영해요.

쇼핑천국 방콕에서 꼭 사야할 아이템을 묻는다면, 생각할 것도 없이 태국 로컬 디자이너의 패션 아이템을 뽑겠어요. 시암 센터나 시암 스퀘어 등지에 주로 숍이 모여 있는데, 모던하면서도 크리에이티브하고 태국 특유의 위트가 넘친답니다. 볼 것도 많고 살 것도 많은 방콕이지만, 태국 로컬 디자이너 숍은 잊지 말고 꼭 들러 보세요. 정말이지 태국에서만 만날 수 있는 최고의 아이템들이랍니다.

남뿌's Do it List

시암 센터나 시암 스퀘어에서 쇼핑 즐기기, 메트로폴리탄 내 레스토랑 가보기, 똠양꿍 꼭 먹어 보기, 베드서퍼클럽에서 신나게 흔들어 보기, 길거리 음식 먹기, 보트 타고 짜오프라야강변 유람하기, 부티크 호텔에서 편안하게 휴식하기, 교통체증이 심하니 택시 대신 대중교통 이용하기.

방콕 아트 앤 컬처 센터 BACC
Bangkok Art & Culture Centre

Modern & Chic

WHAT 문화공간
WHERE 시암 map.487-B
PRICE 입장료 무료

태국 현대 예술의
현주소를 찾아서

방콕 아트 앤 컬처 센터(Bangkok Art & Culture Centre, 줄여서 BACC)는 이름 그대로 방콕의 '아트'와 '컬처'를 한눈에 경험할 수 있는 곳이다. 그림, 사진, 공예, 음악 등 시기별로 다양한 전시를 접할 수 있는데 도심, 그것도 상업 지역 한가운데 이렇게 문화적인 공간이 있다니 놀라울 따름이다.

7층부터 9층까지는 각종 전시를 즐길 수 있는 갤러리 공간으로 꾸며져 있으며 L층에는 예술 도서관, 5층에는 음악 공연 및 영화 상영을 위한 공간이 마련되어 있다.

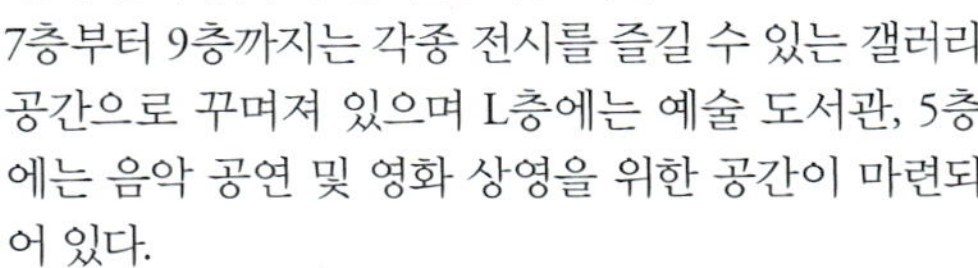

공간 자체의 분위기도 매력적이고 각 층에 그림, 팬시 용품, 예술 관련 책, 디자이너가 직접 만든 액세서리 등을 파는 작은 숍들이 있어 쇼핑하는 재미도 쏠쏠하다. 문화 예술에 관심이 있는 사람이라면 꼭 들러 보길 추천한다. 센터 내의 카페에서 방콕의 젊은이들이 노트북과 책을 가지고 와 공부에 열중하는 모습도 심심치 않게 볼 수 있다. 친절하고 호기심 많은 이 젊은이들과 잠시나마 이야기를 나누며 친구가 되어 보는 것은 어떨까?

🏠 939 Rama 1 Road, Wangmai, Pathumwan, Bangkok
📞 02-214-6630
🕐 화~일 10:00~21:00 (월요일, 1월 1일, 송크란 축제 휴무)
🚶 BTS 국립경기장 역에서 BACC 3층과 연결된다.
📶 www.bacc.or.th

센터 내에 자리하고 있는 작은 숍들은 주로 젊은 예술가들이 운영하는 곳들이 많아 창의성이 뛰어난 디자인의 제품들을 많이 찾아볼 수 있다. 작품의 개념으로 생각해 보면 가격도 착한 편에 속하니 전시 관람 후 시간을 들여 둘러보는 것도 좋겠다.

어나더 하운드 카페 Another Hound Cafe

Modern & Chic
♛ ♛

WHAT 타이 퓨전 레스토랑
WHERE 시암 map.487-D
PRICE 1인 200B~ (Tax & SC 17%)

유행을 선도하는 모던 레스토랑

태국의 대표 패션 브랜드인 그레이 하운드 그룹에서 운영하는 레스토랑. 또 다른 레스토랑인 '그레이 하운드 카페'의 업그레이드 버전이다.

방콕에 처음 가보면 기대 이상으로 모던한 이미지에 한 번씩은 놀라기 마련인데, 그런 컬처 쇼크를 받는 대표적인 곳이 바로 그레이 하운드 그룹이다. 그레이 하운드에서 선보이는 의류와 액세서리는 입이 딱 벌어질 정도로 시크하고, 이 그룹에서 운영하는 레스토랑과 카페들도 하나같이 세련되고 현대적이다.

이곳 어나더 하운드 카페도 그레이 하운드 그룹의 브랜드 이미지 그대로 시크하고 스타일리시한 인테리어와 깔끔한 음식 맛으로 젊은이들의 열광적인 지지를 받고 있다.

분위기뿐만 아니라 맛도 일품인데 태국 음식, 이탈리안 요리를 비롯해 샌드위치, 버거 등의 가벼운 메뉴들을 두루 갖추고 있다. 바로 옆 스위트 하운드 카페에서 달콤한 마무리를 하는 것도 잊지 말자.

🏠 1F, Siam Paragon, 991 Rama 1 Road, Bangkok
📞 02-129-4409
🕐 11:00~22:00
🚶 BTS 시암 역, 시암 파라곤 1층에 있다.
📶 www.greyhoundcafe.co.th

독특한 태국식 퓨전 라비올리 Ravioli with shrimp and thai spices Filling (180B)와 관자와 새우를 함께 요리해 바질로 향을 더한 오징어 먹물 파스타 Spaghetti Cha Cha Cha(280B)가 추천할 만하다. 또 방콕에서 손가락에 꼽을 정도로 맛있는 치킨 윙Chicken Wing(100B) 또한 빠뜨릴 수 없는 메뉴 중 하나다.

온 더 테이블 On The Table

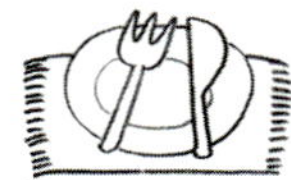

Modern & Chic

♛ ♛

WHAT 재패니즈 퓨전 레스토랑
WHERE 시암 map.487-B
PRICE 1인 200B~ (Tax & SC 17%)

그들의 테이블에 무슨 일이?

방콕에는 유난히 일본 음식점, 일본 스타일 카페, 일본계 베이커리 등 일본과 관련된 외식업체들이 선풍적인 인기를 얻고 있다. 태국 음식에 비해 자극적이지 않고 깔끔하며 고급화를 지향하는 일본 음식이 방콕의 '하이쏘(High Society 태국의 상류층을 이르는 말)'들에게 제대로 먹혔을 수도 있다. 온 더 테이블도 그러하다. '도쿄 카페'라는 부제가 붙어 있는 만큼 일본색이 강하다.
일본 스타일 햄버그 스테이크, 퓨전 스시, 일본 스타일 베이커리와 푸딩 등은 어찌 보면 가격이 높지만, 그 점 또한 힙플레이스 시암 센터와 잘 맞는 전략일지도 모른다. 센트럴 월드, 크리스털 파크, 센트럴 플라자 그랜드 라마9에도 분점이 있지만 시암 센터점에는 이곳에서만 맛볼 수 있는 '앱솔루트 시암 센터' 메뉴가 있으니 시암 센터 쇼핑 시 꼭 한 번 들러보자. 도쿄 카페라는 별칭이 붙은 만큼 도쿄식 디저트 또한 일품. 식사 후 푸딩 한 스푼으로 달콤한 오후를 맞이해 보자.

🏠 4F, Siam Center, Rama 1 Road, Pathumwan, Bangkok
📞 02-658-1737, 02-658-1738
🕐 11:00~22:00
🚶 BTS 시암 역과 연결된 시암 센터 4층에 있다.

김밥 위에 피자치즈를 듬뿍 얹어 구워낸 스시 피자, 아보카도와 게살을 버무린 아보카도 크랩미트 샐러드 등이 시암 센터 한정 메뉴이다. 진한 풍미의 햄버그 스테이크는 이곳의 스테디셀러니 꼭 맛보자.

더 셀렉티드 The Selected

Modern & Chic
♔ ♔

WHAT 멀티 편집숍
WHERE 시암 **map.487-B**
PRICE 500B~

유행을 창조하는 디자인 생활용품 스토어

좀 더 차별화된 쇼핑을 즐길 수 있는 편집숍을 찾는다면 이 곳을 추천한다. 더 셀렉티드는 아트Art, 패션Fashion, 라이프스타일 & 뮤직Lifestyle & Music, 테크놀로지Technology 와 앱솔루트 시암Absolute Siam의 5가지 테마로 구성된 공간으로 태국과 전 세계 40여 개 이상의 디자인 생활용품 브랜드를 갖추고 있다.

창의적이고 스타일리시한 다양한 제품들은 주위에서 쉽게 찾아볼 수 없는 독특함을 자랑하며, 디스플레이 또한 눈을 즐겁게 한다. 또 브랜드와 디자이너, 스타, 유명인, 예술인들과의 다양한 콜라보레이션을 통해 유행을 따르기보다 유행을 창조해 가는 사람들을 위한 최고의 장소를 제공한다.

🏠 Rama 1 Road, Pathum Wan, Bangkok
☎ 02-2658-1000
🕐 10:00~22:00
🚶 BTS 시암 역과 연결된 시암 센터 3층에 있다.
📶 www.siamcenter.co.th

올가닉 로컬 스파 브랜드로 인기를 얻고 있는 글라Gla는 이곳 외에도 랑수언 로드의 레몬 팜에서도 만나볼 수 있다.

특히 어브 루즈 루즈Erb x Rouge Rouge는 어브Erb와 루즈루즈Rouge Rouge가 함께 론 칭한 공동 브랜드로 오직 더 셀렉티드에서 만 볼 수 있다.

또, 개성 넘치는 프레피풍(고급 옷을 소탈하고 편하게 마구 입는 것)의 스포츠 컬렉션들과 가죽 액세서리 브랜드, 컨테이너 리빙 룸 Container Living Room, 런던에서 활발한 활동을 펼치며 세계적으로 잘 알려진 태국 출신 일러스트레이터 폼찬Pomme Chan과 그의 친구들의 디자인을 만날 수 있는 왓 이프 What If, 매력적인 도시 런던에서 영감을 받은 사랑스러운 주얼리 브랜드 러브 러스트 런던Love Lust London, 올가닉 로컬 스파 제품 글라Gla, 해골을 심벌로 한 독특한 디자인의 은세공 제품 아케 아케Ake Ake는 놓치지 말고 둘러보자.

튜브 갤러리 Tube Gallery

Modern & Chic
👑 👑 👑

WHAT 패션숍
WHERE 시암 map.487-B
PRICE 1,500B~

이야기가 담긴 패션 갤러리

과거 뮤지컬 무대 의상과 영화 의상을 주로 제작했던 디자이너들이 론칭한 브랜드다. 이야기를 담은 의상을 제작했던 과거의 영향 덕인지 그들의 매장은 그곳 자체로 갤러리나 뮤지엄인 듯한 독특한 분위기로 꾸며져 있다.

디스플레이에는 전혀 관심 없다는 듯 행거에 아무렇게나 줄지어 서 있는 옷들은 어느 하나 동일한 디자인이 없다. 벽을 따라 설치된 책장에는 패션과 전혀 상관이 없어 보이는 듯한 소품들이 있는데, 그마저도 각자의 이야기를 가지고 옷에 의미를 부여하는 것 같다.

특히 시암 센터에서만 만날 수 있는 한정판 아이템인 앱솔루트 시암 코너의 신발들을 주목하자. 튀지 않는 단순한 디자인이지만 착화감도 훌륭하고 무엇보다 세상에 하나뿐인 디자인이라는 점에서 가치를 발한다. 타 매장과는 달리 다소 횅해 보이는 디스플레이가 어색할 수 있지만, 계속 보면 은근히 세련돼 보인다는 사실. 옷걸이에 빼곡하게 걸려 있는 옷들 중에는 나만의 잇 아이템이 될 수 있는 독특한 소품이 많으니 세심하게 둘러보자.

🏠 Rama 1 Road, Pathum Wan, Bangkok
📞 02-2658-1000
🕐 10:00~22:00
🚶 BTS 시암 역과 연결된 시암 센터 3층에 있다.
📶 www.siamcenter.co.th

레이븐스 헤븐 Ravens Heaven

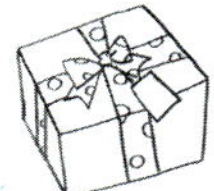

Modern & Chic ♛♛	**WHAT** 패션숍 **WHERE** 시암 map.487-B **PRICE** 2,000B~

디자인에 성역은 없다

심령과학, 고딕문화 등으로부터 영감을 얻은 독특한 디자인을 접할 수 있는 곳이다. 죽음, 파괴, 탐욕 등을 상징하는 레이븐스(큰 까마귀)는 인간 심리의 어두운 면과도 결부돼 있다. 인습에 얽매이지 않으며 날카로운 눈을 가진 디자이너 낸시 윙Nancy Wong은 뉴욕의 막스마라, 아르마니 익스체인지, 태국의 버버리, 에스까다 등 고급 브랜드를 유통하는 패션업계 최고의 마케터로 활동했다. 그 노하우를 살려 2010년 가을 개인 브랜드인 레이븐스 헤븐을 론칭했다.

그녀는 화려하고 고급스러운 원단을 사용해 캐주얼한 유니섹스 스트리트룩을 완성했는데 이는 '다름'을 추구하는 트랜드세터들에게 완벽한 아이템이라 할 수 있다. 각기 다른 색으로 제작된 귀여운 원형 토드백은 레이븐스 헤븐의 '앱솔루트 시암' 아이템으로 디자인과 활용성이 뛰어나 태국의 하이쏘들에게 특히 인기가 있다.

🏠 Rama 1 Road, Pathum Wan, Bangkok
📞 02-2658-1000
🕙 10:00~22:00
🚶 BTS 시암 역과 연결된 시암 센터 3층에 있다.

레이븐스 헤븐은 현재 오로지 시암 센터에서만 만날 수 있다. 무한한 발전 가능성을 가지고 있는 디자이너의 작품인 만큼 가치가 급상승하기 전에 득템해 보자!

방콕 크리에이티브 디자인 센터 TCDC
Thailand Creative & Design Center

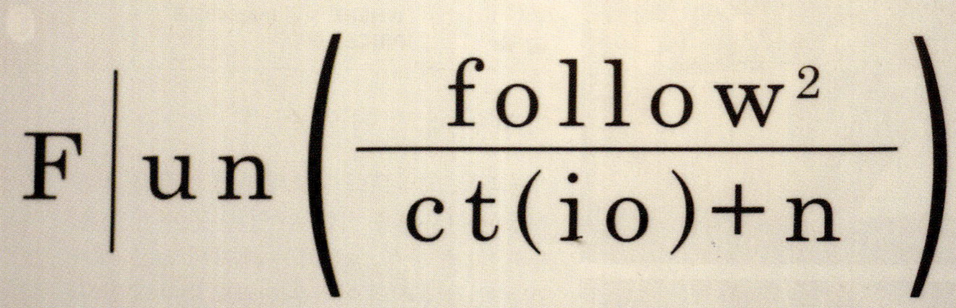

Propaganda®

Modern & Chic

WHAT 문화공간
WHERE 스쿰빗 map.485-C
PRICE 입장료 무료

방콕의 상상력을 훔쳐보다

디자인과 관련된 폭넓은 지식과 정보를 제공하는 곳으로 도서실, 멀티미디어실, 전시실, 숍, 키오스크 등으로 구성되어 있다. 회원제로 운영되는 도서실 이외에도 3,000개 이상의 디자인 재료 샘플을 보유한 아시아 최초 재료 샘플 라이브러리, 커넥션 방콕 ConneXion Bangkok을 운영하고 있다.

전시 공간에는 '디자인이란 무엇인가'에 대한 원론적인 주제로 상설 전시를 하고 있는데, 10대 디자인 강국과 태국의 20세기 산업 문화를 소개한다. 특별 전시 공간은 매번 주제가 바뀌는데 국제적인 디자인 작품들을 체험형 전시로 진행해 굉장히 흥미롭다.

전시실 옆에는 더 숍The Shop이 있는데 독창성, 창의성, 편의성 면에서 높은 평가를 받는 태국 및 해외 디자이너들의 작품을 판매한다. 가격대가 높긴 하지만 톡톡 튀는 아이디어에 디자인도 뛰어나 둘러볼 만하다. 방콕 크리에이티브 디자인 센터 내에 자리하고 있는 도서관은 회원제로 운영되고 있지만 첫 방문 1회에 한해서 외국인에게도 입장이 허용된다. 도서관을 방문하고 싶다면 여권 챙기는 것을 잊지 말자.

🏠 6F, The Emporium Shopping Complex 622 Sukhumvit 24, Bangkok
📞 02-664-8448
🕐 10:30~21:00 (월요일 휴무)
🚶 BTS 프롬퐁 역과 연결되는 엠포리움 6층에 있다.
📶 www.tcdc.or.th

영화와 라이브 뮤직, 디자인 등의 개념이 결합된 휴식공간 키오스크 Kiosk도 한 편에 마련되어 있어 커피와 함께 휴식을 즐길 수 있다.

블리스 Bliss Contemporary Cuisine

Modern & Chic
♕ ♕

WHAT 유러피안 퓨전 레스토랑
WHERE 스쿰빗 map.485-A
PRICE 1인 800~1,500B

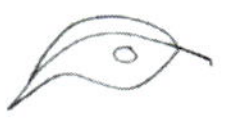

뜻하지 않게 만난 천재 셰프의 요리

어쩌면 큰 기대를 안고 블리스 앞에 다다랐을 때, '진짜 여기 맞아?'라고 의심이 들 수도 있겠다. 그럴 만한 것이 쏘이31 골목의 완전 끝자락에 자리하고 있는데다 범상치 않은 이곳의 요리와는 상반되는 지극히 평범한 외관이기 때문이다.

하지만 일단 자리를 잡고 앉아 음식을 맛보면 셰프의 마법이 시작된다. 태국 현지에서 각광받는 젊은 셰프 피안Pian의 손끝에서 애피타이저부터 디저트까지 모든 요리가 탄생하는데 아이템마다 창의성이 넘쳐나고 상당한 퀄리티를 자랑한다.

특히 카푸치노 트러플 수프는 식사 전 꼭 맛봐야 할 메뉴. 풍부한 거품과 고소하고 알싸한 트러플의 향이 기막힌 조화를 이룬다. 식사를 마친 후에는 달콤한 밀퐤유Mille-Feuille도 꼭 맛보자. 또 블리스의 대표 디저트인 W.B.C를 주문하면 눈앞에서 셰프의 깜짝 불쇼도 즐길 수 있다. 음식의 퀄리티를 생각한다면 전혀 비싼 편은 아니지만 그 중에서 조금 더 저렴한 쪽을 찾는다면 디너보다는 런치를 권한다. 290B부터 시작되는 황송한 가격의 런치 코스를 즐길 수 있다.

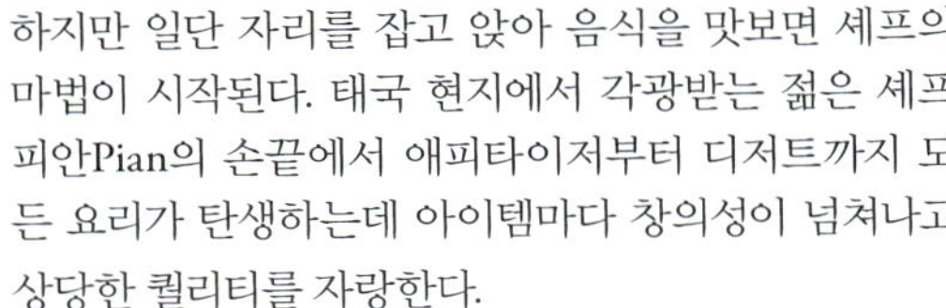

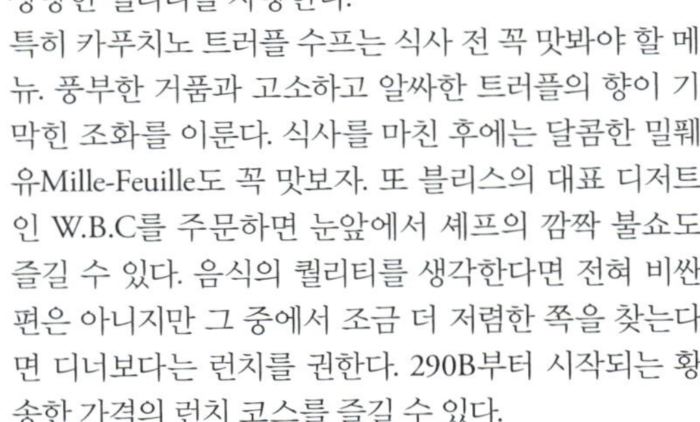

🏠 El Patio Building 305/13 Sukhumvit 31, North Klongton, Wattana, Bangkok
📞 02-260-3113
🕐 11:30~14:00, 18:00~22:30 (일요일 휴무)
🚶 BTS 아속 역과 프롬퐁 역 중간에 위치한 쏘이31 골목 끝에 있다. 걸어 들어가기에는 멀고 길이 고르지 못하니 역이나 쏘이31 입구에서 오토바이를 타거나 혹은 출발지부터 택시를 타는 것이 좋다. 역에서 도보 약 25분.
📶 www.atbliss.com

식사를 마친 후, 택시 잡기가 조금 힘들 수 있다. 올 때 택시기사의 번호를 받아오거나 미리 직원에게 부탁해 택시를 잡아달라고 하자.

어반 리트리트 Urban Retreat

Modern & Chic

WHAT 마사지 & 스파숍
WHERE 스쿰빗 **map.484-D**
PRICE 1인 350B~

도심 속에서 즐기는 힐링 타임

프롬퐁 역과 아속 역에 2개의 지점이 있는 내실 있는 마사지 & 스파숍이다. 외관이 꽤 고급스럽고 서비스 또한 중상의 스파와 동급이라 의외로 저렴한 가격에 놀랄 수도 있다. 타이 마사지를 한 시간 350B라는 놀라운 가격에 받을 수 있는데 허브볼을 추가하거나 고급 오일을 선택하는 등 추가 패키지를 고를 수 있다.

스파 패키지도 다양하게 준비되어 있는데 일반적으로 많이 선택하는 타이 마사지와 발 마사지, 헤드 앤 숄더 마사지가 결합된 오리엔탈 패키지 이외에도 이곳만의 독특한 스킨 패키지를 시도해 보는 것도 좋다.

스킨 패키지는 민감성과 지성 등 개인의 피부 타입에 따라 메뉴를 선택하게 되는데 깨, 꿀, 복숭아, 히말라야 솔트, 호호바 등 피부 타입에 맞는 다양한 재료를 스크럽제와 마사지 오일로 사용해 피부를 최상의 상태로 만들어 준다. 인기가 많으니 방문 전 예약 필수.

🏠 Sukhumvit 16 Khlong Tan Nuea Vadhana, Bangkok
📞 02-229-4701~3(아속), 02-204-1042~3(프롬퐁)
🕐 10:00~22:00
🚶 BTS 아속 역 4번 출구로 나오면 바로 보인다.
📶 www.urbanretreatspa.net

스파를 마친 후에는 통상적으로 가격의 10% 정도를 봉사료로 테라피스트에게 건네는 것이 매너다.

드림 호텔 Dream Hotel

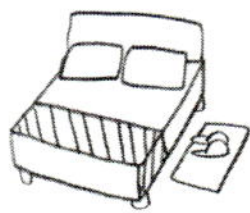

Modern & Chic
♛

WHAT 부티크 호텔
WHERE 스쿰빗 **map.484-A**
PRICE 1박 US$100~

달콤한 꿈을 꾸게 하는
부티크 호텔

작은 규모의 부티크 호텔이지만 합리적인 가격과 독특한 콘셉트의 인테리어로 꾸준히 인기를 끌고 있다. 2006년 드림 호텔1을 오픈한 후 반응이 좋아 그 후 바로 건너편에 드림 호텔2를 새로 오픈했다.

드림 호텔1에는 수영장이 없었는데 새롭게 들어선 드림 호텔2에는 작지만 스타일리시한 수영장을 들였다. 나름대로 오픈 에어 루프톱 수영장이라 저녁이면 분위기가 더욱 로맨틱하다. 또한 오픈 당시부터 큰 사랑을 받아온 레스토랑 '플라바Flava' 또한 드림 호텔의 빼놓을 수 없는 자랑거리다.

평소에는 호텔 투숙객들의 조식당으로 쓰이는데 저녁이 되면 180도 다른 모습으로 변신한다. 유명 DJ들의 흥겨운 디제잉을 들을 수 있는 파티장으로 변신하기도 하고 정열적인 탱고 나이트가 열리기도 한다. 드림 호텔 투숙객들은 수영장과 조식당을 호텔1, 2에 상관없이 모두 사용할 수 있다.

🏠 10 Sukhumvit Soi 15, Klong Toey Nua, Wattana Bangkok
📞 02-254-8500
🚶 BTS 아속 역에서 쏘이15 안쪽으로 약 50m 직진하다 보면 우측에 있다.
📶 www.dreambkk.com

터미널 21까지 무료 툭툭 서비스를 제공한다. 단, 러시아워에는 무료 툭툭 서비스를 굳이 이용하기보다는 걸어 나가는 것이 훨씬 빠르다. 골목길의 교통체증은 상상 이상으로 심각한 편.

마두지  Maduzi

Modern
& Chic
♛ ♛

WHAT 부티크 호텔
WHERE 스쿰빗 **map.484-D**
PRICE 1박 US$140~

소문난 그들의 밀착형 서비스

어지간히 주의 깊은 사람이 아니라면 그 앞을 지나쳐도 마두지의 존재를 알아차리기 힘들다. '알려주고 싶지 않은가?'라는 의구심이 들 만큼 작고 간단한 명판과 다소 위압적으로 보이는 높은 담장, 굳게 닫힌 철문이 있기 때문이다.

단 40개의 객실이 있는 작은 호텔에 그리 높은 담장과 철문이 있는 이유는 의외로 간단하다. 쏘이16 모서리에 자리하고 있어 담이 낮거나 문을 열어두면 행인들이 너무 자주 가로질러 다니기 때문이란다.

마두지의 차별화된 서비스는 투숙하면서 느끼게 된다. 팁을 절대 받지 않는다는 이 호텔의 철칙 때문인지 모든 미소와 도움이 진심으로 느껴진다.

객실은 베이지와 나무 색으로 군더더기 없이 깔끔하고 여유롭게 꾸몄고 일본 스타일로 꾸며진 욕실의 욕조는 천정에서 물이 떨어지는 독특한 구조로 되어 있다. 객실용품으로는 최고급 스파 브랜드 판퓨리의 제품을 제공한다. 수영장이 없다는 것이 유일한 단점이다.

🏠 9/1 Ratchadaphisek Road, Klongtoey, Klongoey, Bangkok
📞 02-615-6400
🚶 BTS 아속 역에서 하차, 쏘이16 입구에 있다.
📶 www.maduzihotel.com

객실 내 미니바의 모든 음료는 무료. 무선인터넷도 무료로 이용할 수 있다. 웰컴 드링크는 원하는 것을 선택하면 객실로 배달해 준다.

마두지 바이 유야 Maduzi By Yuya

Modern & Chic
♛ ♛ ♛

WHAT 프렌치 레스토랑
WHERE 스쿰빗 map.484-D
PRICE 1인 450~2,500B

유야가 만들어내는
마법 같은 프랑스 요리

세계 3대 미식으로 꼽히는 프랑스 요리에 섬세한 일본인 셰프의 감각까지 더해진다면 어떨까? 마두지 호텔의 대표 레스토랑, 마두지 바이 유야가 그렇다. 정통 프렌치 메뉴들을 기본으로 하되 데코레이션이나 고기, 생선을 자르는 기술에는 일본 스타일이 더해져 환상적인 요리를 맛볼 수 있다.

마두지 바이 유야의 가장 큰 모토는 최고의 재료를 선택하고 재료 본연의 맛을 고스란히 살리는 것. 그런 이유로 이곳에서는 수프를 만들 때에도 물을 전혀 넣지 않는다. 채소를 자체의 수분이 빠져나올 때까지 삶고 퓌레 상태가 될 때까지 조리를 해 더욱 깊고 풍부한 맛이 난다.

매일매일 바뀌는 3코스, 5코스 메뉴와 셰프 스페셜인 7코스 메뉴가 있다. 예약 시 자신이 원하는 스타일로 코스 요리를 주문할 수도 있으며 예약 손님 인원 수만큼만 재료를 준비하므로 적어도 2일 전에는 예약을 해야 한다. 다양한 맛과 모양을 자랑하는 마두지의 독특한 디저트를 즐기는 것도 잊지 말자.

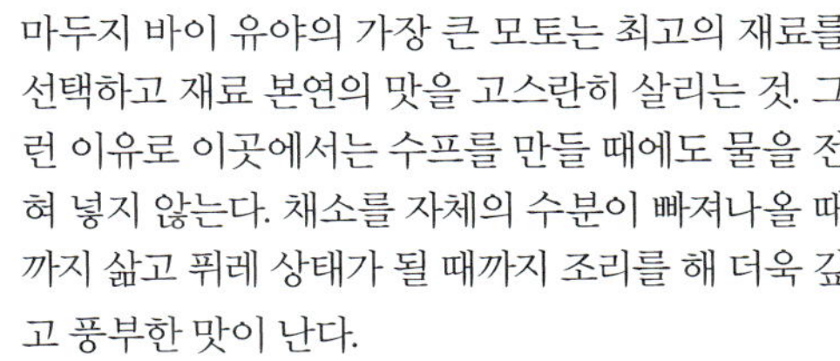
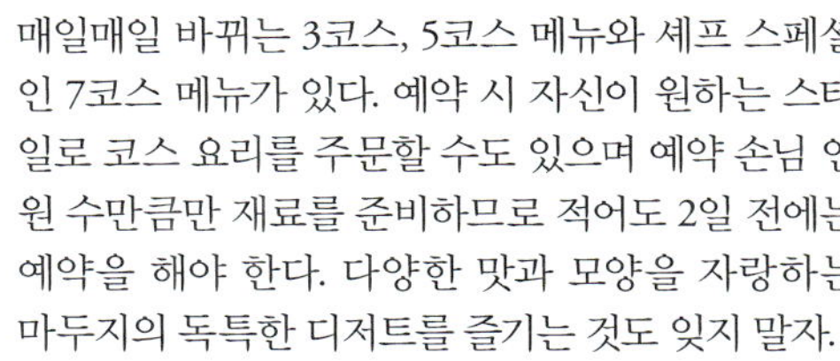

🏠 9/9/1 Sukhumvit 16, Bangkok
📞 02-615-6400
🕐 11:30~14:30, 18:30~22:30 (일요일 휴무)
🚶 BTS 아속 역과 연결된 익스체인지 스퀘어(트루 피트니스라는 간판이 눈에 띔)로 내려온다. 오피스 엘리베이터가 있는 출입구로 나와 왼쪽으로 조금 가면 쏘이16이 있고 입구에 마두지가 있다.
📶 www.maduzihotel.com

프렌치 메뉴를 처음 접하는 경우 재료나 조리법이 많이 낯선 경우도 있으니 예약 시에 본인이 꺼리는 재료나 조리 방식에 대해 미리 코멘트를 해두는 것이 좋다.

얼로프트 Aloft Bangkok

Modern & Chic

WHAT 체인 호텔
WHERE 스쿰빗 **map.484-A**
PRICE 1박 US$100~

젊고 세련된 매력과
똑똑한 서비스

세인트 레지스, W, 웨스틴 등의 호텔과 같은
스타우드 계열의 호텔이다. 그렇지만 앞의 호
텔과는 전혀 다른 매력의 젊고 똑똑한 호텔이
다. 나이트 라이프로 유명한 쏘이11의 한가운
데 자리한 얼로프트는 외관만 봐서는 주변의
클럽들과 어깨를 나란히 해도 될 만큼 세련된
모습을 뽐낸다.

2011년 오픈해 객실 컨디션은 비교적 좋은 편
이며 총 300여 개가 넘는 객실을 보유하고 있
다. 일부 객실은 문, 조명, 온도 조절, 엔터테인
먼트 기기 조절과 컨시어지, 프론트 데스크와
의 연결 등 모든 작업을 체크인 시 부여받은
전화기 하나로 컨트롤 할 수 있는 터치룸으로
되어 있다. 이는 태국에서 최초로 시도하는
작업 중 하나라고 한다.

나이트 라이프 중심지에 있는 호텔답게 주변
의 바와 클럽들과 연계해 체크인 시 투숙객들
에게 클럽 무료입장 서비스를 제공하니, 클럽
마니아라면 놓치지 말자.

🏠 35 Sukhumvit Soi 11, Sukhumvit Road,
Klongtoey-nua, Wattana, Bangkok
☎ 02-207-7000
🚶 BTS 나나 역, 쏘이11 골목 안쪽으로 쭉 직진, 왼편에 있다.
역에서 도보 약 20분.
📶 www.aloftbangkoksukhumvit11.com

나이트 스폿들이 밀집되어 있는 골목 안쪽에 자리하고 있으므로
조용하고 프라이빗한 분위기를 원한다면 적합지 않은 선택일 수
도 있겠다.

쿠파 Kuppa

Modern & Chic
♛ ♛

WHAT 카페
WHERE 스쿰빗 map.484-D
PRICE 1인 200~500B

커피향 가득한 쿠파의 반전

방콕에서 최초로 로스팅된 100% 아라비카 커피를 제공하기 시작한 곳으로 뛰어난 커피 맛은 이미 정평이 나 있다.

통유리와 높은 천장으로 이루어진 넓고 여유로운 공간 곳곳에는 커피 관련 제품들과 로스팅 기계가 전시되어 있어 영락없는 커피 하우스의 모습이다. 실제로 쿠파의 커피는 방콕, 푸껫, 사무이 등지의 레스토랑과 카페에 납품이 된다. 커피향 가득한 쿠파의 반전은 음식에 있다. 파스타, 피자, 샌드위치, 몇 안 되는 태국 음식이 있는데 무언가 부실하고 전문성 없어 보여 신뢰가 안 가더라도 일단 하나 시켜보자. 깔끔하고 푸짐한 샌드위치부터 샐러드, 피자 등 대부분의 음식이 맛있다. 쿠파에서 운영하는 '쿠파 델리 Kuppadeli'는 카페 겸 베이커리 전문점으로 간단한 토스트, 에그 베네딕트 등 아침식사 메뉴도 준비되어 있다. 매장 분위기도 훨씬 세련되고 여유로운 편으로 늦은 아침 시간을 보내기에 제격이다. 아속 역, 쏘이21 끝의 아속 타워 1층에서 만날 수 있다(Tel.02-664-2350).

🏠 39 Sukhumvit 16 Khlong Toei Bangkok
📞 02-663-0495
🕐 10:00~23:30
🚶 BTS 아속 역, 쏘이16 안쪽으로 5분 직진, 왼편에 있다.
📶 www.kuppa.co.th

전혀 그럴 것 같아 보이지 않지만 태국 음식부터 서양 음식, 커피, 디저트까지 가격은 비싸지만 의외로 모두 다 맛있는 편이다. 느긋하게 식사와 함께 커피 한 잔으로 여유를 만끽해 보길.

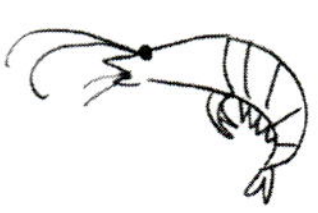

아오이 Aoi Restaurant

Modern & Chic
♛ ♛

WHAT 재패니즈 레스토랑
WHERE 스쿰빗 map.485-C
PRICE 1인 500B~ (Tax & SC 17%)

미각을 업그레이드 해주는
아오이의 청정 일식

더운 나라에서는 일식이 맛있기 힘들다는 회나 초밥 등 날 것이 주를 이루는 일본 음식의 특성상 아무래도 더운 날씨에 재료의 신선도를 유지하기는 힘드니까.

이런 편견을 보기 좋게 깨는 곳이 바로 아오이 레스토랑이다. 아오이 레스토랑은 오너와 셰프, 매니저가 모두 일본인이라 정통의 맛과 일본식 서비스를 엄격하게 관리한다고 한다. 실롬에 본점이 있고 시암 파라곤에도 분점이 있다. 스쿰빗에 있는 엠포리움 지점은 1998년 오픈 이래 셰프도 그대로이고, 모든 생선을 일주일에 4번씩 일본에서 수입하는 철칙을 고수하고 있다.

아오이의 대표 메뉴는 신선도가 뛰어난 회와 초밥. 스시 셰프가 따로 있을 정도니 그 전문성이야 두말하면 잔소리다. 여러 종류의 회를 한 번에 맛볼 수 있는 사시미 모리아와세 Sashimi Moriawase(회 모둠 2,000~3,000B)는 제철 생선으로 조합해 철마다 구성이 달라진다. 따뜻하고 진한 맛이 일품인 우동 수끼Udon Suki(600B)도 추천할 만하다. 육수를 끓여 재료를 살짝 익혀서 토핑과 함께 먹는 메뉴로, 요리하는 과정도 재미있고 맛도 훌륭하다.

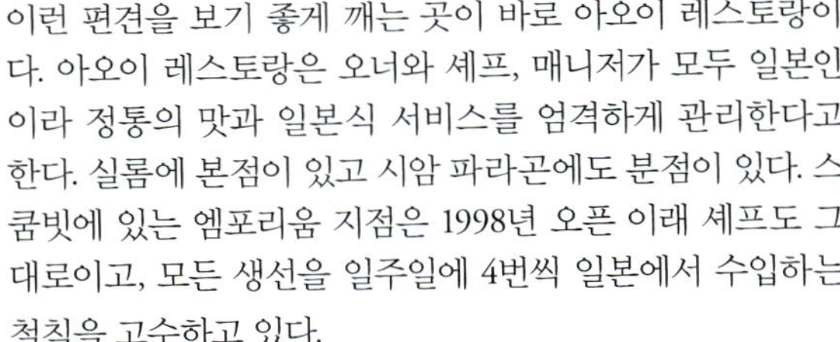

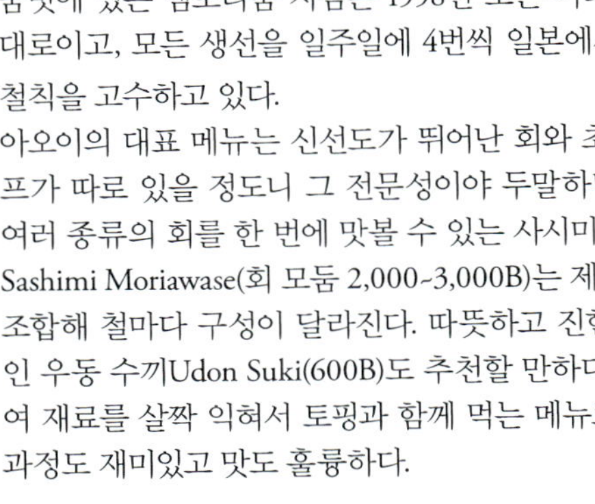

🏠 4F, The Emporium 622 Sukhumvit 24Road, Klongton, Klongtoey, Bangkok
📞 02-664-8590~2
🕐 월~금 11:30~14:30, 17:30~22:30
　　토~일 11:00~15:00, 17:00~22:30
🚶 BTS 프롬퐁 역과 연결된 엠포리움 4층에 있다.

셰프 추천 요리를 조금씩 다 맛볼 수 있는 아오이 고젠AOI GOZEN (1,500B)에는 덴푸라, 스시, 사시미, 샐러드, 면 요리 등이 포함되어 있는데 각각의 재료에 알맞은 소스가 모두 다르고 이 소스들 또한 셰프가 직접 만드는 등 정성이 가득해 아오이 레스토랑의 백미로 꼽힌다.

라이브러리 Library

WHAT 카페
WHERE 스쿰빗 **map.485-C**
PRICE 1인 65B~

커피향 가득한
도서관으로 오세요

복잡하기로는 방콕에서 둘째가라면 서러운 스쿰빗 한복판에 있기에 더욱 가치 있는 곳이다. 메인 도로에서 단 몇 발자국만 들어가면 이런 곳이 있다는 사실이 놀랍다. 하얀색 2층집이라는 설명만으로도 라이브러리의 고즈넉함이 설명되는 느낌이다.

아기자기한 카페 내부에는 마치 도서관에 온 듯 노트북을 앞에 두고 조용히 시간을 보내는 태국 젊은이들이 많다. 책장 가득 꽂혀 있는 태국어로 된 책들을 펼쳐 놓으면 내용이 이해되지 않아도 현지인이 된 듯한 느낌에 어쩐지 으쓱해진다.

어느 카페든 커피와 케이크가 대표 메뉴이지만 라이브러리는 좀 다르다. 색도 모양도 독특한 라이브러리 와플은 이곳의 명물. 어찌 보면 단순한 맛이지만 커피와 먹으면 계속 손이 간다. 11시 이전에는 20% 할인도 되니 라이브러리에서 커피향 가득한 아침을 맞아도 좋겠다.

🏠 2 Soi Sukhumvit 24, Sukhumvit Road, Klong Toey, Bangkok
📞 02-259-2878
🕐 08:00~22:00
🚶 BTS 프롬퐁 역에서 하차. 나라야 옆 골목인 쏘이24로 진입해 직진한다. 우측에 Siri Twentyfour(갈색 건물)가 보이면 길 건너편 작은 골목 안쪽으로 들어가면 바로 보인다. 역에서 도보 약 7분

카페 내에서 꽤 빠른 속도의 무선 인터넷을 무료로 즐길 수 있으며 디저트 외에 간단한 식사 메뉴도 주문이 가능하다.

더 로컬 The Local

Modern & Chic ♛ ♛	**WHAT** 타이 레스토랑 **WHERE** 스쿰빗 **map.484-B** **PRICE** 1인 500~800B

태국 각 지역 대표음식 다 모여라

너른 정원과 세련된 목조 가옥이 눈길을 사로잡는 이곳은 태국 각 지역의 대표 메뉴들을 모두 맛볼 수 있는 곳이다. 가게 이름인 더 로컬 The Local은 그 자체만으로도 의미가 있지만 Local, Old recipe, Culture, Authentic, Learing의 앞글자를 따서 붙인 이름이란다. 뭔가 억지스러운 느낌은 있지만 어찌 되었건 이곳은 이름이 가진 의미에 충실한 곳이다. 독특한 지역 음식만을 취급하며 옛 방식 그대로의 레시피를 사용하는 정통 요리를 제공하는데, 이로 인해 각 지역 문화를 배우는 장으로서 역할을 충분히 하고 있으니 말이다. 옛 방식 그대로의 레시피를 구현하기 위해 셰프는 서로 다른 지방 출신으로 구성되었고, 그들의 어머니에게 어릴 적부터 배운 레시피를 그대로 사용한다고 한다. 이곳에서만 즐길 수 있는 똠얌 마티니 같은 독특한 칵테일 또한 놓칠 수 없는 즐거움이다. 시스터 레스토랑인 나즈Naj(Tel.02-632-2811~3)는 사톤 로드 근처에서 만날 수 있는데, 더 로컬과는 또 다른 매력으로 인기몰이 중이니 한 번 가보는 것도 좋겠다.

🏠 32 Sukhumvit 23, Khlong Toei Bangkok
📞 02-664-0664
🕐 11:30~14:30, 17:30~23:30
🚶 BTS 아속 역 혹은 MRT 스쿰빗 역에서 쏘이23 안쪽으로 직진하면 오른편에 있다. 역에서 도보 약 10분.
📶 www.thelocalthaicuisine.com

지역색이 강한 음식들이 많아 태국 음식 초보자가 방문했을 경우 메뉴를 선택하기가 어려울 수 있다. 잘 모르겠을 때는 직원에게 인기 있는 메뉴를 추천받는 것이 베스트!

와인 커넥션 Wine Connection

WHAT 와인바 & 숍
WHERE 스쿰빗 map.485-C
PRICE 1인 100B~

와인에 대한 모든 것

태국, 싱가포르, 인도네시아 등에 수많은 체인이 있는 글로벌 브랜드다. 와인 커넥션은 초반 와인 비즈니스로 시작해 대성공을 거두고 그것을 기반으로 레스토랑, 델리로 사업을 확장했다. 결과는 대성공.

와인 유통업체가 직접 운영하는 곳이다 보니 다양한 종류의 와인을 저렴하게 맛볼 수 있다. 한 잔에 단 돈 100B면 와인을 즐길 수 있으며 신선하고 맛있는 치즈와 콜드컷 등 가벼운 메뉴와 묵직하게 즐길 수 있는 스테이크의 맛 또한 일품이다. 또 취향에 따라 치즈와 콜드컷을 조합해 자신만의 플래터를 주문할 수 있다. 개인적으로 와인을 준비해 갈 경우 한 병당 300B의 코르크 차지를 지불한다. 식사 전·후에 이곳의 델리숍을 둘러보는 것도 잊지 말자.

🏠 Unit No. A116-A118 / Floor 1F, K Village, 93/95 Sukhumvit 26 Klongton Klongtoey Bangkok

📞 02-661-3940(예약), 02-661-3942(와인숍)

🕐 07:30~01:00

🚶 BTS 프롬퐁 역, 쏘이26 골목 끝, K 빌리지 내에 위치. 역에서 상당히 거리가 있으므로 택시나 오토바이를 이용하는 것이 좋다.

📶 www.wineconnection.co.th

숍에 한 병에 300B 내외부터 시작하는 저렴한 와인부터 고급 와인까지 다양하게 갖추어져 있으므로 와인 마니아라면 둘러보는 것이 필수.

가츠이치 勝—  Katsu Ichi

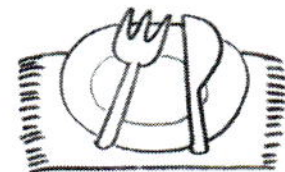

Modern & Chic
♛ ♛

WHAT 재패니즈 레스토랑
WHERE 스쿰빗 **map.484-A**
PRICE 1인 250B~ (SC 10%)

아는 사람은 아는 최고의 돈까스

사실 돈카츠(우리나라에서는 돈까스라고 불리는)는 일본 음식이 아니다. 포크커틀릿이란 서양 음식인데, 깨를 즉석에서 갈아 곁들인 샐러드 소스와 버무려 먹는다든지, 육즙이 나올 정도로 두툼한 고기를 사용한다든지 하는 식의 변화를 거쳐 대표적인 일본 음식으로 안착했다. 이름 또한 돼지고기豚(돈)의 발음과 커틀릿의 앞 글자 를 혼합해 돈카츠라는 이름이 탄생했다. 더구나 勝つ(카츠)라는 말은 일본에서 '이긴다'는 말과 발음이 같아 행운의 음식으로 여겨지기도 한다.

가츠이치에서는 행운의 음식인 돈카츠를 제대로 맛볼 수 있다. 여행자에겐 친절하지 않은 일본어 일색의 간판은 조금 당황스럽지만 일본 본토 그대로인 내부 인테리어와 음식 맛을 보고 나면 너그러워진다.

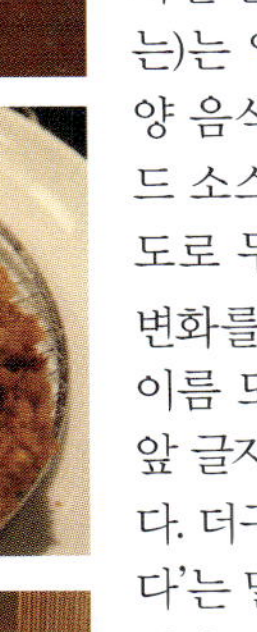

🏠 2F, 33/5 Sukhumvit Soi 11, Bangkok
📞 02-255-4565
🕐 17:00~24:00
🚶 BTS 나나 역, 쏘이11 골목으로 직진하다 보면 왼편 (주차장 공간 안쪽)에 있다. 역에서 도보 약 25분.

게살을 부드러운 크림 소스에 뭉쳐 크로켓으로 만들어낸 카니크림 고로케도 이곳의 명물 중 하나. 맥주와 곁들이면 더욱 맛이 좋다.

W XYZ 바 W XYZ Bar

Modern & Chic
♛ ♛

WHAT 칵테일 바
WHERE 스쿰빗 map.484-A
PRICE 1인 300B~ (SC 10%)

방콕 최고의 분자 칵테일을 맛보고 싶다면

W XYZ 바는 잘나간다는 클럽과 바가 모여 있는 쏘이11에 위치한 얼로프트 호텔의 부속 바이다.

W XYZ 바의 가장 큰 매력은 프리미엄 와인과 독특한 시그니처 칵테일을 다양하게 맛볼 수 있다는 점이다. 특히 분자화학 기법을 적용해 제조한 분자 칵테일Molecular Mixology은 최고로 인기 있는 칵테일이자 대회에서 여러 번 수상한 경력도 가지고 있다. 분자 칵테일은 준비하는 과정이나 믹싱하는 방법이 까다로워 방콕에서 분자 칵테일을 제조할 수 있는 곳은 아주 드물다고 한다. 럼, 말리부, 패션 프루트 주스, 소다에 삼부카를 얹고 불을 붙여 내는 분자 칵테일 번트 스카이Burnt Sky(260B)와 분자화학 기법을 적용해 탄산수를 쓰지 않고도 기포를 내는 신기한 칵테일 헤븐 온 어스Heaven On Earth(260B)가 가장 인기다.

🏠 35 Sukhumvit Soi11, Sukhumvit Road, Klongtoey-nua, Wattana, Bangkok
📞 02-207-7000
🕐 일~수 16:00~24:00, 목~토 16:00~02:00
🚶 BTS 나나 역에 내려 쏘이11을 따라 쭉 직진하다보면 왼편에 있다. 역에서 도보 약 25분.
📶 www.aloftbangkoksukhumvit11.com

- 금요일과 토요일 밤 9시부터 1인 499B에 무제한 음료를 제공하는 칵테일 마라톤 이벤트가 열린다.
- 오후 6시부터 9시까지는 해피 아워로 1+1 혜택을 받을 수 있다.

반 카니타 Baan Khanitha at Fifty Three

Modern & Chic
♛ ♛

WHAT 타이 레스토랑
WHERE 텅러 map.486-C
PRICE 1인 500~800B

카니타의 집으로 놀러 오세요

패션 부티크를 운영하던 카니타가 오픈한 타이 레스토랑이다. 반 카니타는 '카니타의 집'이라는 의미의 태국어로 그녀의 레스토랑은 감각이 뛰어난 그녀를 꼭 닮아 있다. 각 지점마다 조금씩 분위기가 다른데 외국인 거주자들이 많아 여유로운 분위기의 텅러 지점은 그에 걸맞게 고급스러우면서도 세련된 분위기로 단장했다. 새하얀 건물은 멀리서도 한눈에 띄는데 문을 열고 들어서면 진짜 카니타의 집에 놀러온 듯 응접실과 거실, 테라스 모두 포근한 느낌이다.

자리에 앉으면 환영 애피타이저로 미양캄이 제공된다. 포멜로 샐러드인 얌쏨오Yum Som-O, 다양한 소스를 곁들인 새우 요리, 농어, 스노우 피시 요리 등이 추천할 만하다. 식사 후에는 직접 만든 코코넛 아이스크림과 깐깐하게 선별한 당도 높은 망고, 찰밥이 곁들여진 망고 스티키 라이스Mango Sticky Rice를 꼭 맛보자.

🏠 31 Soi Sukhumvit 53, Sukhumvit Road, Klongton Nua, Wattana, Bangkok
📞 02-259-8530~1
🕐 11:00~14:00, 17:00~23:00
🚶 BTS 텅러 역, 쏘이53을 따라 직진하면 나온다. 역에서 도보 약 5분.
📶 www.baan-khanitha.com

- 떠오르는 쇼핑 스폿 아시아티크와 스쿰빗 쏘이23, 사톤 로드 쪽에서도 반 카니타를 만날 수 있으며 각 지점은 저마다 다른 콘셉트로 꾸며져 있다.
- 앞쪽에 베이커리 카페도 함께 운영하고 있으니 들러보자.

까깐  Gaggan

Modern & Chic
♛ ♛ ♛

WHAT 인디안 레스토랑
WHERE 칫롬 map.488-D
PRICE 1인 1,000~2,000B

무한한 도전 정신에 갈채를

2013 아시아 베스트 레스토랑에서 당당히 10위에 랭크된 인디안 레스토랑이다. 아이러니하게도 인도 본토의 레스토랑보다 훨씬 높은 평가를 받았다. 까깐은 '하늘'이라는 의미이기도 하고 오너 셰프의 이름이기도 하다. 인도 콜카타에서 태어난 셰프는 어릴 적 어머니가 해주셨던 홈 스타일 레시피를 바탕으로 혁신적인 요리들을 꾸준히 연구해 고객에게 선보인다.

까깐의 요리는 정통 인디안식의 맛을 유지하면서도 상당히 파격적이다. 이곳의 실험적인 음식들은 식사하는 내내 호기심을 자극하며 음식에 집중하게 한다. 커리, 탄두리 치킨, 난 등 기본적인 단품 메뉴들도 상당히 훌륭하며 비교적 저렴한 가격으로 즐길 수 있다.

그러나 까깐을 방문했다면 까깐의 창의적인 요리 10가지를 맛볼 수 있는 테이스팅 메뉴(1인 1,600B++)를 시도해 보길 강력하게 추천한다. 오이스터, 캐비어, 푸아그라, 농어, 트러플, 양고기 등 최고급 식재료를 이용해 마치 마술을 부린 듯한 최상의 맛을 자랑하는 데다 기발한 아이디어까지 더해진 요리가 잊지 못할 경험을 선사할 것이다. 음식만큼이나 창의적인 까깐의 칵테일도 맛보자. 칵테일은 200B 선이며 야외와 2층 바로 자리를 옮겨 즐기는 것도 강추.

🏠 68/1 Soi Langsuan, Ploenchit Road, Lumpini, Phathumwan, Bangkok
📞 02-652-1700
🕐 12:00~14:30, 18:00~23:00
🚶 BTS 칫롬 역 하차, Soi Langsuan을 따라 약 300미터 직진 후 오른쪽에 간판이 걸려 있는 작은 골목 안쪽에 있다.
📶 www.eatatgaggan.com

디너를 즐기고자 이곳을 찾는다면 옷차림에 조금은 신경 쓰는 것이 좋겠다. 독특하고 고급스러운 재료를 많이 사용하는 만큼 정찬 디너를 즐기고자 한다면 예약은 필수다.

페이 야 Fei ya

Modern & Chic
♛ ♛

WHAT 차이니즈 레스토랑
WHERE 칫롬 map.488-B
PRICE 1인 600~1,000B

제대로 된 딤섬과 아주 특별한 페킹 덕

동네 딤섬집이든 고급 호텔에서든 어쨌든 홍콩에서 딤섬을 한 번이라도 먹어본 사람이라면 홍콩 이외의 나라에서 딤섬을 먹고 만족할 확률이 낮다. 간단하게만 보이는 딤섬은 실은 요리하기 꽤 까다로운 메뉴다.

페이 야에서선 이런 걱정 따위는 멀찌감치 치워도 좋다. 홍콩 출신 셰프의 손끝에서 만들어지는 정교하고 다양한 딤섬 Dim Sum(85~150B)을 제대로 맛볼 수 있기 때문이다. 금전적인 여유가 있거나 2~3명이 방문했다면 이곳의 특별한 페킹 덕Fei Ya's Lychee Wood -Roasted Duck(1280B)을 주문해 보는 것도 좋다.

잘 나가는 차이니즈 레스토랑이라면 저마다 페킹 덕을 대표 메뉴로 내놓는 경우가 많지만 페이 야의 페킹 덕은 뭔가 특별한 것이 있다. 라이찌 나무 장작으로 구워낸 오리고기의 풍미도 좋고 여기에 이곳만의 특별한 소스를 곁들여 어느 곳에서도 맛보지 못했던 독특한 페킹 덕을 만날 수 있다.

🏠 3F, Renaissance Hotel, 518 / 8 Ploenchit Road, Bangkok
📞 02-362-427
🕐 11:30~14:00, 18:00~23:00
🚶 BTS 칫롬 역, 르네상스 호텔 3층에 위치해 있다.

- 페킹 덕의 경우 조리 시간이 꽤 오래 걸리기 때문에 페킹 덕을 주문할 계획이라면 미리 예약을 해 두는 것이 좋다.
- 르네상스 호텔에는 독특한 테라피로 유명한 콴 스파도 자리하고 있다. 기분 좋게 스파를 즐긴 후 페킹 덕에 들르면 더욱 맛있게 식사를 할 수 있을 듯.

콴 스파 Quan Spa

Modern & Chic

♛ ♛ ♛

WHAT 마사지 & 스파숍
WHERE 칫롬 map.488-B
PRICE 1인 2,100B~

물의 기운을 담은 워터 테라피

콴Quan은 '샘물'이라는 의미를 가진 중국어다. 전 세계 매리어트 호텔과 르네상스 호텔에서 접할 수 있는 콴 스파에서는 물의 기운을 중시하는데 건강과 부, 순수함 등 사람의 모든 좋은 기운이 물에서 기인한다는 믿음 때문이다.

그런 탓인지 콴 스파에는 유난히 다양한 배스Bath 메뉴가 있다. 슬리밍, 릴렉스, 재생 등 개인별로 원하는 목적에 따라 우유나 허브를 다양하게 배합해 목욕을 하는데, 그 자체로 테라피가 되는 것이다.

그렇듯 콴 스파의 페이셜 트리트먼트 또한 개인별 취향에 따라 메뉴가 굉장히 세분화되어 있다. 클렌징, 스크럽, 마사지, 수분 공급의 과정이 대부분인 다른 곳의 페이셜 트리트먼트와는 달리 눈가 주름, 미백, 수분 공급 등 원하는 부분에 대해 정확한 주문을 받고 재료부터 테라피까지 집중적으로 관리하는 것이 콴 스파만의 장점이다.

🏠 3F, Renaissance Hotel, 518 / 8 Ploenchit Road, Bangkok
📞 02-120-5000
🕐 10:00~21:00
🚶 BTS 칫롬 역, 르네상스 호텔 내에 위치해 있다.
📶 www.quanspa.com

르네상스 호텔에 음식이 맛있기로 이름이 자자한 레스토랑 '페이 야'가 자리하고 있으므로 다이닝과 스파를 연계해 스케줄을 잡아보는 것도 좋겠다.

레몬 팜 Lemon Farm

Modern & Chic
♛

WHAT 유기농 마켓 & 레스토랑
WHERE 칫롬 map.488-B
PRICE 1인 100B~

올가닉의 모든 것

올가닉 식료품 전문점으로 올가닉 푸드를 건강한 방식으로 가공하고 조리해 판매한다. 환경 파괴 없이 지속적인 발전이 가능하도록 소규모 지역 농장들에게 유기농 농사법을 장려하고, 그곳에서 난 제품들을 소비자에게 판매하는 방식을 취하고 있다.

채소와 과일의 경우 60%는 유기농 제품이며 나머지 40%는 농약을 사용했지만 매일 엄격하게 품질 조사를 하고 평가하여 판매가 결정된 것들.

또 탄산음료, 담배, 술, 에너지 드링크, 조미료 등 우리 몸에 해를 줄 수 있는 것들은 아예 판매하지 않는다. 슈퍼마켓 공간에는 유기농 채소, 쌀, 과일, 반조리 식품들과 무항생제·무호르몬제 달걀과 건강식품, 꿀, 천연 염색 실크 스카프, 수제 티팟 세트 등 다양한 상품을 판매한다. 화학 성분이 전혀 들어가지 않으면서도 기능이 탁월한 스파 제품 글라Gla도 이곳에서 만나볼 수 있다.

한편에 올가닉 푸드 레스토랑인 '비 올가닉Be Organic'을 운영하는데, 좋은 유기농 재료를 사용한 당분이 낮고 기름기가 적은 음식들을 맛볼 수 있다. 레몬 팜을 둘러본 후 같은 건물 내의 자카 카페도 방문해 구경도 하고 커피도 한 잔 해보자.

🏠 Langsuan Road, Lumpini, Pathumwan, Bangkok
📞 02-652-1971
🕐 11:00~20:00
🚶 BTS 칫롬 역, 랑수언 로드, 포르티코 G층에 있다.
📶 www.lemonfarm.com

비 올가닉의 음식들은 맛이 자극적이지 않아 취향에 따라 밋밋하게 느껴질 수도 있다. 주스는 질 좋은 재료를 사용해 건강하게 만들어내므로 누구나 부담 없을 듯. 가격도 비싸지 않은 편이니 더위도 식힐 겸 한 잔 들이켜 보자.

제니토리얼 Zenithorial

완벽한 피팅과
아방가르드한 디자인

제니토리얼은 Zenith(정점)와 Sartorial(재단)의 합성어로, 이름처럼 제니토리얼의 의류들은 완벽한 피팅으로 정평이 나 있어 패셔니스타들에게 큰 사랑을 받고 있다. 이것은 제니토리얼이 20여 년간 테일러 메이드 퀄리티의 남성복 라인으로 입지를 다져온 덕에 자연스레 이루어진 부분이다.

꾸준한 성장세로 1999년 방콕의 최고급 쇼핑몰로 꼽히는 게이손 플라자에 입성했다. 이에 힘입어 2004년 여성복 라인도 론칭했는데 여성스러운 디자인으로 좀 더 고급스러운 브랜드 이미지를 굳히며 여성 고객층도 확보하게 되었다.

비교적 트랜디한 여성복 라인에 비해 남성복 라인은 베이직하면서 기본에 충실한 느낌. 게이손 플라자에 입점한 후에도 단골손님들의 오더가 줄을 잇는다고. 특히 제니토리얼의 바지는 피팅감이 좋아 우리나라 연예인들 중에도 마니아가 있다고 한다.

🏠 2F-25 Gaysorn, 999 Ploenchit Road, Lumpini Bangkok
📞 02-2656-1177
🕐 10:00~22:00
🚶 BTS 칫롬 역, 게이손 플라자 2층에 있다.
📶 www.zenithorial.com

매장 규모는 작지만 각기 다른 아이템들로 빼곡하게 차 있어 구경하는 재미가 있다. 독특한 디자인에 관심이 있다면 한 번 들러보자.

게이손 플라자 Gaysorn Plaza

Modern & Chic ♔ ♔ ♔

WHAT 쇼핑몰
WHERE 칫롬 map.488-A
PRICE 1인 2,000B~

콧대 높은 럭셔리 브랜드 집합소

최고급 라이프스타일 브랜드와 태국 및 전세계 패션 및 액세서리 럭셔리 브랜드의 플래그십 스토어가 입점해 있는 최고급 쇼핑센터다. 루이비통, 프라다, 크리스찬 디오르, 살바토레 페라가모, 셀린느, 에밀리오 푸치, 엠포리오 아르마니, 버버리, 막스마라, 휴고 보스, 다비도프, 몽블랑, 제냐, 콴펜 등 100개 이상의 숍이 입점해 있다.

또 최고급 스파 브랜드인 탄 생츄어리, 판퓨리 스파도 만나볼 수 있다. 사전 예약 시 전문 컨설턴트가 최신 라이프스타일링 팁과 패션 팁 등을 무료로 제공하고 호텔 배달, 포터 서비스 등을 통해 한 차원 높은 서비스를 제공한다. 명품 브랜드뿐 아니라 3층에는 제니토리얼, 탱고 등 태국 로컬 디자이너 브랜드도 입점되어 있다. 독특한 스타일의 아이템을 찾는다면 꼭 들러보자.

🏠 999 Gaysorn Plaza, Phloen Chit Road, Lumpini Pathumwan Bangkok
📞 02-656-1149
🕐 10:00~21:00
🚶 BTS 칫롬 역과 바로 연결된다.
📶 www.gaysorn.com

- 최고급을 지향하는 쇼핑몰답게 쾌적한 쇼핑을 위해 사진 촬영은 엄격하게 금하고 있다.
- 다채로운 컨시어지 서비스 또한 최고급을 지향하니 꼭 체험해 보도록 하자.

레드 스카이 Red Sky

Modern & Chic
♔ ♔ ♔

WHAT 루프톱 바 & 유러피안 레스토랑
WHERE 칫롬 map.488-A
PRICE 1인 500B~ (Tax & SC 17%)

칵테일 한 잔으로 얻어지는
방콕 최고의 야경

버티고와 시로코가 중심이던 루프톱 바의 인기 판도를 뒤집은 곳이 레드 스카이다. 다소 지루하던 버티고와 럭셔리하지만 스탠딩 바 때문에 피로했던 시로코의 단점을 모두 보완했다.

레드 스카이는 55층의 피프티 파이브 레스토랑과 56층의 레드 스카이 바로 분리되어 있다. 55층은 대부분 식사를 위한 공간이며 56층에는 가볍게 음료를 즐기며 시간을 보낼 수 있도록 간소한 테이블과 좌석이 마련되어 있다.

피프티 파이브 레스토랑에서는 프랑스 요리를 중심으로 정통 유럽피안 메뉴들을 맛볼 수 있는데 단품 메뉴와 세트 메뉴 중 선택할 수 있다. 특히 최상 품질의 푸아그라 요리인 Pan Fried Sarlat Duck Foie Gras(795B)와 Wagyu MS4 Beef Tenderloin With Foie Gras(1,955B)는 셰프의 최고 작품으로 꼽힌다. 세트 메뉴는 1인 1,955~3,755B선이다.

🏠 999/99 Rama 1Road, Pathumwan Bangkok
📞 02-100-1234 (ext. 6113)
🕐 17:00~01:00
🚶 BTS 칫롬 역, 센타라 그랜드 호텔 55~56층에 있다.
📶 www.centarahotelsresorts.com

야외 바인 관계로 날씨가 흐리거나 비가 오면 영업을 안 할 수 있으니 방문 전 미리 문의하자.

텐페이스 Tenface

Modern & Chic

WHAT 부티크 호텔
WHERE 플런칫 **map.489-D**
PRICE 1박 US$100~

톡톡 튀는 디자인과
그보다 더 튀는 서비스 감각

텐페이스는 태국의 건국 설화 '라마키엔Ramakien'에 등장하는 악마의 왕 '토사칸Tosakan'을 테마로 디자인한 호텔이다.

토사칸은 악을 대표하는 왕으로 10개의 얼굴과 10개의 눈을 가졌다고 한다. 악의 축이지만 미래를 내다보는 혜안과 뛰어난 지혜를 가진 인물로 호텔 이름도 토사칸의 10개의 얼굴에서 유래했다고 한다.

텐페이스의 룸은 총 4가지 타입으로 되어 있는데 가장 하위 객실인 원 베드룸 스위트를 제외한 모든 객실에는 거실과 주방 집기를 갖춘 주방이 있다.

어찌 보면 텐페이스는 호텔과 레지던스의 요건을 복합적으로 갖춘 곳이다. 위치가 애매하다는 점이 단점이긴 하지만 24시간 무료 툭툭 서비스를 제공하며, 체크인 시 일일 BTS 이용권, 욕실용품, 지도 등 보물 상자 같은 '토사칸 하트박스Tosakan's Heart Box'를 제공하는 차별화된 서비스로 모든 단점을 상쇄시킨다. 호텔 내부에 자리한 레스토랑과 바도 그리 가격이 부담스럽지 않으면서, 가격 대비 훌륭한 퀄리티를 선보인다. 내부에 작은 수영장도 자리하고 있으니 잊지 말고 꼭 선베드에서 망중한을 즐겨 보자.

🏠 81 Soi Ruamrudee 2, Wireless Road, Lumpini Pathumwan Bangkok

📞 02-695-4242

🚶 BTS 플런칫 역에서 오토바이나 택시를 이용하면 2~3분 거리에 있다. (호텔에서 플런칫 역까지 무료 툭툭 서비스를 제공한다).

📶 www.tenfacebangkok.com

홈페이지에서 종종 레스토랑과 숙박과 관련된 다양한 이벤트와 프로모션을 제공하니 체크해 보자.

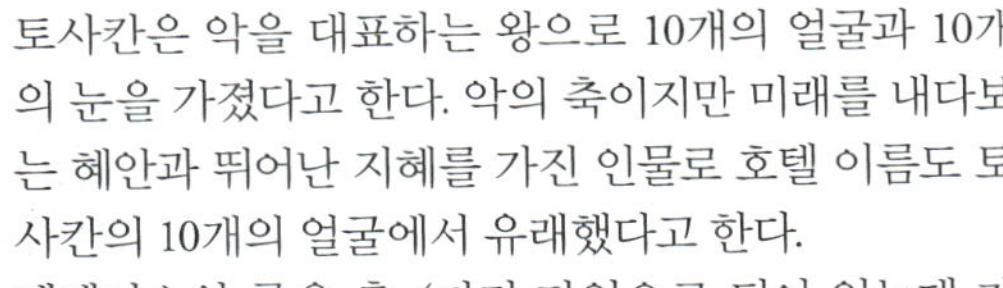
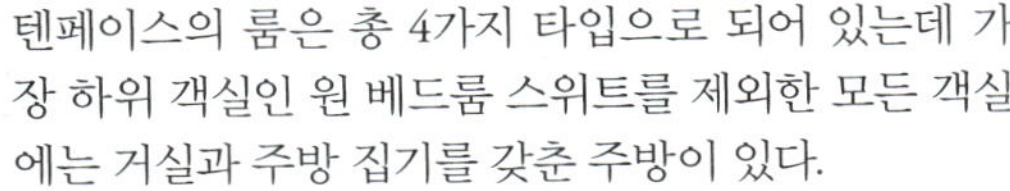
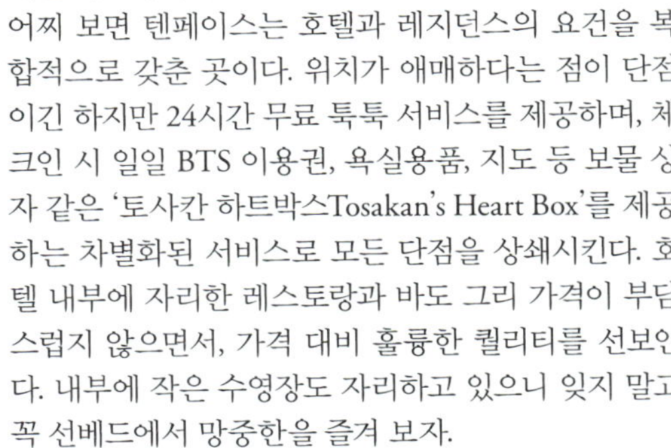

오쿠라 프레스티지 방콕 The Okura Prestige Bangkok

Modern & Chic
♛ ♛ ♛

WHAT 체인 호텔
WHERE 플런칫 map.489-A
PRICE 1박 US$250~

격조 높은 일본식 서비스와 한 차원 높은 고급스러움

일본 최고급 호텔 그룹인 오쿠라의 방콕 지점. 차원이 다른 서비스와 고급스러움으로 방콕 호텔의 새로운 강자로 꼽히고 있다. 일본계 호텔이다 보니 투숙객은 일본인의 비중이 높은 편. 베이지톤의 심플한 인테리어, 욕실과 화장실이 분리되어 있는 점, 속이 깊은 욕조 등은 일본인의 취향이 많이 반영된 듯한 부분이다.

오쿠라 프레스티지 방콕의 최대 강점은 뭐니 뭐니 해도 일본식 밀착 서비스. 하루가 다르게 삭막해져 가는 방콕에서 이곳의 수준 높은 서비스는 감동까지 준다.

아침식사는 일식당의 도시락 메뉴와 뷔페 식당의 조식 중 선택이 가능하다. BTS 플런칫 역에서 실내 통로를 통해 연결된다는 점 또한 큰 장점이다.

체크인은 24층 로비에서 하면 된다. 로비 옆으로 자리하고 있는 바는 밤이 되면 라이브 공연장으로 변신한다. 야외석에서 멋진 전망과 라이브 연주를 즐길 수 있다.

🏠 57 Wireless Road, Lumpini, Pathumwan Bangkok
📞 02-687-9000
🚶 BTS 플런칫 역에서 바로 연결된다.
📶 www.okurabangkok.com

호텔과 BTS 연결 통로 사이에는 부츠, 편의점, 카페 등이 자리하고 있어 무척 편리하다.

Ploenchit | The Okura Prestige Bangkok

메종 친 Maison Chin

Modern & Chic

♛ ♛

WHAT 웨스턴 퓨전 레스토랑
WHERE 실롬 map.491-D
PRICE 1인 500~1,200B

'누들 로드' 진행자,
켄 홈의 손맛을 맛보다

2008년 KBS에서 방영된 다큐멘터리 '누들 로드'의 진행자로 유명세를 탄 켄 홈Ken Home은 메종 친의 오너이자 컨설턴트 셰프이다. 그의 요리는 방송 이전에도 자크 시락 프랑스 대통령, 장쩌민 중국 주석, 토니 블레어 영국 수상, 엘튼 존, 라이언 긱스 등 전세계 수많은 명사들과 스타들에게 큰 사랑을 받았다. 그런 그가 2008년 태국에 최초로 연 식당이 메종 친이니 이곳을 안 가볼 수 없다.

거창한 수상 이력과 커리어에 비하면 그의 식당은 매우 겸손하다. 레스토랑 내부 분위기는 아담하고 따뜻하며 메뉴들의 가격대는 생각 외로 착하다. 런치 타임에는 세미 뷔페, 평일 오후에는 애프터눈 티 뷔페가 열리지만 이곳의 진가를 느끼기에는 메종 친 세트 메뉴Maison Chin Set Menu나 홈테이스팅 메뉴Home Tasting Menu가 더 좋다.

메인 요리는 블랙 페퍼 와규 비프 카르파치오, 어린 양고기와 파 라비올리, 홋카이도산 가리비, 푸아그라, 블러드메리 생선찜, 와규 비프 그릴 중 선택할 수 있는데 어느 것을 선택하든 기대 이상이다.

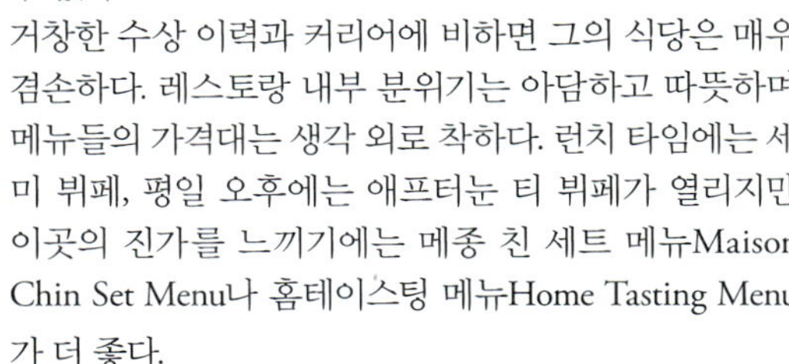

🏠 75/1 Saladaeng Road, Silom, Bangrak, Bangkok
📞 02-636-1281
🕐 11:30~22:30
🚶 BTS 살라댕 역 하차, 살라댕 로드를 찾아 길을 따라 직진한다. 왼편에 살라댕 쏘이1 골목이 보이면 좌회전해 조금만 가면 왼편에 있다. 역에서 도보 약 15분.
📶 www.bandarabangkok.com/maisonchin

2014년 상반기 새로운 메뉴와 콘셉트로 재오픈을 준비하고 있으니 기대해볼 만하다. 재오픈 전까지도 변함없이 영업을 한다고 한다.

메트로폴리탄 Metropolitan

Modern & Chic
♛ ♛

WHAT 체인 호텔
WHERE 사톤 map.491-D
PRICE 1박 US$170~

세련되고 스타일리시한
시티 호텔의 정석

메트로폴리탄은 DKNY, 아르마니 등의 패션 브랜드숍 사업으로 이름을 날렸던 크리스티나 옹 Christina Ong이 오너이며, 세계적인 호텔 그룹인 코모Como에서 관리하고 경영하는 호텔이다. 코모 그룹의 호텔이 그러하듯, 과한 치장 없이 자연스럽고 여유로운 멋을 살린 젠 스타일의 객실은 마치 집에 온 듯 편안하다.

특히 효율성이 높은 욕실 공간이 눈에 띄는데 어메니티로 사용되는 자체 브랜드 제품은 향이 뛰어나 목욕을 하고 나면 스파를 받은 느낌이 들 정도다. 로비로 들어서면 세련된 복장의 직원들이 손님을 맞이하는데 직원들의 유니폼은 모두 콤 데 가르송의 디자인이라고 한다.

아시아 베스트 레스토랑 50에 선정된 바 있는 세계적인 태국 레스토랑 '남Nahm'을 비롯해 코모 그룹의 스파인 '코모 샴발라Como Shambala', 저녁이면 방콕의 잘나가는 패션 피플들이 집결하는 모던 시크 바 '멧 바Met Bar'까지. 메르토폴리탄의 매력은 끝이 없다.

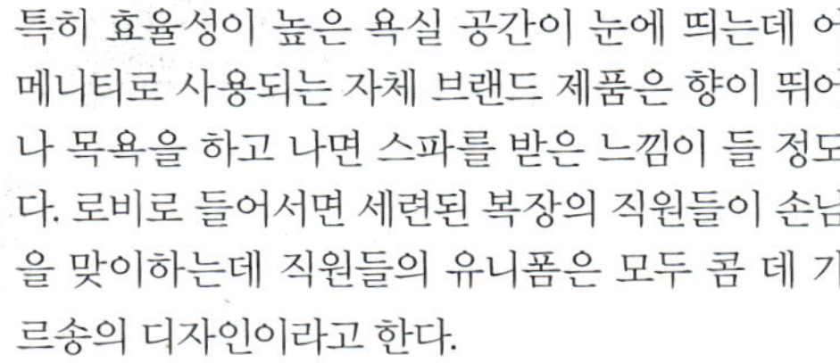

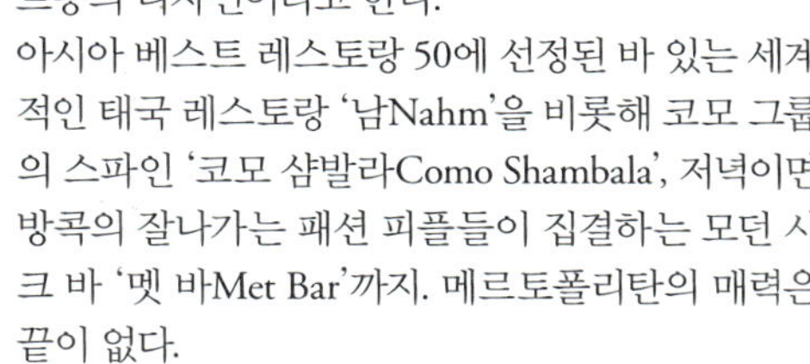

🏠 27 South Sathorn Road, Tungmahamek Sathorn Bangkok
📞 02-2625-3333
🚶 BTS 살라댕 역에서 도보 약 20분. 반얀트리 호텔 옆에 있다.
📶 www.metropolitan.como.bz

객실에 비치된 목욕용품은 코모 샴발라 호텔 계열에서만 사용하는 자체 브랜드로 품질뿐 아니라 향도 뛰어나다. 코모 샴발라 스파 내에서 구입이 가능하다.

라 스칼라 La Scala

Modern & Chic
♛ ♛

WHAT 이탈리안 레스토랑
WHERE 사톤 map.491-D
PRICE 1인 800B~ (Tax & SC 17%)

이탈리안 푸드의 무한한 변신

수코타이 호텔에는 유난히 뛰어난 레스토랑이 많다. 여성들에게 폭발적인 인기를 끌고 있는 초콜릿 뷔페 '살롱', 격조 있는 분위기에서 로열 타이 퀴진을 경험할 수 있는 '셀라돈'이 그렇다. 라 스칼라는 이들의 그늘에 가려 대중적으로 많이 알려져 있지 않은 진주 같은 레스토랑이다.

카리스마 넘치는 이탈리안 셰프가 운영하는데, 메뉴들이 재기 넘치고 호기심을 자극한다. 매일 화덕에서 바로 구워내는 식전 빵은 이것만으로 배를 채워도 좋을 만큼 훌륭하다.

시그니처 피자인 스티아치아티나Stiacciatina는 마스카포네 치즈, 파르마 햄, 로켓 잎, 토마토 등이 들어가는데 바삭하면서도 재료들의 맛이 놀라울 정도로 조화롭다. 평일 점심에 즐길 수 있는 안티파스티 뷔페Antipasti Buffet(650B)와 함께 강력하게 추천할 만한 메뉴다. 런치 타임에 2코스 850B, 3코스 900B의 세트 메뉴를 즐길 수 있다.

🏠 GF, The Sukhothai Hotel, 13/3 South Sathorn Road, Bangkok
📞 02-344-8888
🕐 12:00~15:00, 18:30~23:00
🚶 수코타이 호텔 G층, 풀 테라스 옆에 있다.
📶 www.sukhothai.com

수코타이 호텔 투숙객이라면 이 맛있는 메뉴들을 객실, 수영장 등 호텔 내 어디서든 주문해 즐길 수 있다.

쓰리 식스티 바 ^{360 Bar}

Modern & Chic
♛ ♛

WHAT 루프톱 바 & 재즈 바
WHERE 리버사이드 map.492-A
PRICE 1인 300B~

짜오프라야강 위로 흐르는 재즈 선율

방콕을 여행하는 사람들이 필수적으로 방문하는 곳 중의 하나가 바로 버티고와 시로코 바다. 여기저기 루프톱 바들이 많기는 하나 전망 면에서 루프톱 바의 압도적인 양대 산맥이라고 해도 과언이 아니다. 하지만 버티고나 시로코는 두 번 이상 방콕을 찾는 사람들이 그리워하며 재방문하기엔 너무 번잡스럽고 뻔하다. 그런 여행자를 위한 최적의 장소가 바로 쓰리 식스티 바다.

이곳은 야외 라운지와 실내 라운지로 분리되어 있는데, 어디에 자리를 잡든 360도의 스펙터클한 전망과 여유롭고 평화로운 분위기가 보장된다.

야외 라운지는 수목과 어우러진 낭만적인 테이블과 편한 쿠션이 있어 자유롭게 널브러져 바람을 맞으며 눈앞의 장관을 만끽할 수 있고, 실내 라운지는 360도로 설치된 통유리 너머의 멋진 장관과 함께 아름다운 재즈 선율을 즐길 수 있다.

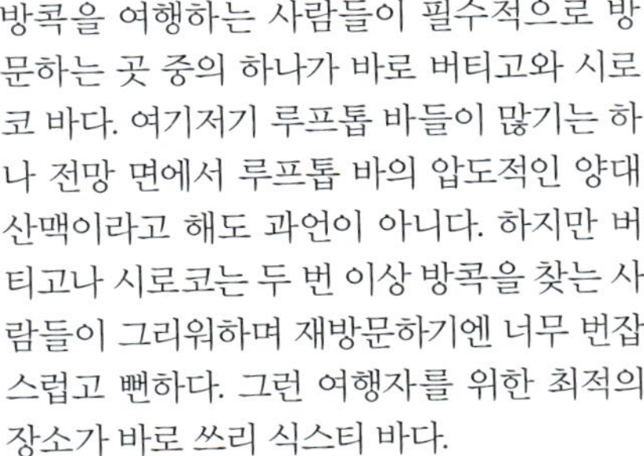

🏠 123 Charoennakorn Road Khlongtonsai, Khlongsan, Bangkok
📞 02-442-2000
🕐 17:00~01:00
🚶 BTS 사판 탁신 역에 내려 밀레니엄 힐튼까지 무료 셔틀보트를 이용한다. 밀레니엄 힐튼 32층에 있다.

더위를 피하고 아름다운 라이브 음악을 감상하려면 실내석에, 가슴이 탁 트이는 시원한 바람과 전망을 즐기고자 한다면 루프톱에 자리를 잡는 것이 좋겠다.

에포리아 Eforea

Modern & Chic
♛ ♛ ♛

WHAT 마사지 & 스파숍
WHERE 리버사이드 **map.492-A**
PRICE 1인 2,500B~

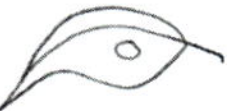

카바나에서 즐기는
활력충전 마사지

비즈니스 호텔로 이미지를 굳혔던 힐튼 호텔 그룹에서 2010년부터 '힐튼에서 스파를' 이라는 슬로건을 걸고 적극적인 마케팅을 펼치고 있는 스파숍이다.

불과 몇 년 사이 전세계 힐튼 호텔 & 리조트에 총 194개의 에포리아가 오픈했다고 하니 놀라운 일이다. 현대적이고 고급스러운 시설과 차별화된 고객 맞춤형 스파, 높은 질의 서비스를 모토로 유수의 고급 스파 브랜드를 위협하고 있다.

밀레니엄 힐튼 내에 위치한 에포리아는 호텔 건물과 독립된 공간에 자리하고 있는데 스위트룸 2개와 일반 트리트먼트룸 8개를 포함하여 최신식 시설을 갖추고 있다. 특히 이곳 최고의 매력은 인공 해변과 수영장 데크 내에 설치된 스파 카바나에서 마사지를 받을 수 있다는 사실.

에포리아의 3대 시그니처 스파 코스로는 유기농 식물 재료를 이용한 페이셜 바디 스크럽과 바디랩, 명상과 마사지가 결합된 독특한 스파 코스인 이스케이프 저니The Escape Journey, 마사지와 미세전류자극 페이셜 요법, 노화 방지 바디 트리트먼트 등이 포함된 에센셜 저니Essentials Journey, 남성들의 활력을 회복하고 스트레스를 없애는데 도움이 되는 맨스 저니 Men's Journey가 있다. 파타야의 힐튼 호텔에서도 에포리아 스파를 만날 수 있다.

🏠 123 Charoennakorn Road Khlongtonsai, Khlongsan, Bangkok
📞 02-442-2000
🕐 10:00~22:00
🚶 BTS 사판 탁신 역에 내려 호텔 무료 셔틀 보트를 이용해 밀레니엄 힐튼으로 간다.

고급 오일을 이용한 스파를 한 경우, 트리트먼트 후 바로 샤워를 하지 않는 것이 좋다.

유안 Yuan

Modern & Chic
♛ ♛

WHAT 차이니즈 레스토랑
WHERE 리버사이드 map.492-A
PRICE 1인 500~999B

짜오프라야의 낭만을 담은 딤섬

강변에 자리 잡은 호텔과 레스토랑들은 일단 로맨틱한 분위기를 즐길 수 있다는 점에서 훌륭하다. 거기에 음식 맛과 서비스까지 보장된다면 금상첨화다.

유안은 정통 칸토니즈 레스토랑으로 밀레니엄 힐튼 호텔 2층에 있다. 전망이 좋은 루프톱 바나 레스토랑이 우후죽순처럼 생겨나는 방콕의 트렌드를 생각했을 때 2층이라는 위치가 끌리지 않을 수 있다. 하지만 통유리 너머 강을 향해 툭 튀어나온 듯한 짜오프라야의 모습이 보이는데, 높은 곳에서 내려다보는 것 이상의 매력이 있다.

이곳에선 매일 점심에 제공되는 딤섬이 인기인데 단품으로 주문할 수도 있고 원하는 딤섬을 무제한으로 주문해 먹을 수 있는 딤섬 뷔페도 있다(1인 999B). 디너 타임에는 이곳의 대표 메뉴인 페킹 덕과 광둥식 스팀 요리를 주문해 보자. 고급 차이니즈 레스토랑이므로 드레스 코드에 조금 신경을 쓰자.

🏠 Millennium Hilton Bangkok 123 Charoennakorn Road, Klongsan, Bangkok
📞 02-442-2081
🕐 Lunch 11:30~14:30(월~토), 11:00~15:00(일) Dinner 18:00~23:00
🚶 BTS 사판 탁신 역에서 호텔 무료 셔틀 보트를 타고 밀레니엄 힐튼 호텔로 이동, 밀레니엄 힐튼 2층에 있다.

밀레니엄 힐튼 내에는 360도 파노라마뷰를 즐길 수 있는 멋진 360 바가 있다. 식사 후에는 바에서 여유롭게 칵테일을 한 잔 하는 것도 좋겠다.

유안에서 또 하나 빼놓을 수 없는 것이 바로 티 메뉴. 방콕에서 가장 많은 종류의 차를 보유하고 있는데 특히 푸젠성의 최고급 차로 알려진 너트향의 백차 바이하오인젠Bai Hao Yin Zhen이나 타이완의 2500미터에 이르는 알리산에서 가져온 스모키향의 우롱차 등은 놓치지 말 것.
그 외에도 안시성에서 재배됐으며 우롱차 가운데 가장 유명하고 노화 방지 및 디톡스에 좋은 티콴인 우롱차와 기억력을 향상시키고 정신을 맑게 해 주는 은행차도 인기가 있다.

밀레니엄 힐튼 Millennium Hilton

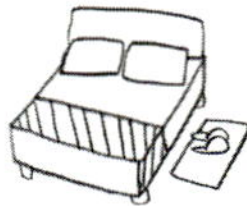

Modern & Chic
♔ ♔

WHAT 체인 호텔
WHERE 리버사이드 map.492-A
PRICE 1박 US$170~

강변을 즐기는 가장 합리적인 선택

짜오프라야 강변에서 밀레니엄 힐튼이 갖는 가치는 특별하다. 페닌슐라, 만다린 오리엔탈, 샹그릴라 등 강변을 따라 늘어선 호텔들과 비교해 상대적으로 저렴한 가격에 강변 분위기를 만끽할 수 있고, 클래식하고 중후한 다른 호텔들에 비해 젊고 감각적인 분위기로 차별화가 되기 때문이다.

셔틀 보트에서 내려 호텔 리셉션까지 가는 길을 따라 늘어선 푸르른 나무들은 산뜻한 기분이 들게 한다. 왼쪽엔 최고급 시설과 서비스로 호평 받는 에포리아 스파가 있고 오른쪽은 호텔 건물이 있는데 천정이 넓고 로비에는 소파를 넉넉히 두어 투숙객들을 배려한 느낌이 든다.

밀레니엄 힐튼의 가장 큰 자랑은 역시 실제 백사장이 깔려 있는 수영장이다. 강변으로 뻗어 있는 확 트인 전망과 새하얀 모래사장 위에 놓인 선베드까지 완벽한 휴양을 위한 조건을 제대로 갖춘 느낌이다. 플로우, 유안, 마야, 360 바 등 걸출한 밀레니엄 힐튼의 레스토랑과 바 또한 이곳이 빛나는 이유 중 하나이다. 레스토랑과 스파 등의 예약은 미리 컨시어지에 부탁하자.

🏠 123 Charoennakorn Road Khlongtonsai, Khlongsan, Bangkok
📞 02-442-2000
🚶 BTS 사판 탁신 역에 내려 호텔 무료 셔틀 보트를 이용해 밀레니엄 힐튼으로 간다.
📶 www3.hilton.com

수영장 시설이 훌륭한 편이며 샤워실 등이 잘 갖추어져 있다. 마지막 날 출국 비행시간이 늦은 경우 체크아웃 후 수영장에서 시간을 보내다가 샤워를 하고 공항으로 가면 편리하다.

플로우 Flow

Modern & Chic
♛ ♛ ♛

WHAT 인터내셔널 뷔페 레스토랑
WHERE 리버사이드 map.492-A
PRICE 1인 1,000~3,000B

방콕 최고의 선데이 브런치를

밀레니엄 힐튼의 올 데이 다이닝 레스토랑으로 아침부터 늦은 저녁까지 뷔페를 제공한다. 뷔페 섹션은 일식, 중식, 태국식, 지중해식 등 다양하고, 디저트 코너도 수준이 높아 마무리까지 꽤 만족스러운 식사를 할 수 있는 곳이다. 게다가 짜오프라야강이 한 눈에 들어오는 야외석에서의 낭만은 일종의 덤이다.

특히 주목해야할 것은 바로 선데이 브런치(1,999B)다. 밀레니엄 힐튼 내 F & B를 총망라할 절호의 기회다. 먼저 11시부터 12시까지 360 바에서 무료 식전 칵테일을 마시며 시간을 보내면 12시부터 본격적인 식사가 시작되는데, 이때 밀레니엄 힐튼 마야의 태국 음식, 유안의 중국 음식 등 각 레스토랑에서 엄선한 대표 메뉴를 맛볼 수 있다.

또한 플로우 내의 치즈룸에서 다양한 치즈도 무료로 맛볼 수 있다. 1,000B를 추가로 지불하면 와인과 샴페인 또한 무제한으로 즐길 수 있다.

🏠 123 Charoennakorn Road Khlongtonsai, Khlongsan, Bangkok
📞 02-442-2000
🕐 Breakfast 6:00~22:30
Lunch 11:30~14:30
Dinner 18:00~23:00
Sunday Brunch 11:00~16:00
🚶 BTS 사판 탁신 역에 내려 호텔 무료 셔틀 보트를 이용해 밀레니엄 힐튼으로 간다.

- 플로우는 아침부터 저녁까지 뷔페를 제공하고 있지만 조식에 비해 런치가, 런치에 비해 디너가 훨씬 수준이 높은 편이다.
- 뷔페 가격에 음료가 포함되지 않으므로 음료를 원하면 별도의 요금을 지불해야 한다.

여자여,
쇼핑으로 힐링하라!

쇼핑이 선사하는 상쾌함을 더 말해 무엇할까. 방콕에 왔으면 긴 말 필요 없이 어서 빨리 쇼핑! 쇼핑! 쇼핑! 방콕만큼 쇼핑하기 좋은 곳도 없다. 특히 방콕 로컬 브랜드의 경우, 명품 부럽지 않은 퀄리티를 국내 중저가 브랜드 가격에 쟁취할 수 있다. 자신이 원하는 스타일을 잘 알고, 볼 줄 아는 안목 만 가지고 있으면 믿어지지 않는 가격의 보물을 찾아낼 수 있다.

쇼핑과 다이닝은 세트야!
로맨틱 쇼퍼홀릭을 위한

시암 파라곤
Siam Paragon

센트럴 월드처럼 규모가 방대하거나 게이손 플라 자처럼 럭셔리하지는 않지만, 즐길 거리가 많고 훌륭한 다이닝 스폿들이 많아서 쇼핑과 다이닝을 한번에 해결하기에 제격이다.

🚶 BTS 시암 역 3번 출구와 연결된다.
📶 www.siamparagon.co.th

원 샷 원 킬!
쇼핑 완벽주의자를 위한 대형몰

센트럴 월드
Central World

메가 방나와 함께 규모 면에서 다른 쇼핑몰들을 압도하는 방콕 최대 규모 쇼핑몰이다. 이세탄 백화점, 젠 백화점과 양 끝으로 연결되어 있어 한번에 깨알 같은 쇼핑을 할 수 있다.

🚶 BTS 칫롬 역에서 도보로 약 7분 가면 된다.
📶 www.centralworld.co.th

방콕 상류층들이 많이 찾는 백화점인 엠포리움Emporium(BTS 프롬퐁 역과 연결), 우리나라 남대문 시장과 비슷한 로컬 쇼핑몰 마분콩MBK(BTS 내셔널 스타디움 역과 연결), 우리나라 이대 입구 뒷골목 같은 시암 스퀘어Siam Square(BTS 시암 역과 연결, 시암 파라곤 맞은편)도 인기가 높다.

여자를 위한 힐링캠프,
방콕 4대 쇼핑몰

방콕의 쇼핑몰은 우리나라 쇼핑몰에 비해 규모와 브랜드 수에서 우위에 있다. 따라서 마음만 앞서 무작정 쇼핑몰을 헤매고 다니면 득템하기 전에 방전부터 되기 쉽다. 우선 나에게 맞는 콘셉트의 쇼핑몰을 선택한 다음 쇼핑몰 디렉토리를 보고 마음에 드는 매장을 체크한 후 동선을 효율적으로 짜고 움직이는 것이 좋다.

남다른 감각을 원해!
방콕 트렌드세터의 집결지

시암 센터
Siam Center

태국 로컬 디자이너의 매장을 둘러보고 싶다면 시암 센터로 가자. 다른 쇼핑몰에도 로컬 디자이너의 숍들이 곳곳에 자리하고 있지만 시암 센터는 로컬 디자이너숍을 가장 많이 보유하고 있다. 또한 시암 센터만의 한정판 아이템을 볼 수 있다는 것도 큰 메리트! 태국의 디자인숍들이 얼마나 근사한지 매장문을 여는 순간 알 수 있다.

BTS 시암 역 1번 출구와 연결된다.
www.siamcenter.co.th

동행인들의 취향이 각기 다르다면!
누구와 함께 가도 좋은 멀티플렉스

터미널 21
Terminal 21

친구, 연인 등 여러 사람과 동행한 여행이라면 각자 원하는 바가 달라 다툼이 생기기 쉽다. 그럴 땐 굳이 취향을 통일하려고 노력하지 말고 터미널 21로 향할 것. 브랜드나 디자이너숍은 물론이고 드럭스토어, 슈퍼마켓 등 소박한 쇼핑도 OK! 레스토랑과 푸드 코트 등 먹을 곳도 넘쳐나고 스파, 영화관 등 즐길거리도 가득한 대형 멀티플렉스다.

BTS 아속 역과 연결된다.
www.terminal21.co.th

메이드 인 동남아는 잊어버려!
세계가 주목하는 태국 로컬 브랜드

'동남아 브랜드가 좋아봐야 얼마나 좋겠어?'라고 생각하는 당신. 이제까지 알던 '메이드 인 동남아'는 모두 잊어라! 명품 브랜드에 전혀 밀리지 않는 퀄리티와 디자인, 품질 대비 입이 떡 벌어지는 가격으로 당신을 매혹시킬 '메이드 인 태국'이 당신을 기다리고 있다. 세계적인 디자인 강국으로 도약하고 있는 태국에서 제일 잘나가는 로컬 브랜드들을 소개한다. 이 정도는 기억해 둬야 방콕 쇼핑, 후회가 없을 듯!

플라이 나우 III
Fly Now III

태국 패션계의 거물 솜차이 송와타라Somchai Songwattana의 브랜드. 유니크한 디자인과 재미난 상상력으로 젊은이들에게 큰 지지를 받고 있다. 매장에 들어서는 순간 '동남아 브랜드가 이렇게 멋질 수가!' 하고 놀라고 있는 자신을 발견하게 될 것이다.

🚶 BTS 시암 역 1번 출구, 시암 센터 3층에 매장이 있다.

🛜 www.flynowbangkok.com

탱고
Tango

이국적이고 비비드한 가방, 구두 등을 선보이는 패션 브랜드. 유명 디자이너 차이욧Chaiyose 부부의 열정적인 색감과 디자인을 만나볼 수 있다. 이곳의 아이템들은 100% 핸드메이드. 평소 자라 Zara 스타일에 곧잘 매혹되는 당신이라면 금세 정신이 혼미해질 듯.

🚶 BTS 칫롬 역과 연결되는 게이손 플라자 2층에 매장이 있다.

🛜 www.tango.co.th

일반적으로 생각하는 '동남아 가격'을 생각하고 매장에 들어간다면 가격표를 보는 순간 두 눈을 의심하게 될 것이다. 절대 싸지 않으니까! 아이템마다 가격이 각기 달라 명확히 제시하기 어렵지만, 대략 우리나라 중저가 브랜드 가격 이상이라 생각하면 된다. 하지만 명품 못지않은 디자인과 퀄리티를 감안하면, 이렇게 고급스러운 아이템들을 이 가격으로 살 수 있다는 게 오히려 더 놀라울 듯.
화려한 스타일보다는 블랙 원피스, 화이트 셔츠 등 베이직한 아이템을 구입해 두면 두고두고 활용할 수 있을 것이다. 태국 여자들은 우리나라 여자보다 키가 작고 마른 편이라 사이즈가 작은 옷들이 많다는 것도 기억해 두자. 심플하고 시크한 스타일을 좋아한다면 남자 옷들을 둘러보는 것도 좋은 방법. 슬림하게 나온 남자 옷들은 여자가 입어도 잘 어울릴 정도로 센스 있고 예쁘다.

세나다
Senada

태국 왕족과 연예인들에게 큰 인기를 끌고 있는 브랜드. 사랑스럽고 페미닌한 매력이 물씬 풍기기 때문에 한국 여성 취향에 잘 맞을 듯. 오리지널 라인인 '세나다Senada'와 한층 고급스럽고 화려한 고가 라인인 '세나다 시어리Senada Theory'로 구분된다.

🚶 BTS 시암 역과 연결된 시암 센터 3층에 매장이 있다.
📶 www.senadatheory.com

스렛시스
Sretsis

개성이 넘치는 레트로풍 브랜드. 세 자매 디자이너의 머릿속에서 탄생한 창의적인 디자인이 가득하다. 브랜드 이름인 스렛시스Sretsis는 시스터즈 Sisters를 뒤집은 것이라고. 기발하면서도 걸리시하고 귀여운 옷들을 만나볼 수 있다. 펑키하면서도 소녀스러운 분위기를 좋아하는 사람들에게 강추!

🚶 BTS 칫롬 역과 연결되는 게이손 플라자 2층에 매장이 있다.
📶 www.sretsis.com

튜브 갤러리
Tube Gallery

과거 뮤지컬 무대 의상과 영화 등장인물의 의상을 주로 제작해 온 디자이너들이 공동으로 론칭한 브랜드다. 모던하면서도 세련된 옷들이 주를 이루기 때문에, 직장 생활에서 자주 활용할 만한 아이템들을 찾기에 좋다.

🚶 BTS 시암 역과 연결된 시암 센터 3층에 있다.
📶 www.siamcenter.co.th

린 어라운드
Lyn Around

소녀 감성을 깨워주는 로맨틱한 패션 브랜드. 전체 라인은 '빈티지Vintage', '걸리Girly', '글래머러스Glamorous', '스위트Sweet' 테마로 구분된다. 발랄하면서도 생기가 넘치고, 과하지 않게 화려하면서 사랑스러운 디자인이 많다.

🚶 BTS 시암 역, 시암 센터 1층에 매장이 있다.
📶 www.lynaround.com

머스트 바이
IN 슈퍼마켓 & 드럭 스토어

진정한 여행 고수들은 슈퍼마켓과 드럭 스토어 쇼핑을 빠뜨리지 않는 법. 으리으리한 쇼핑몰에서 명품을 거침없이 지르거나 이것저것 입어 보며 시간을 보내는 것 이상으로 쏠쏠~한 재미가 있는 것이 바로 슈퍼마켓과 드럭 스토어 쇼핑. 여행가는 데 땡전 한 푼 보태주는 건 없으면서 '기념품'은 목이 빠져라 기다리고 있는 지인들을 위해서도 꼭 들러야 하는 곳. 하루쯤은 꼭 시간을 내서 여기서 놀자.

♔ 슈퍼마켓 쇼핑 리스트

들어는 봤니? 치약 마니아

머스트 바이 아이템으로 첫 손에 꼽을 수 있는 것은 바로 치약. 태국 치약은 동남아를 다녀온 여행자들 사이에 입소문이 퍼져 마니아까지 거느리고 있을 정도다. 구취, 미백, 잇몸강화 등 기능이 탁월하다는 평가를 받는 치약 3종 세트이니 놓치지 말자.

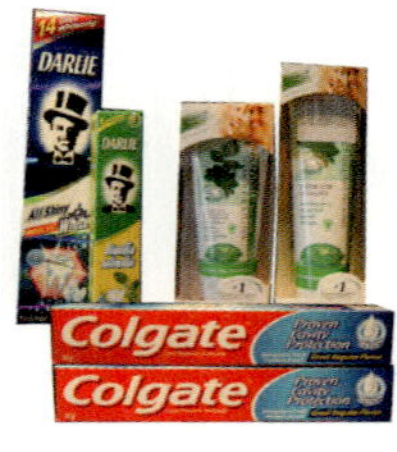

태국이 그리워질 때를 대비하자, 식재료 & 라면

첫 만남은 낯설지만 점차 중독되는 태국 음식. 그 독특한 매력에 한 번 빠져버리면 귀국 후 태국 음식을 찾아 온 나라를 헤집고 다닐 게 뻔하다. 태국 음식 조리에 필요한 다양한 재료나 인스턴트 소스는 몇 개 정도 꼭 구입해 두자. 태국 특유의 맛을 자랑하는 라면들도 향수를 달래줄 비장의 무기가 될 것이다. 그중 똠얌 라면은 독특한 풍미로 야식으로도 그만이다.

우리나라에서보다 싸다! 로레알 & 올레이

똑같은 브랜드의 제품이라도 태국에서 유난히 저렴하게 구입할 수 있는 브랜드들이 꽤 있다. 특히 로레알과 올레이는 국내보다 훨씬 저렴하게 구입할 수 있으니 이 브랜드를 선호한다면 꼭 챙겨가도록.

지인들을 위해 챙여가자, 초미니 목욕용품

태국의 슈퍼마켓에서는 초미니 사이즈의 목욕용품을 쉽게 발견할 수 있다. 가격도 저렴해서 향기별로 골라 이것저것 다양하게 써보기에 좋다. 크기가 작으니 한가득 사서 지인들의 선물로 돌리기에도 딱! 아무리 챙겨가도 늘 모자란다.

간식도 훌륭한 기념품이 된다! 말린 과일 & 과자

말린 열대과일을 사가면 의외로 활용도가 높다. 입이 심심할 때 간식거리로도 좋고 시리얼이나 요구르트에 섞어 먹어도 좋고, 요리할 때 토핑으로 활용해도 폼이 난다. 독특한 맛으로 입소문이 난 김과자도 굿! 똠얌맛, 칠리맛, 카레맛 등 다양한 맛을 가진 견과류 등 신기하고 재미난 간식거리들도 훌륭한 기념품이 될 수 있다는 걸 기억하자.

태국의 향기를 담은 커피

베트남 커피만 유명한가? 태국 커피도 그 못지 않게 맛있다! 메이드 인 타이랜드, 도이퉁 커피, 달달한 연유맛 커피, 리얼 네스카페 오리지널 등 다양한 커피는 가격 부담 없고 오랜 시간 방콕을 기억할 수 있는 훌륭한 아이템이 된다.

♛ 부츠 쇼핑 리스트

부츠Boots는 방콕의 대표적인 드럭 스토어다. 영국에서 처음 시작되어 방콕을 포함한 동남아시아 여러 곳에 수많은 체인을 두고 있다. 신기한 아이디어 제품부터 태국 로컬 브랜드 화장품과 자체 생산 브랜드까지 쏠쏠한 쇼핑 아이템이 많으니 꼭 들러보자. 아마린 플라자, 빅씨, 센트럴 월드, 메가 방나, 익스체인지 타워, K 빌리지, 엠포리움 등 쇼핑몰 어디에서나 만나볼 수 있다. www.th.boots.com

솝 앤 글로리 Soap & Glory

스파 브랜드로 유명한 블리스Bliss에서 영국의 젊은 여성들을 겨냥해 론칭한 브랜드. 영국과 미국에서 폭발적인 인기를 누리고 있다. 세계적인 호텔 W의 어메니티로 쓰이기도 하며 최근 우리나라에도 매장이 생겼다.

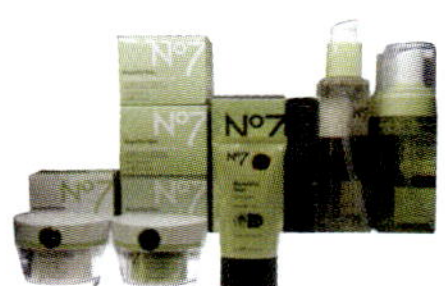

넘버 세븐 No.7

부츠에서 자체 제작한 화장품 브랜드. 영국 BBC의 주름개선 효과 블라인드 테스트에서 고가의 화장품을 제치고 뛰어난 효과를 입증해 인기가 폭발적으로 늘어났다. 특히 '프로텍트 앤드 퍼펙트 뷰티 세럼 Protect and Prefect Beaty Serum'은 주름 개선에 탁월한 효과가 있어 인기 톱!

트로피컬 바디용품 Tropical Bath Item

코코넛, 망고, 재스민 등 우리나라에서는 좀처럼 접하기 힘든 재료의 유기농 제품들을 부츠에서 만날 수 있다. 저렴한 가격에 품질도 우수한 편. 잔향도 좋아 선물로도 제격이다.

Modern
&
Chic
Bangkok

로맨틱하거나 클래식하거나

세상 모든 여자의 가슴 한 귀퉁이에는 사랑받고 싶은 소녀가 있고 우아하고 싶은 숙녀가 있다. 햅번처럼 사랑스럽고 샤넬처럼 우아하고 싶은 날 찾아가고픈 그 거리, 그 카페, 그 어떤 곳들을 소개한다. 오늘의 이브닝 다이닝엔 핑크색 드레스를 입어야지! 챙이 커다란 모자도 방콕이니까 괜찮아. 지금 이 순간 우리는 로맨틱하거나 클래식하거나. 어쨌든 여자라서 행복하긴 해.

Romantic & Classic

Enjoy the
Rom**a**n**t**ic & *Classic*
Ban**g**k**o**k!

지극히 도시적인 모습으로 첫 인사를 건넸던 방콕. 이제야 모던한 이곳에 익숙해지는가 싶었는데 어느 순간 사랑스러운 눈길로 윙크를 찡긋 한다. 어제는 착 감기는 질 샌더의 슈트를 입고 나타났던 여자가, 오늘은 허리가 잘록하게 들어간 크리스찬 디오르의 뉴룩 원피스를 입고 또각또각 걸어오는 것처럼.

방콕에는 천생 여자들이 좋아할 만한 공간이 가득하다. 방콕에 온 사람들은 한 번쯤 꼭 가보는 '바닐라 가든'을 비롯해서 '렛 뎀 잇 케이크', '살롱', '애프터유' 등 분위기마저 달달한 디저트 카페가 곳곳에 자리하고 있다. '룸 콘셉트 스토어', '로프트', '오리엔탈 프린세스', '스푼풀 자카 카페'는 유명 관광지보다 동네 슈퍼마켓과 아기자기한 잡화숍에서 더 즐거운 시간을 보내는 이들에게 특히 반가울 듯하다. 클래식한 '시암 켐핀스키 호텔'도, 여자친구와 함께 하는 칠링 나이트에 잘 어울리는 '롱 테이블'도, 페미닌한 감성이 물씬 뿜어져 나오는 '카페 클레어'도 모두 놓치긴 아쉬운 공간이다.

집에서 혼자 파스타를 먹을 때도 면발을 돌돌돌 감아 예쁘게 접시에 담아낸 후 분위기 있게 와인 한 잔 곁들일 줄 아는 당신, 방콕에서 한없이 달콤한 꿈을 만끽해보길. Sweet dream, Princess.

Bangkoker Say

레이디 퍼스트, 애프터눈 티와 스파

채깨우Chakhaew
게이손 플라자 마케팅 책임자

게이손 플라자의 마케팅을 담당하고 있는 채깨우Chatkaew라고 해요.
방콕은 빛나는 왕궁으로 유명한 도시지만 사랑스럽고 로맨틱하고 클래식한 공간도 아주 많답니다. 특히 저는 만다린 오리엔탈 호텔을 좋아해요. 레이디들이 좋아할 만한 우아함과 기품을 갖춘 곳이죠. 굳이 숙박하지 않더라도 애프터눈 티는 한 번쯤 즐겨 보세요.
또 하나 빠뜨릴 수 없는 것은 스파! 방콕 하면 뭐니 뭐니 해도 스파죠. 좋은 스파가 넘쳐나지만, 개인적으로는 게이손 플라자에 있는 판퓨리 스파와 탄 스파를 추천합니다.

채깨우's Do it List

분위기 좋은 카페에서 애프터눈 티 마시기, 스파 즐기며 리프레시하기, 나라야 가방이나 짐 톰슨의 실크 제품 쇼핑하기, 텅러의 뮤즈 바에서 분위기 있는 밤 보내기, 태국 음식 많이 맛보기, 택시 탈 때 꼭 미터기 켜 달라고 요청하기.

바닐라 브래서리 Vanilla Brasserie

Romantic & Classic
♛

WHAT 퓨전 카페 & 레스토랑
WHERE 시암 map.487-D
PRICE 1인 150B~ (Tax & SC 17%)

하루쯤은 파리지앙이 되어 달콤한 시간을

유명 쇼핑몰 시암 파라곤 내에서 방콕의 젊은이들에게 압도적인 지지를 받는 곳이다. 바닐라 브래서리의 탄생은 바닐라 인더스트리Vanilla Industry라고 하는 아주 작은 베이커리에서 시작된다.

시암 스퀘어에 2004년 오픈한 바닐라 인더스트리는 테이블이 5개 남짓한 작은 베이커리였는데, 큰 인기에 힘입어 2005년 텅러에 바닐라 레스토랑을, 2006년에는 바로 이곳 바닐라 브래서리를 열기에 이르렀다. 최근 에까마이에 바닐라 가든까지 오픈하며 승승장구하고 있다.

바닐라 브래서리는 파리지앙 카페라는 콘셉트의 매장으로 달콤한 디저트와 크레페, 파스타 등 간단한 메뉴를 취급한다.

제대로 고소한 까르보나라(290B)와 다양한 종류의 크레페(280B~)가 이곳의 자랑거리. 특히 블루베리 소프트 치즈 크레페, 바나나 초코 크레페 등 디저트용 크레페 뿐 아니라 시금치 모짜렐라 크레페, 커리 크랩미트 크레페, 파르마 마스카포네 크레페 등 독특하고 한 끼 식사로 모자람이 없는 든든한 크레페 종류도 두루 갖추고 있다.

🏠 GF, 991 Siam Paragon, Rama 1 Road, Bangkok
📞 02-610-9383
🕐 10:00~23:00
🚶 BTS 시암 역과 연결되는 시암 파라곤 G층에 있다.
📶 www.snpfood.com

매장 안에 자체 제작한 티, 티망, 문구용품, 립밤 등 다양한 상품을 판매하고 있으니 식사 전후로 둘러보자.

실크림 돌치 카페 Silkream Dolci Cafe

Romantic & Classic

WHAT 디저트 카페
WHERE 시암 map.487-A
PRICE 1인 200B~ (SC 10%)

실크처럼 부드러운 아이스크림을 맛보고 싶다면

시암스퀘어는 우리나라 신촌과 비슷한 쇼핑 플레이스로 부티크 숍이 많아 젊은 여성들이 자주 찾는 지역이다. 하지만 잠시 휴식을 취할 만한 카페는 스타벅스 정도밖에 없는 게 흠이다. 이런 이유로 시암스퀘어 한복판에 자리한 실크림 돌치 카페의 가치는 빛을 발한다.

실크림 돌치 카페는 일본 시부야에 본점이 있는 디저트 카페다. 크림이라는 이름에서 느껴지듯 우유 및 유제품으로 만든 마치 실크처럼 곱고 부드러운 메뉴들을 취급하고 있다. 재료의 대부분은 유제품으로 유명한 홋카이도에서 수입해 온다고 한다. 배가 고프다면 부드러운 팬케이크를 여러 겹 푸짐하게 얹은 밀리언달러 팬케이크Million Dollar Pancake를 주문하자.

어디에서도 맛볼 수 없는 실크림 특제 망고 앤 피치 파르페Mango & Peach Parfait도 추천 메뉴다. 마치 노란 장미꽃을 선물 받는 듯한 느낌이 드는 정교한 모양과 달콤한 맛을 자랑한다. 이곳의 최고 인기 메뉴를 꼽자면 퐁듀 Fondue를 빼놓을 수 없다.

🏠 430/41-44, Siam Square Soi 7, Rama 1 Road, Patumwan Bangkok
📞 02-658-4177
🕐 10:00~22:00
🚶 BTS 시암 역, 시암 스퀘어 내에 있다.

- 무선 인터넷을 무료로 이용할 수 있다.
- 수제 쿠키와 기본 커피도 꽤 맛있는 편. 달달한 디저트를 선호하지 않아도 선택할 수 있는 메뉴들이 있다.

쁘띠 오드리 Petite Audrey

Romantic & Classic
♛ ♛

WHAT 웨스턴 & 타이 퓨전 레스토랑
WHERE 시암 map.487-B
PRICE 1인 300B~ (SC 10%)

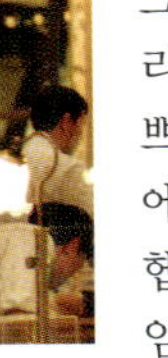

오드리 헵번을 꿈꾸는 당신을 위하여

프렌치 빈티지 스타일의 인테리어와 앙증맞은 에이프런, 두건을 두른 귀여운 스태프들의 모습이 영락없이 오드리 헵번이 나오는 로맨틱한 무성영화의 한 장면을 연상시킨다. 2011년 오드리 헵번을 모티브로 트랜디한 텅러 쏘이11에 오드리 카페 & 비스트로가 오픈했고 방콕의 잘나가는 젊은이들이 앞다투어 오드리카페를 찾았다. 큰 인기를 발판 삼아 최근 업그레이드된 모습으로 시암 센터에 당당히 쁘띠 오드리를 선보이게 된 것이다.

쁘띠 오드리는 본점에 비해 규모도 작고 쇼핑몰 내에 위치하다 보니 다소 수선스럽지만 여전히 오드리 헵번을 꿈꾸는 많은 여성들이 쇼핑 후 우아한 티타임과 식사를 즐기기 위해 줄지어 찾는다.

독특한 시도가 엿보이는 쏨땀 프라이드 푸르트 Som Tum Fried Fruits(130B)는 과일과 파파야 샐러드의 조화가 낯설지만 상큼한 맛이 있다. 달콤한 맛을 경험하고 싶다면 바나나 스플릿에 아이스크림과 생크림까지 곁들여 나오는 오드리 드림Audrey Dream(185B)을 추천한다. 쁘띠 오드리에는 다분히 여성 취향의 메뉴들이 주를 이룬다. 자극적인 음식 맛을 싫어한다면 마음에 들 듯.

🏠 418 4F, Siam Center, Rama 1 Road, Patumwan, Bangkok
📞 02-658-1545
🕐 11:00~22:00
🚶 BTS 시암 역, 시암 센터 4층에 있다.
📶 www.facebook.com/Audrey.Cafe.Bistro

조금 더 여유롭게 시간을 보내고 싶다면 텅러 지점을 추천한다. (136/3 Soi Thonglor11, Vaddhana, Sukhumvit 55 / 02-712-6667)

룸 콘셉트 스토어 Room Concept Store

Romantic & Classic
♛ ♛

WHAT 인테리어숍
WHERE 시암 map.487-B
PRICE 1인 500B~

나만의 아지트를 위한
가치 있는 투자

나만의 방, 나만의 집을 위한 인테리어에 관심이 있다면 지나치지 말아야 할 곳이다. 룸 콘셉트 스토어는 2001년 방콕에 첫 매장을 오픈한 후 지금까지 총 11개의 매장을 운영하고 있다.

이름처럼 집을 꾸미는 모든 인테리어 아이템을 총망라하고 있는데 유명 브랜드의 고급 아이템보다는 내실 있고 합리적인 가격의 물건들이 많아 젊은이들에게 특히 인기가 있는 편.

독특한 아이디어의 조명과 주방용품, 욕실용품 등의 필수 인테리어 아이템 이외에도 기발한 아이디어 상품이나 귀여운 소품도 취급하고 있어 둘러보는 재미가 쏠쏠하다. 특히 스스로 재료를 고르고 내가 원하는 스타일로 새롭게 만들 수 있는 시계와 테이블 등의 DIY 코너도 활성화되어 있다.

🏠 R417, 4F Siam Discovery, 989 Rama 1 Road, Bangkok
📞 02-658-0410
🕐 10:00~22:00
🚶 BTS 시암 역, 시암 디스커버리 4층에 있다.
📶 www.room.co.th

- 홈페이지를 통해 온라인 구매도 가능하다.
- 시암 파라곤, 엠포리움, 크리스털 디자인 센터, 젠 등에서도 만나볼 수 있다.
- 매장마다 취급하는 품목이 다를 수 있다. 온라인에서 찜해 둔 물건이 매장에 없을 때는 스태프에게 문의하면 재고여부를 알 수 있다.

몬놈솟 Mont Nom Sod

Romantic & Classic
♛

WHAT 베이커리 카페
WHERE 시암 **map.487-A**
PRICE 1인 50B~

마법처럼 신선한 우유와 식빵의 만남

'몬'은 오너의 이름이다. 1964년부터 아버지를 도와 빵과 우유를 팔기 시작했고 1995년에 몬 놈솟이라는 이름으로 그의 가게를 오픈했다. 방콕에 2개, 치앙마이에 1개 정도 있는 소규모 체인이지만 그 어느 대형 체인에 뒤지지 않는 인기를 누리고 있다.

몬놈솟의 인기는 뭐니 뭐니 해도 신선한 우유와 부드럽고 폭신한 식빵에 있다. 몬놈솟의 우유는 자체 목장에서 신선하게 만들어지는 것으로 식빵 또한 이 우유를 사용해 자체적으로 만들어낸다. 멀리서 일부러 식빵을 구매하러 오는 사람들도 많다.

토스트는 가격도 저렴하여 어린 학생들도 많이 찾는 편인데 식빵 위에 연유, 설탕, 다양한 잼을 토핑으로 얹어 먹는다. 부드럽고 달콤해서 몬놈솟의 신선한 우유와 함께 먹으면 환상적인 조화를 이룬다.

🏠 2C-19-20, 2F MBK Centre, 444 Payathai Road, Bangkok
📞 02-611-4898
🕐 11:00~20:30
🚶 BTS 내셔널 스타디움 역과 연결되는 마분콩 2층에 있다.
📶 www.mont-nomsod.com

- 몬놈솟은 우유, 식빵 모두 맛이 좋으니 숙소에 조식 불포함인 경우, 포장해 다음날 조식 대용으로 먹자.
- 다양한 토핑의 토스트가 있지만 가장 기본적인 메뉴가 최고라는 것은 역시 만고의 진리!

세나다 Senada

| Romantic & Classic ♔♔ | **WHAT** 패션숍
WHERE 시암 **map.487-B**
PRICE 1,500B~ |

사랑스럽고 페미닌한 매력의 로컬 브랜드

세나다는 오너이자 디자이너인 차니타 프리차위타유쿨Chanita Preechawitayukul이 선보인 태국 로컬 브랜드로, 어찌 보면 인터내셔널 브랜드보다 훨씬 경쟁이 치열한 태국의 로컬 브랜드 중에서도 최고로 꼽히는 라인이다. 특히 태국의 왕족과 연예인들에게 큰 사랑을 받고 있다.

기본적으로 오리지널 라인인 세나다Senada와 한층 고급스럽고 화려한 고가의 라인 세나다 시어리Senada Theory로 구분된다. 세나다 시어리는 칫롬 역에 위치한 게이손 플라자에서 만날 수 있다.

차니타 프리차위타유쿨은 그녀의 딸이 어른이 되었을 때 입을 수 있는 사랑스럽고 매력적인 옷을 만들자는 신념을 가지고 디자인한다고 한다. 그런 이유로 태국의 젊은 여성들로부터 큰 사랑을 받고 있으며 세계적인 유명 패션쇼 무대에도 선보일 정도로 급성장하고 있다.

🏠 418 3F, Siam Center, Rama 1 Road, Patumwan, Bangkok
📞 02-632-2662~3
🕐 10:00~22:00
🚶 BTS 시암 역과 연결된 시암 센터 3층에 있다.
📶 www.senadatheory.com

세나다 매장은 시암 센터 외에도 시암 파라곤, 센트럴 칫롬 등에서 만날 수 있으며 세나다 시어리는 게이손 플라자에서 찾을 수 있다.

린 어라운드 Lyn Around

Romantic & Classic ♛ ♛

WHAT 패션숍
WHERE 시암 **map.487-B**
PRICE 2,000B~

소녀 감성을 깨워주는 로맨틱한 패션 브랜드

파스텔 톤의 컬러풀한 색감, 하늘하늘하고 로맨틱한 디자인. 매장에 들어서는 순간 린 어라운드의 콘셉트를 단박에 알아차리게 된다.

태국 로컬 브랜드 중 20~30대 여성들에게 절대적인 지지를 받고 있는 린 어라운드는 소녀적인 감성이 짙은 로맨틱하고 순수한 분위기의 디자인이 주를 이룬다. 전세계로 뻗어 나가며 호평을 받고 있는 자스팔Jaspal의 시스터 브랜드이기도 하다.

전체 라인은 빈티지Vintage, 걸리Girly, 글래머러스Glamorous, 스위트Sweet의 테마로 구분된다. 2011년 처음 선보인 브랜드임에도 현재 어지간한 대형 쇼핑몰과 백화점에서 린 어라운드를 찾기가 그리 어렵지 않다. 이 점만 보아도 린 어라운드를 향한 태국 젊은이들의 사랑이 어느 정도인지 짐작이 간다.

🏠 979 Siam Center 1F, Rama 1 Road, Bangkok
📞 02-658-1491
🕐 10:00~22:00
🚶 BTS 시암 역, 시암 센터 1층에 있다.
📶 www.lynaround.com

- 가방, 신발, 액세서리 라인을 판매하는 Lyn 매장이 2층에 있으니 함께 돌아보자.
- 터미널 21, 메가 방나 등 주요 쇼핑몰에서 쉽게 매장을 찾아볼 수 있다.

로프트 Loft

Romantic & Classic ♔ ♔	**WHAT** 잡화숍 **WHERE** 시암 map.487-B **PRICE** 100B~

로프트에서 숨은 보물찾기

1987년 도쿄 시부야에 첫 매장을 오픈한 로프트는 아이템의 기능과 디자인뿐 아니라 크리에이티브를 강조하는 차별화된 전략으로 큰 성공을 거두었다. 이후 1997년 방콕에 진출한 로프트는 '평범하지 않은 상점Beyond Ordinary Store'이라는 슬로건을 걸고 방콕의 젊은 층을 공략했다. 단순히 구매를 하는 곳이 아닌 쇼핑 과정 자체가 즐거움이 되도록 상품 선정과 배치에도 노력을 기울였다고 한다.

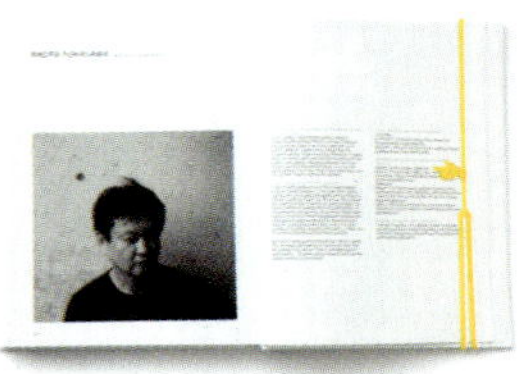

🏠 418-420, 4F & 5F, Siam Discovery, 989 Rama 1 Road, Bangkok
📞 02-658-0328
🕐 10:00~21:00
🚶 BTS 시암 역, 시암 디스커버리 4~5층에 있다.
📶 www.loftbangkok.com

톡톡 튀는 아이디어로 즐거움을 주는 로프트의 웹사이트도 방문해 보자. 각 상품의 자세한 기능과 가격, 상품평까지 다양한 정보를 얻을 수 있다.

시암 켐핀스키 호텔 Siam Kempinski Hotel Bangkok

Romantic & Classic
♛ ♛ ♛

WHAT 체인 호텔
WHERE 시암 map.487-D
PRICE 1박 US$210~

휴양과 쇼핑을 모두 내 품에

한국에는 최근에야 알려진 호텔 그룹이지만, 켐핀스키Kempinski는 1897년 독일 베를린에서 처음 호텔 사업을 시작한 유럽에서 가장 오래된 럭셔리 호텔 그룹이다.

현재 전 세계 30여 개 국가에서 총 80여 개 호텔을 운영 중인데 방콕에는 2010년에 들어왔다. 방콕에서는 보기 드문 리조트 스타일의 숙소로 98개의 레지던스를 포함해 총 303개의 객실을 보유한 대형 호텔이다.

호텔 건물은 17층의 로열 윙, 8층의 가든 윙, 2개의 동으로 되어 있고 리조트 분위기가 물씬 나는 수영장이 3개나 있다. 무엇보다 방콕의 내로라하는 럭셔리 백화점인 시암 파라곤과 바로 연결되어 휴향과 쇼핑, 두 마리 토끼를 잡을 수 있다. 세계의 유명인사들도 많이 묵는 호텔이라 운이 좋으면 그들과 어깨를 나란히 하게 될지도 모른다. 캠핀스키의 럭셔리함은 아침식사에서부터 시작되니 늦잠 자느라 조식 놓치지 말 것.

🏠 991/9 Rama 1 Road, Pathumwan, Bangkok
📞 02-162-9000
🚶 BTS 시암 역에서 도보로 5분 거리에 있다.
📶 www.kempinski.com

- 시암 파라곤에서 호텔로 이동 시, 1층 6번 출구로 나가면 호텔로 바로 연결된다.
- 호텔 내 레스토랑 '사부아Sra Bua by Kiin Kiin'는 덴마크 코펜하겐의 Kiin Kiin 레스토랑(미슐랭 스타 레스토랑)에서 운영한다. 2013년 아시아 최고 레스토랑 50중 하나로 선정되었다.

렛 뎀 잇 케이크 Let Them Eat Cake

Romantic & Classic
♛ ♛

WHAT 디저트 카페
WHERE 스쿰빗 map.484-D
PRICE 1인 100B~ (SC 10%)

그들에게 제대로 맛있는
케이크를 먹게 하소서

이곳에선 정통 프렌치 디저트를 제대로 경험할 수 있는데 특히 프랑스인 오너가 직접 구워내는 패스트리와 마카롱, 에클레어 등이 큰 인기다. 약 16종의 케이크들이 진열되어 있는데 6개월에 한 번씩 인기도에 따라 메뉴가 바뀐다고 한다. 이곳의 케이크를 만드는 데 필요한 휘핑크림, 버터 등 대부분의 재료들이 프랑스에서 공수된다.

생강 맛이 살짝 느껴지는 라임 타르트는 어른의 맛이 느껴지고 퍼프 패스트리와 라즈베리 콤포트, 라즈베리 크림 패스트리, 로즈 크림 등이 조화를 이룬 St. Honore Rose-Raspberry(175B)는 차와 함께 먹으면 행복한 기분이 든다.

케이크와 함께 라바짜 커피, TWG 티를 즐길 수 있다는 점도 이곳의 장점 중 하나다. 또 하나의 비밀병기는 진짜 프렌치토스트를 맛볼 수 있다는 것. 다소 야박해 보이는 사이즈와 그에 비해 높은 가격대가 약간 불만이지만 어디에서도 맛볼 수 없는, 마치 아이스크림 같이 달콤한 Brioche Perdue 역시 특별한 경험이 될 것이다.

🏠 GF, 66/4 Soi 20, Sukhumvit Road, Klongtoey, Bangkok
📞 02-663-4667
🕐 일~목 10:00~23:00, 금 · 토 10:00~24:00
🚶 BTS 아속 역, 쏘이20 골목 끝 밀레몰Mille Malle G층에 있다. 역에서 도보 약 20분.
📶 www.facebook.com/letthemeatcakebkk

렛 뎀 잇 케이크가 자리하고 있는 밀레몰은 최근에 생긴 핫스폿으로 각종 편의시설과 레스토랑이 속속 들어서고 있으니 방문 전후로 둘러보자.

비엥 줌 온 Vieng Joom On

Romantic & Classic

WHAT 티 하우스
WHERE 스쿰빗 map.485-C
PRICE 1인 100B~ (Tax & SC 17%)

핑크 시티로 놀러 오세요

어린 시절부터 또래 아이들과 달리 차 마시는 것을 즐기고 어른이 되어서도 차에 관한 역사와 문화에 대한 깊은 애정을 가진 줄리 모스Julie Moss의 티 하우스다. 치앙마이와 이곳 쏘이24에 지점이 있다.

강렬한 핑크빛 외관이 눈길을 끄는데 '핑크 시티'로 불리는 인도의 도시 자이푸르Jaipur를 모티브로 삼았다. 핑크는 원래 사랑을 상징하는 색으로 비엥 줌 온의 핑크는 차에 대한 오너의 무한한 사랑을 의미한다고 한다.

가게 내부로 들어서면 빽빽하게 진열되어 있는 차와 찻주전자, 티스푼 등 다양한 차와 차 관련 상품들이 진열되어 있고 안쪽으로는 차를 마시며 편안하게 시간을 보낼 수 있는 조그마한 공간이 마련되어 있다.

테이블 좌석뿐 아니라 좌식으로 마련된 공간도 있어 편한 자세로 차 향기와 함께 오후 시간을 보내기에 좋다. 2인용으로 좋은 하이 티 세트(650B)와 스콘 세트(390B) 강추.

🏠 93/332 The Emporio Place Sukhumvit 24, Sukhumvit Road. Klongton Klongtuay Bangkok
📞 02-160-4342
🕐 11:00~20:00
🚶 BTS 프롬퐁 역, 쏘이24 안쪽으로 직진하면 왼편에 트루 커피가 보이는데 그 안쪽에 있다. 역에서 도보 약 20분.
📶 www.vjoteahouse.com

- 비엥 줌 온에서는 속도 빠른 무선 인터넷을 무료로 사용할 수 있다.
- 쏘이24 초입에 나라야Na Ra Ya 가방 매장이 있으니 들러보자. 가격도 저렴하고 가벼워서 활용도가 높다.

피자조 Pizzazo

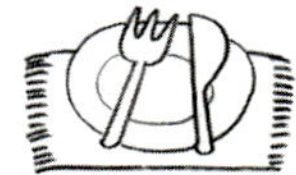

Romantic & Classic
♛ ♛

WHAT 이탈리안 레스토랑
WHERE 스쿰빗 map.484-D
PRICE 1인 210B~ (SC 10%)

프렌치 이탈리안 캐주얼 다이닝

스쿰빗 쏘이16을 거닐다 보면 자연스레 눈이 가는 화이트 하우스가 있다. 넓은 정원에 놓여진 벤치와 창 너머로 보이는 오픈 키친 등 금방이라도 요리 솜씨 좋은 어머니가 창문 너머로 손짓하며 반겨줄 것 같은 편안한 분위기다. 프렌치가 가미된 이탈리안 퀴진으로 방콕에선 드물게 수준 높은 이탈리안 메뉴들을 맛볼 수 있다.

피자 도우를 바삭하게 구워낸 재치 있는 식전빵으로 피자조의 즐거운 식사가 시작되는데 맛도 있지만 양까지 푸짐해 더욱 흐뭇하다. 스테디셀러인 매콤한 케이준 쉬림프 샐러드Cajun Shrimp Salad나 쫄깃한 오리고기가 들어간 독특한 맛의 스모크 덕 샐러드 Smoke Duck Salad로 가볍게 입맛을 돋우는 것도 좋다. 메인 요리로는 파스타와 피자가 무난한데 특히 두툼한 도우 주머니 속에 풍성한 재료를 채워 구워낸 깔조네Calzone는 피자조의 최고 인기 메뉴다.

🏠 188 Sukhumvit Soi 16, Bangkok
📞 02-259-1234
🕐 11:30~22:00 (월 휴무)
🚶 BTS 아속 역, 쏘이16을 따라 직진하다 보면 오른쪽에 있다. 역에서 도보 약 10분.
📶 www.pizzazobistro.com

- 스쿰빗 지역 내에서는 배달도 가능하다. 배달 시 추가요금 30B를 내면 된다.
- 양이 꽤 푸짐한 편이므로 여자 두 명이 방문했을 시 메인요리와 샐러드를 하나씩 주문하면 적당하다.

파티오 Patio

Romantic & Classic
♛ ♛

WHAT 인터내셔널 레스토랑
WHERE 스쿰빗 map.485-C
PRICE 1인 300B~ (SC 10%)

숨겨 두고 싶은 팔방미인 레스토랑

격자무늬 틀로 장식된 통유리와 높은 천장, 편안한 좌석들로 과하지 않게 꾸며진 실내가 오히려 더 고급스럽게 느껴지는 곳이다. 파티오는 내실 있는 푸드 매니지먼트 그룹 S & P 산하의 레스토랑으로 그것만으로도 신뢰를 준다.

이곳에서는 태국 음식부터 웨스턴, 디저트까지 다양한 메뉴를 제공한다. 보통 이것저것 취급하는 다국적 레스토랑의 경우 어느 한쪽에 치우치거나 둘 다 별 볼일 없는 경우가 많은데 파티오는 다르다. 태국 음식은 태국 음식대로 서양 음식은 서양 음식대로 수준 높은 퀄리티를 자랑한다.

특히 담백하게 쪄낸 연어에 매콤하고 상큼한 칠리 라임 소스를 곁들인 Steamed Salmon in Chilli & Lime Sauce(255B)는 태국 요리의 풍미를 살리면서 입맛을 돋운다. 또, 세계 최고의 재료로 꼽히는 트러플의 향기가 가득한 Spaghettini With Grilled Mushroom & Truffle Oil(345B)은 파티오의 최고 인기 메뉴. 상큼한 오렌지 소스를 곁들인 바삭하고 고소한 오리 요리 Duck Confit(325B)도 빼놓을 수 없는 메뉴다.

🏠 1/2 Soi Attakrawee 1, Sukhumvit 26, Klongton, Klongtoey, Bangkok
📞 02-260-4900
🕐 11:00~22:00
🚶 BTS 프롬퐁 역, 쏘이26 안쪽 끝, K 빌리지 옆에 있다. 역에서 도보 약 30분.
📶 www.patiofood.com

- 쏘이26은 꽤 긴 골목이므로 골목 입구에서 택시나 오토바이를 타는 것이 좋다.
- 파티오만의 시크릿 레시피를 배울 수 있는 쿠킹 클래스도 운영하고 있다. (1인 1,200B)

롱 테이블 Long Table

Romantic & Classic

♛ ♛

WHAT 퓨전 레스토랑 & 바
WHERE 스쿰빗 map.484-D
PRICE 1인 200B~ (Tax & SC 17%)

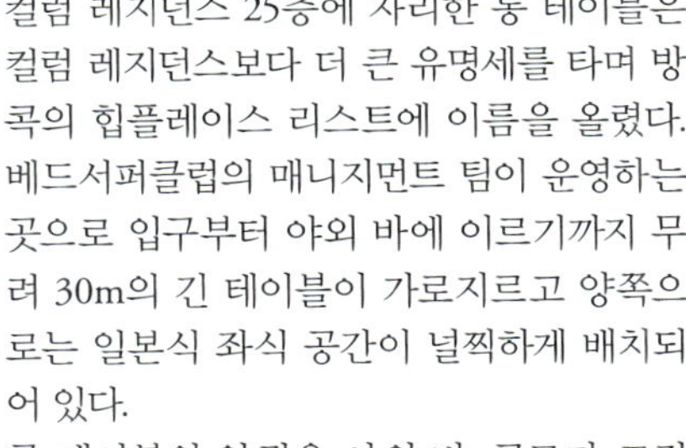

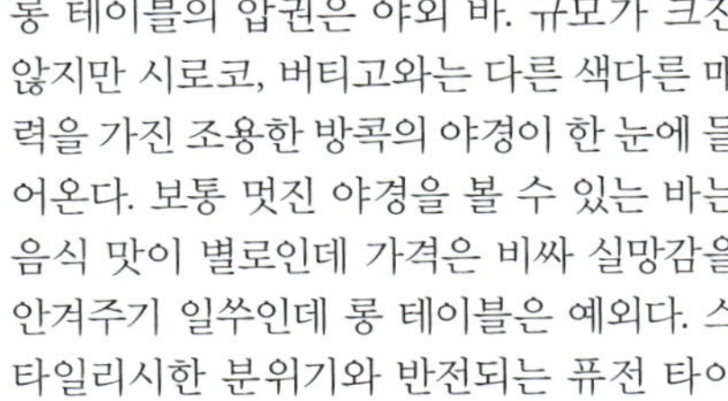

길고 긴 테이블 끝에 펼쳐지는 로맨틱한 야경

컬럼 레지던스 25층에 자리한 롱 테이블은 컬럼 레지던스보다 더 큰 유명세를 타며 방콕의 힙플레이스 리스트에 이름을 올렸다. 베드서퍼클럽의 매니지먼트 팀이 운영하는 곳으로 입구부터 야외 바에 이르기까지 무려 30m의 긴 테이블이 가로지르고 양쪽으로는 일본식 좌식 공간이 널찍하게 배치되어 있다.

롱 테이블의 압권은 야외 바. 규모가 크진 않지만 시로코, 버티고와는 다른 색다른 매력을 가진 조용한 방콕의 야경이 한 눈에 들어온다. 보통 멋진 야경을 볼 수 있는 바는 음식 맛이 별로인데 가격은 비싸 실망감을 안겨주기 일쑤인데 롱 테이블은 예외다. 스타일리시한 분위기와 반전되는 퓨전 타이 요리들이 주를 이룬다.

특히 태국 북부 치앙마이 전통 방식의 소세지 모듬Sai Aua Chiangmai (320B) 같은 내공 있는 메뉴들도 있는데 태국 맥주와 곁들여 먹으면 금상첨화다. 가격대도 높지 않은 편이다. 스타일리시하고 쾌적한 실내석도 나쁘지 않지만 분위기 만점 야외석에서 방콕의 낭만을 즐기는 것이 최고.

🏠 48 Column Tower 25F. Soi Sukhumvit 16, Klongtoey noe, Wattana Bangkok
📞 02-302-2557
🕐 17:00~02:00
🚶 BTS 아속 역, 익스체인지 빌딩 방면으로 나와 쏘이16을 찾아 안쪽으로 조금만 들어가면 있다.
📶 www.longtablebangkok.com

- 방문 시 어느 정도 드레스 코드를 갖추고 가는 것이 좋다.
- 와인 리스트도 충실히 갖추어져 있는 편. 와인 지참 시 한 병당 **1,500B**의 코르크 차지를 받는다.

디바나 스파 Divana Massage & Spa

Romantic & Classic
♛ ♛ ♛

WHAT 마사지 & 스파숍
WHERE 스쿰빗 map.484-B
PRICE 1인 1,150B~

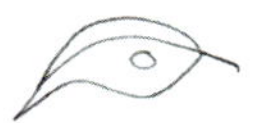

태국의 대표적인 럭셔리 스파 브랜드

디바나 스파는 오아시스 스파와 함께 태국의 대표적인 럭셔리 스파 브랜드로 입지를 다졌다. 입구에 들어서면 잘 가꾼 정원과 마치 집에 온 듯한 편안한 분위기의 가옥으로 꾸며져 있는데 무엇보다 트리트먼트를 받는 사람의 심신 안정을 중요시하는 디바나의 콘셉트가 느껴지는 부분이다.

디바나에서는 특히 젬스톤과 아유르베딕 마사지의 기술을 접목시킨 프로그램 '디바나 아유르베딕 젬 테라피'를 접할 수 있다. 젬스톤은 단지 보석으로서의 가치뿐 아니라 그 형태와 컬러, 원산지, 연대에 따라 건강, 부, 사업, 애정운에까지 영향력을 발휘하고 치유력을 지니는 광석이라 한다.

아유르베딕 마사지는 태고적부터 전해져 내려오는 인도의 전통 대체 의학이다. 개인의 맥박과 체온에 따라 젬스톤의 힘을 결합시킨 아유르베딕 마사지는 많은 이들의 호평을 받고 있다. 아시아 허브의 치유력을 아유르베딕 힐링 테라피에 결합시킨 라야베다 크라운 골드Rayaveda Crown Gold(7,150B/270분)는 혈액 및 림프액 순환을 촉진시키고 내부 에너지 순환을 증강시키는 데 탁월한 효과를 보여 비싼 가격임에도 인기가 많다.

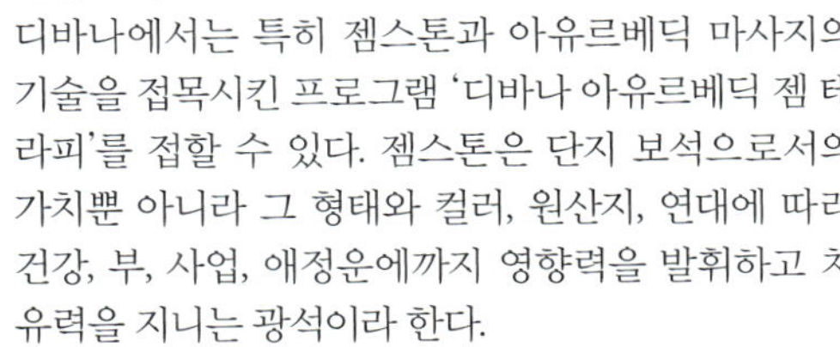

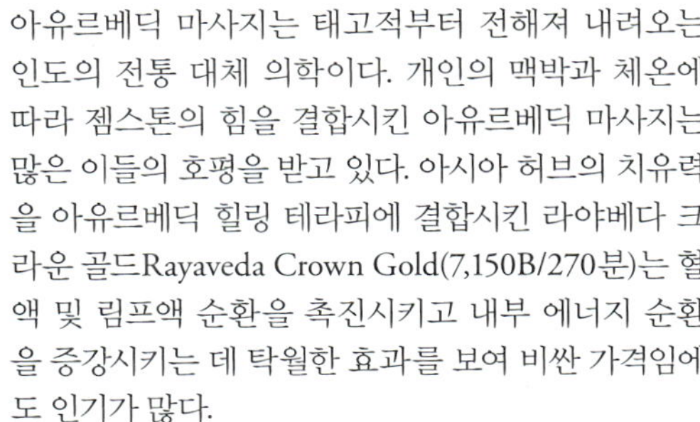

🏠 7 Sukhumvit 25, North Klongtoey, Wattana, Bangkok
📞 02-661-6784~5
🕐 월~목 11:00~23:00, 금~일 10:00~23:00
🚶 BTS 아속 역, 쏘이25 안쪽으로 들어가 조금만 걸어가면 왼편에 있다.
📶 www.divanaspa.com

- 방문 전 반드시 예약을 하고 가는 것이 좋다.
- 트리트먼트를 받기 전에는 가급적 음주와 식사를 피하자.

오아시스 스파 Oasis Spa

Romantic & Classic
👑 👑 👑

WHAT 마사지 & 스파숍
WHERE 스쿰빗 map.485-D
PRICE 1인 2,500B~ (Tax & SC 17%)

누구나 원하는 꿈의 스파

태국 최고 수준을 자랑하는 럭셔리 스파 브랜드다. 2003년 토비 알렌Toby Allen과 파킨 플로이피차Pakin Ployphicha가 자신들의 지식과 스킬을 공유해 누구나 원하는 꿈의 스파를 선보이기로 하여 치앙마이에 첫 지점을 오픈했다. 그 후, 차별화된 서비스와 실력을 무기로 승승장구했고 2012년 스쿰빗 쏘이51에 새로운 숍을 오픈했다.

오아시스의 전 스태프들은 오아시스 스파 스쿨의 정식교육을 받는다고 하니 직원 관리에 얼마나 노력을 기울이는지 알 수 있다. 도심 속 오아시스를 모티브로 삼아 인테리어를 했다고 하는데 실제로 푸른 수목과 미니 폭포, 연못, 낮은 빌라 등으로 꾸며놓았다.

미디어의 찬사를 받으며 수십여 군데에서 각종 상을 수상한 오아시스의 시그니처 트리트먼트로는 King Of Oasis Signature Massage(3,900B/120분)가 있다. 이 메뉴는 원래 강한 마사지를 원하는 남성을 위해 고안되었다. 타이 허브를 넣은 뜨거운 압박봉으로 단단히 뭉친 근육 라인을 풀어주고 핫 오일 마사지와 스트레칭으로 마무리한다. 격무에 시달리는 여성들을 위해서 추천할 만한 매우 훌륭한 마사지다.

🏠 쏘이31 지점 | 64 Sukhumvit 31 Road Soi Sawasdee Wattana, Bangkok
　　쏘이51 지점 | 88 Sukhumvit 51 Road Wattana, Bangkok
📞 쏘이31 지점 | 02-262-2122
　　쏘이51 지점 | 02-262-2124
🕐 10:00~22:00
🚶 쏘이31 지점은 BTS 프롬퐁 역에서,
　　쏘이51 지점은 BTS 텅러 역에서 가깝다.
📶 www.oasisspa.net

- 두 지점 모두 프롬퐁 역에서 무료 셔틀을 제공하며 미리 예약해야 한다.
- 서비스와 메뉴의 차이는 없지만 쏘이31 지점의 경우는 콜로니얼 풍의 편안한 분위기이며 쏘이51 지점은 새로 생겨 좀 더 화려한 분위기이다.

오아시스 스파는 갖가지 효능을 지닌 고대 타이 허브들을 최첨단 마사지 기술과 접목시킨 스파 메뉴와 숙련된 전문 테라피스트의 정성스러운 관리에 초점을 두고 있다. 이러한 오아시스만의 차별화된 서비스를 '라나Ranna 스타일'이라 하는데 라나는 치앙마이의 옛 왕조이름으로 품위 있고 우아한 서비스를 제공한다는 의미에서 붙인 이름이라고 한다.

바닐라 가든 Vanilla Garden

Romantic & Classic
♛ ♛

WHAT 퓨전 카페 & 레스토랑
WHERE 에까마이 **map.486-B**
PRICE 1인 250B~ (Tax & SC 17%)

온종일 머물고 싶은
나만의 놀이터

2004년 바닐라 인더스트리라는 조그마한 베이커리로 시작했던 바닐라 계열의 마지막 주자이다. 에까마이 쏘이12의 골목 끝에 위치해 한결 여유롭고 평화로운 분위기의 바닐라 가든은 소스, 로열 바닐라, 바닐라 카페 등 3개의 공간으로 구성되어 있다.

소스는 예술, 문학, 요리책이 있는 북 숍으로 귀엽고 아기자기한 디자인의 책들이 많이 구비되어 있어 둘러볼 만하다. 로열 바닐라는 정통 차이니즈 레스토랑으로 딤섬과 정통 중국차, 칸토니즈 요리를 맛볼 수 있다.

가장 안쪽에 자리한 바닐라 카페는 일본 스타일의 인테리어와 메뉴로 구성된 카페 겸 레스토랑으로 가장 인기가 많다. 가볍게 즐길 수 있는 음료와 디저트뿐 아니라 가벼운 식사 메뉴들도 두루 갖추고 있는데 특히 햄버그 스테이크와 크랩미트 크로켓, 스시와 마끼 등 일본 스타일의 메뉴가 많다.

🏠 53 Ekkamai 12, Sukhumvit 63, North Klongton, Wattana, Bangkok
📞 02-381-6120, 02-381-6122
🕐 11:00~23:00
🚶 BTS 에까마이 역에서 도보 20~30분. 에까마이 역에서 택시나 오토바이를 이용하는 것이 좋다.
📶 www.snpfood.com

- 경단이나 맛차 무스 케이크 등 이곳만의 독특한 일본풍 디저트를 즐기는 것도 색다른 즐거움이다.
- 일본 만화책을 비롯해 책장 가득 꽂혀 있는 책을 마음껏 볼 수 있다.

크레센도 Crescendo

Romantic & Classic

♛ ♛

WHAT 오일숍
WHERE 텅러 map.486-A
PRICE 1인 200B~

나에게 딱 맞는
특별한 마법 오일

요리에 조금이라도 관심이 있는 친구나 웰빙에 호감을 보이는 친구들에게 꼭 추천하고 싶은 곳이다. 매장에 들어서면 실험실 같기도 한 묘한 느낌의 유리병이며 도자기병들이 눈에 띄는데 신선하고 다양한 오일과 소금, 식초, 양념들이 한가득이다.

그렇지만 단순히 요리 재료라고 한다면 서운하다. 마치 소믈리에가 와인을 추천하듯이 이곳에선 개인의 취향과 욕구에 맞추어 다양한 오일과 양념을 추천해 준다. 어떤 음식과 궁합이 잘 맞는지, 요리 이외에 어떤 방법으로 활용이 가능한지도 여러 가지로 설명해 준다. 디톡스나 다이어트에 좋은 것, 심신 안정에 좋은 것 등 나에게 딱 맞는 특별한 마법의 오일을 크레센도에서 찾아보자. 매장 안의 오일은 조금씩 테스트를 해보거나 맛을 볼 수 있으며 오일을 섞어 활용하는 방법에 대해서도 자세한 정보를 얻을 수 있다.

🏠 Eight Thonglor Building 88/1 Sukhumvit 55, Klongton-nua Wattana Bangkok
📞 02-714-7695
🕙 10:00~22:00
🚶 BTS 텅러 역, 쏘이55를 따라 직진하면 오른편의 Eight라는 쇼핑몰 내에 있다. 도보 약 10분.
📶 www.crescendo-world.com

한국인 스태프가 거의 매장에 상주하여 이것저것 상담하기에 좋다. 자신에게 맞는 추천 상품이나 활용법 등 마음 편하게 문의할 수 있다.

애프터 유 After You

WHAT 디저트 카페
WHERE 텅러 map.486-A
PRICE 1인 100B~

방콕의 젊은이들이
열광하는 디저트 카페

귀엽고 아기자기한 인테리어와 달콤한 디저트로 방콕 젊은이들의 사랑을 듬뿍 받는 디저트 카페다. 시암 파라곤과 텅러 지점을 포함해 방콕에만 5개 지점을 운영 중이다. 애프터 유의 베스트셀러는 달콤한 시부야 허니 브레드(165B). 우리나라의 허니 브레드보다 사이즈가 아담하고 조금 더 달콤한 편으로 진한 커피와 함께 먹으면 최고의 조화를 이룬다. 초콜릿, 바나나 등 다양한 재료를 얹은 토스트도 있지만 기본적인 허니 브레드가 가장 맛이 좋은 편이다. 이곳만의 디저트 커피 종류도 특이하다. 커피라는 이름이 붙어 있지만 생크림, 과일, 초콜릿 등이 커피와 같은 비율로 배합되어 있어 그 자체로 디저트라는 느낌을 준다. 애프터 유의 디저트는 달달하고 기분이 좋지만 맛이 좋은 만큼 칼로리가 높다는 사실은 잊지 말자.

🏠 GF, J-Avenue, Thonglor Soi 3, Sukhumvit 55 Bangkok
📞 02-712-9266
🕙 10:00~24:00
🚶 BTS 텅러 역, 스쿰빗55를 따라 직진하다 좌측에 쏘이13이 나오면 좌회전 후 10m 정도 가면 우측에 있다.
📶 www.afteryoudessertcafe.com

오전 시간에는 토스트, 핫케이크, 달걀, 베이컨 등이 주를 이루는 아침식사 메뉴가 괜찮은 편이니 숙소가 주변이라면 여유로운 아침식사를 즐기는 것도 좋다.

팬트리 매직 Pantry Magic

Romantic & Classic ♛ ♛	WHAT 주방용품숍 WHERE 텅러 **map.486-A** PRICE 1인 100B~

평범한 주방에 변화를 가져다 줄 소품

프랑스에서 요리 공부를 하고 일한 셰프 출신 오너가 창업한 주방용품 매장이다.

처음의 타깃은 주로 아시아 국가들로, 서양에 비해 전문 요리 도구나 조리 시설이 미비한 아시아 국가들의 평범한 주방에 마법을 일으키고 싶은 야심찬 기획으로 탄생했다. 홍콩에 첫 매장을 오픈한 후, 현재 7개국 13개 매장을 운영하고 있다.

매장 규모가 큰 편은 아니지만 총 2,000~2,500종의 아이템을 취급하고 있어 요리에 관심 있는 사람이라면 한 번 둘러보는 데도 꽤 많은 시간이 소요된다.

실리콘으로 된 베이킹 도구, 멋스러운 돌절구, 세련된 디자인의 주물 냄비, 로맨틱한 퐁듀 기구와 기발한 아이디어의 다양한 주방용품, 키친 웨어나 조리 도구뿐 아니라 세계 여러 나라의 요리 관련 서적도 고루 갖추고 있다. 바로 옆에 독특한 콘셉트의 오일 전문점 크레센도가 자리하고 있으니 잊지 말고 들러보자.

🏠 GF. Eight Thonglor, 88/22 Sukhumvit 55, Bangkok
📞 02-713-8650
🕐 10:30~21:00
🚶 BTS 텅러 역, 쏘이55를 따라 직진하다 보면 우측에 에이트 Eight 몰 내에 있다.
🛜 www.pantry-magic.com/bangkok

엠포리움 백화점 5층에서도 팬트리 매직을 만날 수 있다.

리야나 스파 Leyana Spa

Romantic & Classic
♛ ♛

WHAT 스파
WHERE 텅러 map.486-A
PRICE 1인 825B~

도심 속 정원에서 즐기는
꽃 테라피

조용하고 아담한 가옥과 안쪽에 마련된 푸른 정원에서 시간을 보내는 것만으로 이미 힐링이 되는 기분이다. 복잡하기로 둘째가라면 서러운 방콕의 시내 한복판에 리야나 스파가 있다는 것만으로도 큰 위안이 된다.

리야나Leyana는 난초과의 화초 중 하나로 이곳에서는 천연 허브와 꽃을 트리트먼트에 활용한다. 특히 허브 스크럽과 천연 카모마일 미스트를 이용한 폴리싱, 스크럽 메뉴들은 디톡스에도 탁월한 효과가 있어 인기가 많다. 뜨겁게 달구어진 작은 소금단지를 이용한 시암즈 스톤 마사지는 리야나 스파만의 독특한 시그니처 마사지이다.

스파 패키지를 이용할 경우 예쁜 테이블에 아기자기한 애프터눈 티 세트가 제공되는데, 스파를 즐긴 뒤 여유롭게 차를 마시며 달콤한 오후를 보내는 것 역시 리야나 스파에서 누릴 수 있는 호사다.

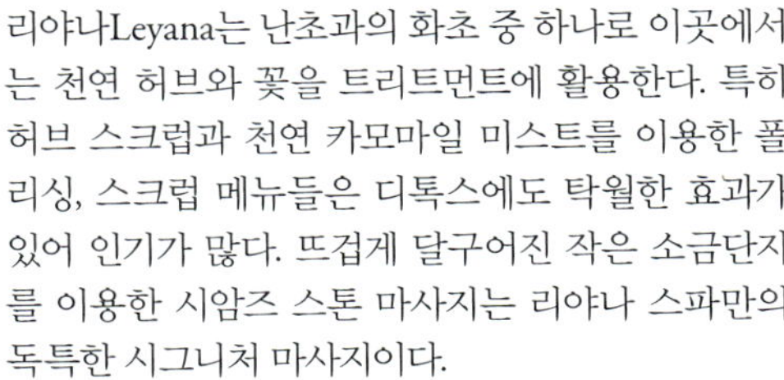

🏠 53 Thonglor 13, Soi Torasak, Sukhumvit 49 Road. Bangkor Laem, Bangkok
📞 02-391-7694
🕐 11:00~22:00(월~금), 10:00~22:00(토, 일) (마지막 예약 20:00)
🚶 BTS 텅러 역 3번 출구로 나와 뒤돌아 나가면 쏘이55가 보인다. 쏘이55를 따라 약 70m 직진, 왼편의 듀엣 스파Duet Spa 앞에서 무료 픽업 툭툭을 탈 수 있다.
📶 www.leyanaspa.com

- 홈페이지에 각종 프로모션이나 할인 쿠폰에 대한 정보를 얻을 수 있으니 방문 전에 반드시 확인하자.
- 무료 툭툭을 이용하려면 듀엣 스파Duet Spa(🚶정보 참조)에 들어가 리야나 스파로 전화를 걸어 툭툭을 불러달라고 하면 된다.
- 스파 예약 시간 30분 전에는 도착하도록 한다.

스푼풀 자카 카페 Spoonful Zakka Cafe

Romantic & Classic
♛ ♛

WHAT 카페 & 잡화숍
WHERE 칫롬 map.488-B
PRICE 1인 105B~ (Tax & SC 17%)

보물 창고에서 즐기는 티타임

자카Zakka는 잡화雜化를 일본어로 읽은 말로, 이름처럼 다양한 상품을 취급하는 곳이다. 학창 시절 누구나 갖고 싶어 했던 귀여운 팬시용품부터 생활용품, 패션용품까지 예쁘다 싶은 물건이라면 종목을 가리지 않고 모아 놓은 보물 창고 같다. 스푼풀의 주인장인 방콕의 젊은 아가씨는 잘 팔릴 것 같은 아이템보다 스스로 사고 싶은 아이템을 주로 사 모아 전시해 놓았다고 한다.

아담한 공간은 상품들이 진열되어 있는 숍 공간과 카페 공간으로 분리되어 있다. 작은 테이블과 동화 속에 나올 법한 귀여운 창문 등 소녀 취향으로 꾸며져 있는데 간단한 음료와 주인장이 직접 만드는 시그니처 스콘을 맛볼 수 있다.

스콘은 그때그때 주인장 마음대로 스타일이 바뀌는데 창의적이고 새로운 맛에 먹는 즐거움이 배가된다. 대량으로 구비해놓는 상품들이 아니므로 가격대가 다소 높다는 것이 단점이라면 단점이다.

🏠 31 The Portico, Room no.201, 2F, Soi Langsuan, Lumpini, Pathumwan, Bangkok
📞 02-652-2278
🕐 11:00~19:00
🚶 BTS 펀칫과 칫롬 역의 중간, 랑수언 로드로 진입해 조금 걷다 보면 왼편 포르티코 단지 2층에 있다.
📶 www.spoonfulzakka.com

매일 바뀌는 오늘의 디저트를 선택하면 할인 혜택을 받을 수 있다. 한쪽에 판매되는 구두들은 품질이 좋은 편이다. 사이즈만 맞는다면 운 좋게 구매할 수 있다.

나인스 카페 The Ninth Cafe

Romantic & Classic

♛ ♛

WHAT 인터내셔널 레스토랑
WHERE 칫롬 map.488-D
PRICE 1인 300B~ (Tax & SC 17%)

랑수언 로드의 터줏대감

나인스 카페가 1997년 랑수언 로드에 터를 잡고 오랜 시간 사랑을 받아 온 비결 중 하나로 이름에 담긴 오너의 희망을 꼽을 수 있지 않을까 싶다. 태국에서 9는 행운을 상징하는 숫자라 레스토랑이 흥하길 바라는 마음에서 레스토랑 이름을 나인스 카페라고 붙였다고 한다.

랑수언 로드 자체가 여유롭고 세련된 느낌인데다 작은 정원에 놓여 있는 하얀 테이블과 유리창 너머로 보이는 단정한 실내 분위기가 딱 랑수언 로드의 분위기와 맞아 떨어지는 느낌이다.

메뉴의 대부분은 타이와 유러피안 푸드가 주를 이룬다. 특히 바삭한 난에 태국식 커리를 곁들여 먹는 로티 치킨 커리Roti With Chicken Curry(160B)는 매콤하면서도 고소한 맛이 일품이라 자꾸만 손이 가는 음식이다. 자극적인 맛을 즐기지 않는다면 담백한 농어 요리인 아몬드 로스티드 필레 오브 시배스Almond Roasted Fillet of Seabass(295B)를 시도해 보자. 아 드와 농어의 조화도 흥미롭지만 버터 레몬 소스와 매시드 포테이토, 시금치 등이 곁들여 나와 식감이 부드러우면서도 환상적인 조화를 이룬다.

🏠 59/5 Soi Langsuan, Pleonchit Road, Bangkok
📞 02-255-7125~7
🕐 11:00~23:00 (월요일 휴무)
🚶 BTS 칫롬 역, 랑수언 로드로 진입해 10분 직진, 왼편에 있다.
📶 www.theninthcafe.com

커리는 취향에 따라 비프와 치킨 중 선택할 수 있으며 파스타 메뉴는 토마토 소스 혹은 화이트 와인 소스 중 선택 가능하다.

카르파푸룩 Kalpapruek

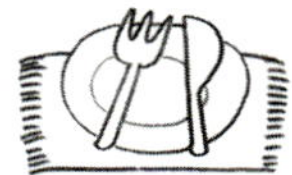

Romantic & Classic ♔

WHAT 타이 레스토랑
WHERE 칫롬 **map.488-A**
PRICE 1인 200B~ (Tax & SC 17%)

나무 아래서
피크닉 온 듯한 기분을

38년간 내공을 쌓아 온 뿌리 깊은 태국 음식 전문 레스토랑이지만 오랜 세월이 느껴지기 보다는 세련되고 스타일리시한 모습이다. 카르파푸룩은 태국어로 희망 나무Wishing Tree라는 의미를 지니는데 나무가 쭉쭉 뻗어나간 듯한 느낌을 충분히 주는 높은 천정과 독특한 프린트가 인상적이다.

내부에 놓인 작은 소품 하나하나는 홈메이드 스타일의 이곳 음식 분위기를 더욱 잘 드러내기 위해 스태프들이 실제 집에서 하나씩 가져와 장식한 것이라고 한다. 나무 아래 놓인 심플한 나무 탁자에 앉아 피크닉 온 듯한 느낌을 내보는 것도 좋다. 도심 한 가운데 위치한 대형 쇼핑몰 안에 있다는 사실을 잠시 잊게 된다.

바삭한 난과 함께 먹는 태국식 커리 메뉴도 맛있고 태국 북부 지역에서 전통적으로 내려오는 튀긴 면 요리 카오소이Northern Style Egg Noodle Curried Soup(125B)도 독특하다.

🏠 7F, Central World Shopping Complex, Rajdamri Road Patumwan, Bangkok
📞 02-613-1359
🕐 11:00~22:00
🚶 BTS 칫롬 역, 센트럴 월드 플라자 7층에 있다.

- 카르파푸룩의 홈메이드 케이크 또한 평판이 좋으니 식사 후에 달달한 디저트 타임을 즐겨보는 것도 좋다.
- 즉석에서 만들어주는 크레페도 인기 메뉴 중 하나.

스파 1930 Spa 1930

Romantic & Classic ♛ ♛ ♛	**WHAT** 스파 **WHERE** 칫롬 **map.488-B** **PRICE** 1인 1,200B~

과거로 돌아가 즐기는 힐링 타임

1930년대에 지어진 목조 건물을 그대로 보존해 운영하는 스파다. 이 건물은 실제 태국 건축협회에서도 역사적으로 의미가 있는 건물로 인정받아 일체의 변형이나 개조 없이 관리한다고 한다.

넓은 공간에 비해 트리트먼트 룸은 단 3개로 이곳을 찾는 고객에게 최고의 서비스를 효과적으로 제공한다.

1층엔 리셉션 옆으로 라운지가 마련되어 있는데 이곳에서 스파 전후로 차를 마시며 휴식을 취할 수 있다. 한쪽에서는 자체 제작한 스파 제품들을 판매하기도 한다. 2층에 자리한 트리트먼트 룸은 옛 모습 그대로라 제각각 개성이 있다. 마치 과거로 들어온 듯 태국 전통 스타일의 가옥 모습을 엿보는 즐거움도 느껴보자.

스파 1930의 테라피스트들은 철저하게 교육 받은 정예 직원들로 수준 높은 서비스를 제공한다. 시그니처 서비스로는 1930 블렌딩 마사지(1,600B, 60분)가 있는데 세 가지 오일을 배합한 아로마 테라피와 강한 스웨디시 마사지를 동시에 받을 수 있어 특히 한국인에게 잘 맞는다.

🏠 42 Soi Tonson, Lumpini, Patumwan, Bangkok
📞 02-254-8606
🕐 09:30~21:30
🚶 BTS 칫롬 역에서 플런칫 타워 옆 골목(Soi Tonson)으로 조금 들어가면 우측에 있다. 역에서 도보 약 5분.
📶 www.spa1930.com

- 트리트먼트 룸이 많지 않아 방문 전 반드시 예약해야 한다.
- 최소 예약 시간 30분 전에는 도착하는 것이 좋다.

뮤즈 방콕 Hotel Muse Bangkok

Romantic & Classic
♔ ♔

WHAT 체인 호텔
WHERE 칫롬 map.488-D
PRICE 1박 US$150~

랑수언 로드의 매혹적인 뮤즈

뮤즈Muse는 고대 그리스·로마 신화에서 시, 음악 및 예술 분야를 관장하는 아홉 여신들 중 하나다. 예술적 고급 부티크를 표방하는 호텔 콘셉트와 딱 어울리는 호텔 이름이라 할 수 있다.

아코르Accor 체인 중 가장 상위 계열인 M 갤러리 콜렉션의 소속 호텔이기도 한 뮤즈 방콕은 19세기 서양 문물을 받아들이던 시대의 미학을 그대로 담고 있다. 디자인의 독특함과 고급스러움은 방콕의 다른 숙소들을 압도한다. Jatu Deluxe, Dowadueng Corner Deluxe 등 다른 호텔에서는 찾아보기 힘든 객실의 이름은 불교의 우주론에서 가져온 것이라고 한다.

호텔만큼이나 매혹적인 이탈리아 레스토랑인 메디치Medici Kitchen는 뮤즈 방콕의 가장 대표적인 부대시설이자 자랑거리. 25층 옥상에 자리 잡고 있는 레스토랑이자 바인 더 스피크이지The Speakeasy는 방콕의 야경을 감상하며 담소를 나누기에 그만이다.

🏠 55/555 Langsuan Road, Ploenchit Road, Lumpini, Pathumwan, Bangkok
📞 02-630-4000
🚶 BTS 칫롬 역에서 도보 5분, 랑수언 로드에 있다.
📶 www.hotelmusebangkok.com

- 손님이 많을 때는 하우스키핑 직원의 수가 모자라 체크인, 체크아웃 시 시간이 상당히 소요될 수 있다. 느긋한 마음을 가져야 한다.
- 랑수언 로드는 일방통행 길이다. 미리 지도 등을 보고 동선을 파악해 두는 것이 좋다. 호텔에서 칫롬 지역의 모든 쇼핑몰은 도보 이동이 가능하다.
- 모든 객실에서 인터넷을 무료로 사용할 수 있다.

세인트 레지스 방콕 St. Regis Bangkok

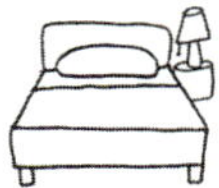

Romantic & Classic

♛ ♛ ♛

WHAT 체인 호텔
WHERE 칫롬 map.488-C
PRICE 1박 US$280~

세계 톱클래스의 호텔을 경험하다

최고급 호텔의 집합체, 스타우드 그룹의 수 많은 브랜드 중에서도 톱클래스에 속하는 세인트 레지스. 상대적으로 물가가 저렴한 방콕에 있기에 조금은 저렴한 가격에 경험할 수 있어 행운이다. 방콕에선 200달러 대에서 머물 수 있지만 발리의 경우는 600달러 정도 지불해야 한다.

악명 높은 방콕의 교통 상황을 고려한다면 라차담리 역에 딱 붙어 있는 위치적 조건 또한 크나큰 장점인데 세인트 레지스를 두고 지리적 장점만을 운운하기에는 좀 섭섭하다. 메인 로비에 들어서는 순간 높은 천정을 수놓은 화려한 조명과 격조 있으면서도 세련된 분위기, 직원들의 고품격 서비스에 고개가 절로 끄덕여진다. 최고의 객실과 전망이 확 트인 수영장, 세계적인 수준의 레스토랑과 와인 바, 세심한 버틀러 서비스까지 특별한 하루를 만들기에 충분한 호텔이다.

🏠 159 Rajadamri Road. Bangkok 10330
📞 02-207-7777
🚶 BTS 라차담리 역과 바로 연결된다.
📶 www.starwoodhotels.com/stregis/bangkok

- 호텔의 모든 공간에서 무료로 무선 인터넷을 사용할 수 있다.
- 로비 옆, 드로잉 룸에서 제공하는 애프터눈 티는 뛰어난 맛과 분위기로 인기가 많다.
- 호텔 내부에 있는 이탈리안 레스토랑 조조Jojo, 일본식 퓨전 레스토랑 겸 바 주마Juma 등은 외부 게스트들도 많이 찾는 인기 만점 스폿이다.

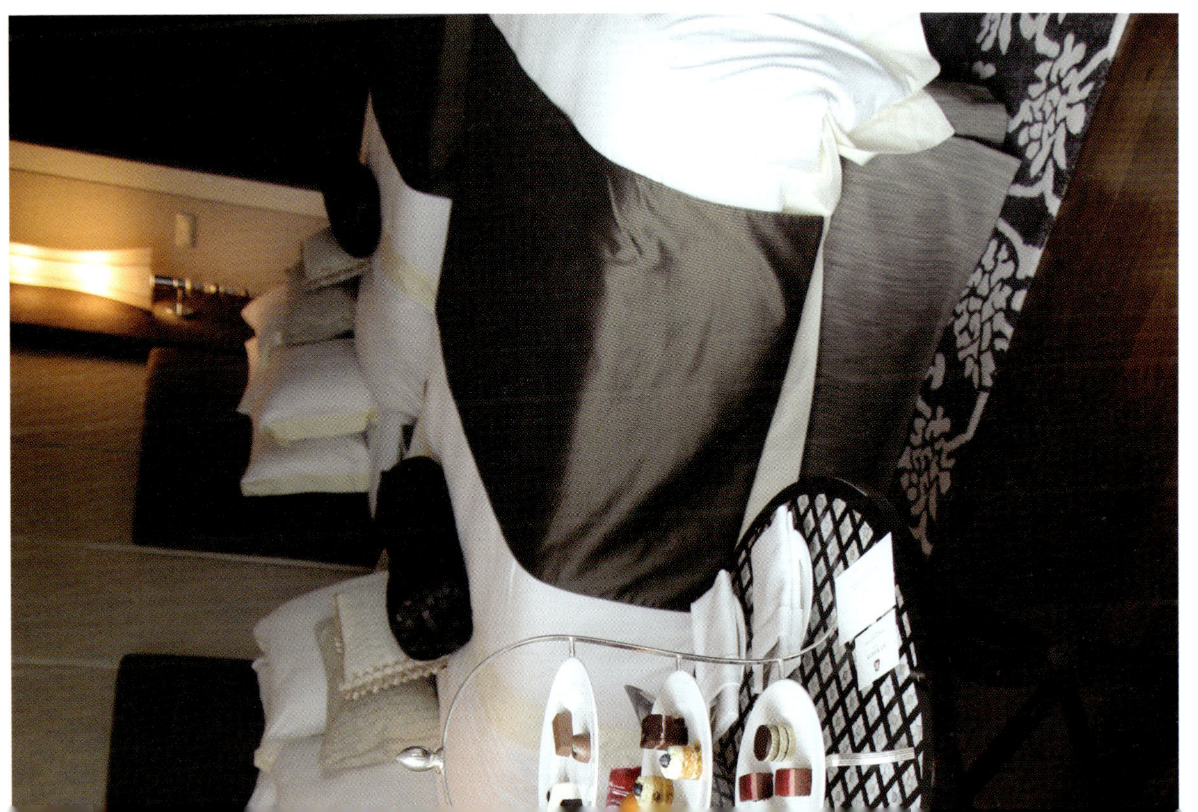

Chit Lom | St. Regis Bangkok

오리엔탈 레지던스 방콕

Romantic & Classic

♛ ♛ ♛

WHAT 레지던스형 호텔
WHERE 플런칫 map.489-C
PRICE 1박 US$200~

평소 우리가 꿈꾸는 품격 있는 라이프스타일

2012년에 문을 연 따끈따끈한 신상 레지던스형 호텔이다. 넓은 리빙 룸과 완벽한 주방 등 평소 방콕의 레지던스에 매력을 느꼈지만 호텔식 서비스가 아쉬웠던 공주님들은 이 이름을 기억해두자.

오리엔탈 레지던스 방콕Oriental Residence Bangkok은 방콕의 심장부라 할 수 있는 위타유 로드에 위치한 아주 어여쁜 레지던스형 숙소다. 입구부터 넘치는 품격과 우아한 자태를 느낄 수 있으니 우리에게 딱 어울리는 숙소다.

투숙하면서 즐기게 될 클래식하면서 심플한 가구와 럭셔리한 소품은 집에 그대로 옮겨 놓고 싶은 마음이 드는데, 특히 'ORB' 마크가 있는 모든 소품과 가구는 오롯이 이곳만을 위해 제작된 한정판 아이템이란다.

레지던스에서는 찾아보기 힘든 멋진 레스토랑, 휴식과 여가를 위한 수영장, 그리고 다목적 플레이룸Play Room과 데크 바Deck Bar까지 갖추고 있다. 일행이 여럿이라면 더욱 추천한다. 아침식사는 카페 클레어에서 단품을 주문하고 사이드 메뉴 뷔페를 즐기는 형식으로 제공된다.

🏠 110 Wireless Road, Lumpini, Pathumwan, Bangkok
📞 02-125-9000
🚶 BTS 플런칫 역, 위타유 로드로 진입해 도보로 약 **10분** 가면 있다.

- 호텔에서 BTS 칫롬 역까지 무료 셔틀버스를 운행한다.
- 객실 내에서 무료 Wi-Fi를 쓸 수 있다.

카페 클레어 Cafe Claire

Romantic & Classic

♛ ♛

WHAT 웨스턴 퓨전 레스토랑
WHERE 플런칫 map.489-C
PRICE 1인 250B~ (Tax & SC 17%)

어느 시간대에 들러도 만족스러운

카페 클레어는 오리엔탈 레지던스 호텔의 조식당을 겸하고 있는 부속 레스토랑. 클레어는 오너의 딸 이름이라고 한다.

사실 카페 클레어는 조식부터 애프터눈 티, 런치, 디너를 두루 취급하고 있는 데다가 메뉴 또한 태국은 물론 동서양 스타일을 두루 섭렵하고 있어 콘셉트가 미스테리한 레스토랑으로 보일 수 있다. 하지만 카페 클레어에 들어서는 순간 모두 이곳의 팬이 되고 말 것이다.

일본식 된장인 미소 소스로 맛을 낸 생선 요리Miso Glazed Snow Fish(550B), 프랑스식 웜 샌드위치Cafe Claire Croque Madame(260B), 해산물과 오징어 먹물의 환상 궁합이 돋보이는 파스타Black Squid Ink Fettuccine(450B)도 훌륭하다. 아침식사를 위해 방문했다면 최강의 맛과 비주얼을 자랑하는 클레어의 프렌치 토스트(260B)를 강력 추천한다.

싱가포르의 고급 차 브랜드인 TWG 코너를 지나 안쪽으로 들어오면 품격을 갖췄으면서도 캐주얼한 분위기가 느껴진다. 대리석 바닥과 흑백 톤의 실내 인테리어, 유리창을 통해 들어오는 수목의 푸릇함 등이 어우러져 기분이 좋아진다.

🏠 110 Wireless Road, Lumpini, Pathumwan, Bangkok
📞 02-125-9000
🕐 06:00~23:00
🚶 BTS 플런칫 역에서 도보 약 10분, 위타유 로드를 따라 걷다 보면 미국 대사관 근처에 있다.
📶 www.oriental-residence.com

- 싱가포르의 고급 차 브랜드 TWG의 차(140B~)를 주문할 수 있다.
- 어느 시간대에 방문하건 기본적인 드레스코드는 스마트 캐주얼이다.

Ploenchit | Cafe Claire

딘 앤 델루카 Dean & Deluca

Romantic & Classic ♛

WHAT 그로서리 카페
WHERE 실롬 map.490-D
PRICE 1인 100B~ (SC 10%)

아름다운 지중해
식문화 전도사

조르지오 델루카는 푸드 브로커였던 아버지의 영향으로 어린 시절부터 음식에 대한 식견과 경험을 고루 쌓을 수 있었다. 이런 델루카가 다양한 문화가 공존하던 미국의 소호에 제대로 된 이탈리안 푸드를 선보이고자 하는 열망 하나만으로 작은 치즈 가게를 오픈했다.

조엘 딘은 델루카의 치즈 가게를 찾는 단골손님으로 이때부터 델루카와 음식에 대한 의견을 나누며 가까워졌다고 한다. 드디어 딘과 델루카는 지금까지 보지 못했던 그로서리형 카페 '딘 앤 델루카'를 미국에 오픈했다. 이곳에는 음식은 단순히 먹는 것이 아니라 재료, 식기, 패션 등 모든 것들이 결합된 문화라고 생각한 그들의 철학이 고스란히 녹아있다.

우리나라에도 지점이 있으며 방콕을 비롯해 세계적으로 수많은 지점이 있다.

🏠 92 Narathiwas Road, Silom, Bangrak, Bangkok
📞 02-234-1434
🕐 07:00~23:00
🚶 BTS 총논씨 역, 3번 출구로 나오면 바로 보인다.
📶 www.deandeluca.co.th

다이닝 공간 옆으로 다양한 아이템을 판매하는데 커피, 초콜릿, 캔디 등 식품뿐 아니라 가방, 컵, 소스 등 선물용으로도 좋은 아이템들이 많다.

오리엔탈 프린세스 Oriental Princess

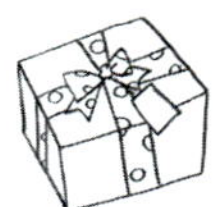

Romantic & Classic ♛

WHAT 쇼핑
WHERE 실롬 map.491-A
PRICE 1인 100B~

소녀의 감성을 지닌 로컬 브랜드

오리엔탈 프린세스는 SSUP의 자회사인 O.P. Natural Company Limited가 선보인 브랜드로 이 제품들은 엄선된 허브 및 천연 추출물로 만들어져 피부에 자극을 주지 않고 풍부한 영양을 공급한다.

제품 라인은 페이셜, 헤어, 바디 용품으로 이루어져 있다. 페이셜 라인 중 Acnemise 라인은 여드름 피부에 적합한 제품. 마일드 클렌징 젤 제품은 생강과 버드나무 껍질의 자연 추출물을 사용해 모공을 막고 있는 잔류물들을 완전히 제거하고 피지를 컨트롤하는 효과가 탁월하다. 같은 기능의 비누, 토너, 크림과 24시간 내 신속하게 여드름을 가라앉혀주는 크림과 컨실러 등도 갖추었다. 천연 약용 화장품 Natural Cosmeceutical은 이 분야 최고의 전문가들이 최신 기술을 도입하여 1, 2단계의 체계적인 집중 스킨케어 프로그램을 제안하며 즉각적인 효과를 볼 수 있도록 했다.

치앙마이, 파타야, 푸껫, 끄라비 등 태국 전역에 지점이 있으며 방콕에서는 주로 빅씨, 센트럴 백화점, 까르푸, 로투스 매장 내에서 만나볼 수 있다.

🏠 191 Silom Road, Silom, Bangrak, Bangkok
☎ 02-231-3168(실롬 콤플렉스 지점)
🕙 10:00~22:00
🚶 BTS 살라댕 역 2번 출구로 나와 뒤돌아 직진하면 왼편의 실롬 콤플렉스 2층에 있다.
📶 www.orientalprincess.com

이사야 시아미즈 클럽 Isaya Siamese Club

Romantic & Classic
♛ ♛ ♛

WHAT 타이 레스토랑
WHERE 사톤 map.491-B
PRICE 1인 1,500B~ (Tax & SC 17%)

셰프 이안 키티차이의 플래그십 레스토랑

셰프 이안 키티차이Ian Kittichai는 태국 최초로 5성급 호텔 포시즌의 이그제큐티브 셰프가 되었다. 2001년에는 유명 TV 프로그램 '아이언 셰프'에 출연하면서 세계적인 지명도도 갖추었다. 프랑스, 뉴욕 등지에서 레스토랑을 오픈하며 승승장구했다. 이사야의 요리들은 전통적인 태국 음식에 인터내셔널한 풍미를 더해 매우 창조적이고 독특하다. 매번 바뀌는 마켓 메뉴는 시장에서 그날그날 직접 가져온 제철 재료로 만들어 건강하고 신선하다. 단품으로 주문이 가능하고 이사야 세트 메뉴나 셰프의 테이스팅 메뉴(2인 이상 주문 가능)도 준비되어 있다. 특히 부드러운 베이비백립에 이사야 특제 칠리소스를 더한 크라둑 무Kradook Moo Aob Sauce는 굽기 전 48시간 이상 양념에 재워 맛이 일품이다.

이사야는 예쁜 정원과 하얀 2층 목조 건물로 이루어졌는데 이 목조 건물은 무려 90년의 역사를 가진 곳이라고 한다. 내부는 보라색, 붉은색, 민트색 등 과감한 컬러와 디자인으로 태국 전통 패브릭과 고

🏠 4 Soi Sri Aksorn, Chua Ploeng Road, Sathorn, Bangkok
📞 02-672-9040
🕐 11:30~14:30, 18:00~22:30(바는 새벽 01:00까지)
🚶 MTR 클롱 토이Khlong Toei역 하차, 룸피니 역 방향으로 Thanon Rama IV를 따라 가다 왼쪽 Chua Ploeng Road로 진입. 약 200m 직진 후 오른쪽으로 4 Soi Sri Aksorn에 있다. (찾아가기 복잡하니 택시 기사에게 전화를 연결해 주는 것도 방법)
📶 www.issaya.com

- 찾아가기 조금 어려우니 방문 전 지도와 영어 주소, 전화번호를 꼭 챙기자.
- 예약은 필수이며 어느 정도 격식 있는 옷을 입는 것이 좋다.

가구들이 묘한 조화를 이루어 앤티
크한 분위기를 고조시킨다.
1층은 다이닝 공간으로, 2층과 야외
석은 시아미즈 클럽이라 불리는 라
운지 바로 활용되고 있다.
식사 후에는 시아미즈 클럽으로 자
리를 옮겨 코리앤더 모히토를 한 잔
하는 것도 좋다. 치앙마이에서 공수
하는 코리앤더를 듬뿍 넣어 만든 독
특한 모히토는 상큼하고 신선해 더
운 날씨에 제격이다.

소피텔 소 방콕 Sofitel So Bangkok

Romantic & Classic

♛ ♛ ♛

WHAT 호텔
WHERE 사톤 map.491-B
PRICE 1박 US$200~

이보다 더 패셔너블한 호텔은 없다

소피텔 소 방콕은 소피텔 그룹에서 런칭한 상위 브랜드 호텔로 모리셔스에 첫 번째 호텔을 오픈했고 세계에서 두 번째로 방콕에 상륙하였다. 2012년 2월, 태국 최고의 건축가 5명과 세계적인 디자이너 크리스찬 라크루와Christian Lacroix의 공동 작업으로 태어난 소피텔 소 방콕은 단순한 호텔 그 이상을 넘어서 가장 트렌디한 라이프스타일을 즐길 수 있는 공간으로 주목받고 있다.

입구의 달콤한 초콜릿 부티크인 초코랩Chocolab 을 지나 메인 리셉션인 9층으로 올라가면 크리스찬 라크루와가 디자인한 유니폼을 입은 직원이 보이는데 호텔이 마치 런웨이 현장처럼 보이기도 한다. 객실 전망은 뉴욕의 센트럴파크와 비교되는 룸피니 공원 전망과 시티라인 전망 중에 선택할 수 있다. 수영장은 싱그러운 룸피니 공원의 전망을 마음껏 즐길 수 있는 장소로, 해질녘이면 더욱 멋진 방콕의 파노라마뷰를 즐길 수 있다.

🏠 2 North Sathorn Road, Bangrak, Bangkok
📞 02-624-4000
🚶 BTS 살라댕 역과 MRT 룸피니 역에서 도보로 5~10분 거리에 있다.
📶 www.sofitel.com/gb/hotel-6835-sofitel-so-bangkok/
index.shtml

- BTS 살라댕 역과 MRT 룸피니 역 모두 도보로 5~10분 거리에 있다. 위치를 중요하게 여기는 여행자들에게 최고의 희소식.
- 모든 객실에서 무료 Wi-Fi 사용이 가능하고 룸피니 공원에서 이용할 수 있는 자전거를 무료로 렌트할 수 있다. 그 외 24시간 솔루션 센터, 발렛파킹, 리무진, 요가 클래스, 쇼핑 컨설턴트를 이용할 수 있다.
- 메인 레스토랑인 레드 오븐 Red Oven은 뷔페로 제공하는 아침식사도 훌륭하지만 스시와 바비큐 코너까지 제공되는 런치 뷔페가 훌륭하다. 부담 없이 소피텔 소 방콕을 즐기고 싶다면 추천한다.

살롱 Salon

Romantic & Classic
♛ ♛ ♛

WHAT 카페 & 초콜릿 뷔페
WHERE 사톤 map.491-D
PRICE 1인 800B~ (SC 10%)

달콤쌉싸름한 초콜릿에 매료되다

수코타이 호텔 로비에 위치한 살롱은 커피, 칵테일, 스낵 등을 제공하는 평범한 라운지다. 이 라운지를 스페셜하게 만들어주는 것이 바로 초콜릿 뷔페(1인 900B+)다. 오히려 살롱이라는 명칭보다 '수코타이 초콜릿 뷔페'라는 이름으로 더 유명할 정도. 초콜릿 뷔페는 금~일요일 14:00~17:30에만 운영하는데 예약을 하지 않으면 자리를 잡기 힘들 정도로 인기가 높다. 40석 규모의 좌석은 양쪽으로 분할되어 있는데 한쪽은 디저트 섹션이, 다른 한쪽은 가벼운 요리가 진열된다. 샌드위치, 스시, 간단한 타이 음식, 치킨, 파이 등 한 끼 식사로 충분한 음식이 나오므로 꼭 식사 후에 찾지 않아도 된다. 디저트 섹션에는 케이크와 패스트리, 초콜릿 퐁듀, 아이스크림 등이 다양하게 준비된다. 특히 수코타이 초콜릿 뷔페의 가장 큰 자랑은 리퀴드 초콜릿 뷔페Liquid Chocolate Buffet. 최고의 수입 초콜릿들로 만든 핫 초콜릿 드링크를 맛볼 수 있는데 각종 초콜릿부터 우유 등을 비롯한 재료들을 모두 취향에 맞게 선택해 제조할 수 있다.

🏠 GF, The Sukhothai Hotel, 13/3 South Sathorn Road, Bangkok
📞 02-344-8888
🕐 월~목 08:00~21:00 애프터눈 티
　 금~일 14:00~17:30 초콜릿 뷔페
🚶 BTS 살라댕 역에서 도보 20분, 혹은 MRT 룸피니 역에서 도보 10분. 수코타이 호텔 로비에 있다.
📶 www.sukhothai.com

- 주말을 제외한 월요일부터 목요일까지는 애프터눈 티 세트를 즐길 수 있으며 1인 800B+이다.
- 주말에는 예약 필수이며 드레스 코드는 스마트 캐주얼이다. 민소매 티셔츠나 슬리퍼는 피해야 한다.

수코타이 호텔 Sukhothai Hotel

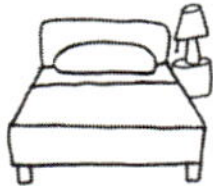

Romantic & Classic

♛ ♛ ♛

WHAT 호텔
WHERE 사톤 map.491-D
PRICE 1박 US$250~

조용한 휴식과
프라이빗한 공간을 원한다면

매연 가득한 방콕에서도 수코타이에서라면 어쩌면 평화로움을 찾을 수 있을지도 모른다. 오리엔탈과 함께 방콕 최고의 호텔로 손꼽히는 수코타이는 조용한 휴식과 프라이빗한 느낌을 보장 받고 싶은 공주님들이라면 주목해야할 호텔이다.

방콕에서도 가장 번화한 거리 중의 하나인 사톤 한 가운데에 위치하면서도 큰 대로에서 안쪽으로 훌쩍 들어와 있어 상당히 조용하고, 리조트처럼 정원에는 어여쁜 꽃들과 나무들로 가득 차 있다.

객실 내부는 언뜻 보기에 소박하지만 최고급 시설을 갖추고 있다. 특히 침구의 쾌적함과 안락함은 태국 내 최고라 해도 손색이 없다. 게다가 칼처럼 각을 세운 정갈한 아침식사 테이블을 접한다면 흐뭇한 미소가 절로 지어질 것이다.

🏠 13/3 South Sathorn Road, Bangkok
📞 02-344-888
🚶 MRT 룸피니 역에서 도보 10분 거리에 있다.
📶 www.sukhothaihotel.com

- 조식은 콜로네이드 레스토랑에서 아침 6시부터 뷔페식으로 제공된다. 메뉴가 다양하고 풍성하다. 특히 제대로 만든 초밥과 미소 스프, 자완무시(달걀찜), 달걀말이까지 있는 일식 코너가 주목할 만하다. 마치 일본의 고급 호텔에서 식사를 하는 기분이다. 원하는 과일을 고르면 즉석에서 갈아주고 이태리 요리도 충실한 편이다.
- 턴다운 서비스를 요청하면 짐 톰슨 실크로 만든 코끼리 인형을 선물로 준비해 준다.
- 피트니스 센터와 함께 있는 사우나를 무료로 이용할 수 있다.

초콜릿 부티크 Chocolate Boutique

Romantic & Classic

♛ ♛

WHAT 초콜릿숍
WHERE 리버사이드 **map.492-D**
PRICE 1인 200B~ (Tax & SC 17%)

보석보다 아름다운
초콜릿이 한 자리에

초콜릿 마니아라면 놓치지 말아야 할 명품 초콜릿 숍이다. 작은 규모의 매장이지만 초콜릿 부티크라는 이름에 걸맞게 독특한 형태의 초콜릿과 베이직한 초콜릿들이 다양하게 갖추어져 있다.

매장의 진열장 안에는 마치 보석처럼 초콜릿들이 맛과 모양에 따라 전시되어 있는데 태국의 불상 모양, 립스틱 모양의 초콜릿 등 보는 것만으로도 신기하다.

초콜릿이 담겨져 있는 박스 또한 마치 보석 상자를 모티브로 한 듯 고급스럽다. 규모가 크고 값비싼 초콜릿 작품들이 부담스럽다면 취향에 맞는 초콜릿을 한두 조각 골라 커피나 차와 함께 즐겨도 좋다.

바로 옆에 자리한 더 라운지The Lounge에서는 통유리를 통해 짜오프라야의 전망을 한눈에 바라보며 차를 즐길 수 있다. 해질 무렵에는 더더욱 분위기가 좋다.

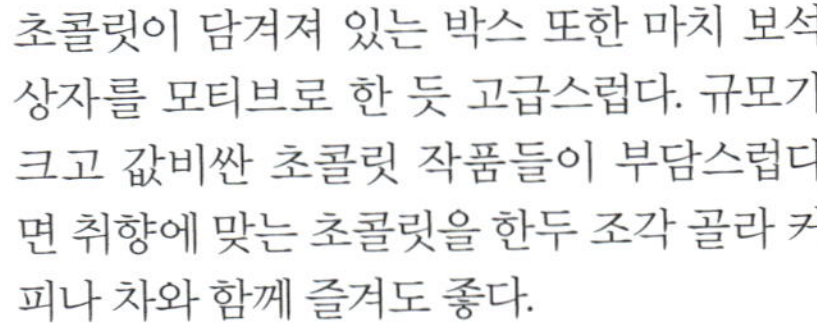

🏠 89 Soi Wat Suan Plu, New Road, Bangrak Bangkok
📞 02-236-7777
🕐 10:00~22:00
🚶 BTS 사판 탁신 역, 상그릴라 호텔 메인 윙 로비에 있다.
📶 www.shangri-la.com/bangkok

더 라운지에서는 10:00~18:00 사이에 애프터눈 티(1인 530B)를 즐길 수 있으며 메뉴에 초콜릿 부티크의 초콜릿도 소량 포함된다.

치 스파 Chi, The Spa

Romantic & Classic

♛ ♛ ♛

WHAT 스파
WHERE 리버사이드 map.492-D
PRICE 1인 2,300B~

신비하고 경건한 분위기에서 즐기는 최고급 서비스

치 스파는 샹그릴라 호텔의 시그니처 스파로 세계적인 수준을 자랑하는 호텔만큼이나 유명세를 떨치며 최고급 시설과 서비스를 자부하는 곳이다. 치Chi는 기氣를 중국식으로 읽은 단어로, 이름처럼 치 스파는 사람마다의 기를 다스리고 편안하게 하는 것을 가장 중요하게 생각한다.

음양오행의 이치와 아시아의 다양한 의법에 영향을 받은 치 스파의 트리트먼트는 오리엔탈리즘이 강조된 실내 분위기와 어우러져 신비스럽고 경건한 느낌을 준다. 2004년 방콕에서 첫 문을 연 이후로 수많은 미디어와 단체에서 최고의 스파로 꼽혔다.

시그니처 마사지로는 몸의 순환과 기의 안정에 탁월한 효과가 있는 치 발란스Chi Balance(60분, 2,600B)와 경직된 몸을 풀어주고 균형을 맞춰주는 인 양 하모나이징 마사지Yin Yang Harmonizing Massage(120분, 4,000B)가 있다.

샹그릴라 호텔 내에 있는 레스토랑 살라팁과 치 스파를 연계해 스케줄을 짜보자. 멋진 디너와 완벽한 힐링 타임을 동시에 즐길 수 있다.

🏠 89 Soi Wat Suan Plu, New Road, Bangkok
📞 02-236-7777
🕐 10:00~22:00
🚶 BTS 사판 탁신 역 3번 출구에서 오른편에 있다.
📶 www.shangri-la.com/bangkok

- 주말에는 붐비는 편이지만 월~목요일 오후 2시 이전에는 한결 여유로운 분위기에서 스파를 즐길 수 있다.
- 원하는 스파 메뉴를 취향대로 조합해 서비스 한다. 요금은 시간 기준으로 2시간 30분 5,200B, 3시간 5,700B, 4시간 6,700B.

만다린 오리엔탈 방콕

Romantic & Classic
♔ ♔ ♔

WHAT 체인 호텔
WHERE 리버사이드 map.492-D
PRICE 1박 US$300~

100년 넘게 최고의 호텔로 자리한 살아있는 레전드

방콕의 가장 고급 호텔이 바로 만다린 오리엔탈 방콕이라는 소문은 익히 들었을 것이다. 하지만 외관만 보고 판단하면 실망하기 쉽다. 이 호텔의 가치는 내부로 들어가봐야 안다.

1876년 오픈하여 100년 넘게 최고의 호텔로서 같은 자리를 지켜온 만다린 오리엔탈 호텔의 역사는 그 자체가 방콕과 태국의 근대사다. 찰리 채플린, 마크 트웨인 등 세계적인 유명인들이 이 호텔에 묵고 또 사랑에 빠지면서 만다린 오리엔탈 호텔은 살아있는 레전드가 되었다.

이미 알려진 것처럼 오리엔탈 호텔의 서비스와 관리는 세계 최고 수준이다. 호텔의 데이터베이스에는 이 호텔에 묵었던 수만 명의 취향, 즉 어떤 음식을 좋아하는지, 어떤 베개를 쓰는지 등에 대한 정보가 들어있고 직원들은 체크인하는 손님들의 이름을 외우고 최대한 밀착 서비스를 제공한다.

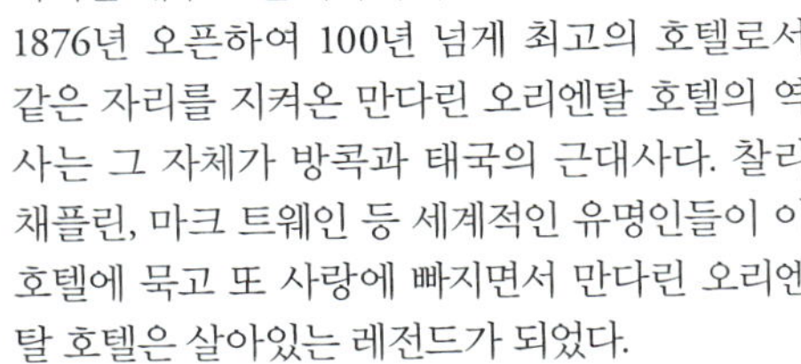

🏠 48 Oriental Avenue, Bangkok
☎ 02-659-9000
🚶 짜오프라야 강변에 있다. 사판 탁신 역에서 보트로 5분.
📶 www.mandarinoriental.com

- 객실은 리버 윙과 가든 윙에 나뉘어져 있다. 리버 윙은 외부에서 볼 때 오리엔탈 호텔로 보이는 큰 건물이고 가든 윙은 초창기에 쓰이던 작은 건물이다. 가장 일반적인 객실은 리버 윙에 있는 슈페리어 룸이다.
- 일부 부대시설은 강 건너편에 위치해 배를 타고 건너가야 한다.
- 드레스 코드가 엄격한 편이니 민소매나 반바지, 스포츠 슈즈, 슬리퍼 차림은 피하는 것이 좋다.
- 리버시티, 사판 탁신으로 가는 무료 셔틀 보트를 운영한다. 사판 탁신 피어에서는 BTS로 연결되니 잘 활용하자.

방콕의 지나온 역사와 함께 살아있
는 전설이 된 세계적인 호텔, 그리
고 그것을 즐기는 하이쏘 사이에서
세상에서 둘도 없는 시간을 만끽해
보자.

아시아티크 Asiatique

Romantic
& Classic
♛ ♛

WHAT 나이트 마켓
WHERE 리버사이드 map.492-C

방콕의 밤을 책임지는
부티크 나이트 마켓

여행지의 나이트 마켓 탐방은 기분 좋고 신나는 로망 중의 하나이다. 하지만 신나는 기분도 잠시, 쾌적하지 못한 환경에 불편함을 느낄 때가 많다.

아시아티크는 어쩌면 여자들이 꿈꾸는 최적의 나이트 마켓인지도 모르겠다. 옛 시암 왕조 시절 무역의 중심지였던 항구를 모티브로 제작된 일종의 테마파크로 쇼핑, 다이닝, 엔터테인먼트의 모든 요소를 두루 갖추어 여행자들에게 최고의 인기 명소로 떠올랐다.

아시아티크 내부는 총 4가지 테마로 꾸며져 있다. 태국 전통 기념품, 예술품, 스파 제품 등을 판매하는 차런크롱 구역, 태국의 젊은 로컬 디자이너 숍이 자리하고 있는 팩토리 구역, 글로벌 브랜드와 레스토랑, 바들이 즐비한 타운 스퀘어 구역, 강변을 따라 로맨틱한 다이닝을 즐길 수 있는 워터 프론트 구역이다.

체인 레스토랑과 한국 레스토랑, 와인 바 등 다양한 다이닝 공간이 마련되어 있다.

🏠 2194 Charoenkrung Road, Wat Prayakrai District, Bangkor Laem, Bangkok
📞 02-108-4488
🕐 월~금 09:30~18:30, 토~일 17:00~24:00
🚶 BTS 사판 탁신 역에서 아시아티크의 무료 보트를 이용하거나 택시를 이용해야 한다. 보트로 약 15분.

아시아티크는 세계 각지의 많은 관광객이 모이는 곳이다. 아시아티크 무료 보트를 탑승할 때에는 소지품을 분실하지 않도록 각별히 주의해야 한다.

HANSA
LA BELLE

일단 먹고,
기도하고 사랑하라

방콕에서 만나는 미각의 향연 또한 판타스틱하고 짜릿하다. 태국이라고 해서 겨드랑이 냄새 솔솔 올라오는 트로피컬 푸드만 떠올리면 곤란하다. 이탈리안, 프렌치, 차이니즈, 웨스턴 등등 세계 각국 스타일의 레스토랑과 카페가 줄줄이 늘어서 있으니까. 맛 또한 일품! 청담동 스타일의 만찬을 이 가격에 먹을 수 있다니 생각만 해도 달콤해서 눈물이 난다.

심플하고 우아하게	오리엔탈 스타일로

카페 클레어
Cafe Claire

차이나 하우스
China House

특별한 브런치 메뉴가 따로 있는 건 아니지만 프렌치 토스트와 와플 등 간단한 메뉴와 차, 커피를 주문하면 최고의 브런치를 만끽할 수 있다. 여유롭고 우아한 분위기도 훌륭하고 커피나 차도 수준급이다. 색색의 과일을 듬뿍 올린 프렌치 토스트는 카페 클레어의 자랑거리로 꼭 먹어 보아야할 메뉴!

🏠 110 Wireless Road, Lumpini, Pathumwan, Bangkok
📞 02-125-9000　🕐 06:00~23:00
📶 www.oriental-residence.com
🚶 BTS 플런칫 역에서 도보 약 10분, 위타유 로드를 따라 걷다 보면 미국 대사관 근처에 자리하고 있다.

1930년대를 재현한 독특한 분위기에서 브런치를 즐길 수 있다. 대부분의 브런치가 인터내셔널 뷔페를 기본으로 한다면 이곳에서는 차이니즈 푸드를 맛볼 수 있다는 것이 특징. 차이나 하우스 외에 만다린 오리엔탈의 뷔페 레스토랑에서도 색다른 브런치를 즐길 수 있다.

🏠 The Oriental Bangkok, 48 Oriental Avenue, Bangkok
📞 02-659-9000
🕐 11:30~14:30, 18:00~22:30
　(월요일 휴무, 일요일은 선데이 브런치 제공)
📶 www.mandarinoriental.com
🚶 BTS 사판 탁신 역에서 내려 호텔 셔틀 보트를 이용한다. 보트로 약 5분.

브런치를 즐기기 좋은 레스토랑 & 카페

엘레강스한 여인의 휴가에 브런치가 빠질 수 없다. 방콕의 고급 레스토랑이나 호텔에서는 일요일의 여유를 즐기려는 게스트를 겨냥해 선데이 브런치를 제공하는 경우가 많으니 미리 체크해 두자. 아침식사 겸 점심식사이다 보니 뷔페식이거나 평소보다 메뉴가 풍성하다. 일반 카페나 레스토랑의 경우, 커피와 여러 메뉴를 조합해 브런치 메뉴를 제공하기도 한다.

풍성하고 고급스럽게

에스프레소
Espresso

인터컨티넨탈 호텔의 다이닝 레스토랑으로 음식의 종류와 질 모두 최고를 자랑한다. 여타의 호텔 뷔페와 비교해도 우위를 차지할 만큼 다양한 음식을 갖추고 있다. 특히 시푸드 라인은 인기 폭발.

🏠 973 Ploenchit Road, Bangkok
📞 02-656-0444 🕐 12:00~15:00
📶 www.intercontinental.com
🚶 BTS 칫롬 역, 인터컨티넨탈 호텔 내에 있다.

명품 메뉴를 한 번에

플로우
Flow

밀레니엄 힐튼 내에 있는 레스토랑인 플로우에서 제공하는 선데이 브런치는 밀레니엄 호텔 내 각 레스토랑의 엄선된 메뉴를 모두 맛볼 수 있는 절호의 기회! 방콕 최고의 선데이 브런치로 손꼽힌다.

🏠 123 Charoennakorn Road 1
Khlongtonsai, Khlongsan, Bangkok
📞 02-442-2000 🕐 11:00~16:00
🚶 BTS 사판 탁신 역에 내려 호텔 무료 셔틀 보트를 이용해 밀레니엄 힐튼으로 간다.

고급 호텔의 경우, 시그니처 레스토랑에서 일요일에 한해 즐길 수 있는 선데이 브런치를 선보이는 곳이 많다. 그 호텔의 개성과 장점을 한껏 살린 하이퀄리티 메뉴를 제공하는데, 일반 뷔페와는 달리 선데이 브런치는 단품 메뉴를 주문하고, 따로 준비된 뷔페 테이블도 동시에 즐길 수 있다.

애프터눈 티
VS 태국 커피

향긋한 오후를 위한 오늘의 선택은? 차 or 커피? 아니면 둘 다? 우아한 분위기와 달달한 디저트를 만끽할 수 있는 티숍과 명성이 자자한 태국 커피를 맛볼 수 있는 커피 전문점을 귀띔할 테니 하나도 빠지지 말고 꼭 들러 보시길.

TWG
TWG Tea Salons and Boutiques

싱가포르발 전문 티 살롱으로 뭐니 뭐니 해도 방대한 종류의 티를 보유하고 있다는 점이 가장 큰 장점. 애프터눈 티 세트도 갖추고 있으며 케이크, 마카롱, 스콘 등의 맛도 뛰어나다.

🏠 GF, The Emporium 622 Sukhumvit 24Road, Klongton, Klongtoey, Bangkok
📞 02-269-1000 🕐 10:00~22:00 📶 www.twgtea.com 🚶 BTS 프롬퐁 역, 엠포리움 G층에 위치한다.

달달한 디저트와 함께

살롱
Salon

애프터눈 티도 훌륭하지만 주말에만 제공하는 초콜릿 뷔페가 특히 인기다. 즉석에서 만들어 내는 핫초코와 다양한 생초콜릿을 맛볼 수 있다.

🏠 GF, The Sukhothai Hotel, 13/3 South Sathorn Road, Bangkok
📞 02-344-8888 🕐 08:00~21:00
애프터눈 티 14:00~18:00(월~목),
초콜릿 뷔페 14:00~17:30(금~일)
📶 www.sukhothai.com
🚶 BTS 살라댕 역이나 MRT 룸피니 역, 수코타이 호텔 로비에 위치한다.

태국식 애프터눈 티를

에라완 티룸
Erawan Tearoom

어느 곳보다 독특한 애프터눈 티를 즐길 수 있는 곳. 스콘과 케이크를 중심으로 제공하는 다른 곳의 애프터눈 티와는 달리 태국식 애프터눈 티 메뉴를 즐길 수 있다. 태국식 디저트와 망고찰밥까지 맛볼 수 있으며 상대적으로 저렴한 가격으로 즐길 수 있다는 것도 큰 장점이다.

🏠 2F, Erawan Bangkok, 494 Ploenchit Road, Bangkok
📞 02-254-1234 🕐 14:30~18:00
📶 www.bangkok.grand.hyatt.com
🚶 BTS 칫롬 역, 에라완 쇼핑몰 내에 있다.

태국을 대표하는 커피

도이창 커피
Doi Chaang Coffee

태국의 유명 커피 산지인 도이창의 커피를 맛볼 수 있는 곳. 도이창 커피는 대규모 농장과는 달리 각 가정의 작은 개인 농장에서 전통적인 유기 농법과 정성스러운 수작업을 통해 아라비카 콩을 재배하고, 도이창 마을 전체에서 현대적 생산 가공 시설을 갖추고 엄격하게 품질 관리를 한다. 이 덕에 품질 좋은 맛과 향으로 높은 평가를 받으며 생산량의 85% 이상을 수출한다고 한다.

또한 도이창에는 자두, 복숭아, 마카다미아 등 과실수들이 많아 커피에서 과일향이 느껴진다. 도이창 커피는 공정무역의 대표주자로 전 세계 유통망을 책임지는 캐네디안 그룹이 전체 수익의 50%를 농가에 고스란히 되돌려주고 있다.

🏠 GF, The Sukhothai Hotel, 13/3 South Sathorn Road, Bangkok 📞 02-344-8888
🕐 08:00~21:00 애프터눈 티 14:00~18:00(월~목), 초콜릿 뷔페 14:00~17:30(금~일)
📶 www.sukhothai.com 🚶 BTS 살라댕 역이나 MRT 룸피니 역, 수코타이 호텔 로비에 위치한다.

태국 왕족이 관리하는 커피

도이퉁 커피
Cafe Doitung

태국 왕족이 세운 재단(Mae Fah Luang Foundation, 도이퉁 지역 소수 부족의 복리와 수익 증대를 위한 재단) 사업의 일환으로 시작된 커피 브랜드. 현재까지 왕실의 엄격한 관리를 받고 있다. 도이창과 달리 태국 내에서 거의 소비되며 커피 전문점 체인도 왕실에서 직접 관리한다.

도이퉁 커피는 해발 1,000미터 이상의 고지대에서 자란 커피 묘목에서 고품질 아라비카 커피빈을 직접 손으로 따고 선별해서 신선하게 로스팅한다. 이 지역은 커피와 함께 마카다미아 넛츠도 유명한데 개별 포장되어 도이퉁 카페에서 커피와 함께 판매한다.

🏠 GF, SIbunruang Building, Silom Road, Bangkok
📞 02-233-6339 🕐 07:00~21:00
📶 www.doitung.org
🚶 BTS 살라댕 역 2번 출구에서 나오면 보인다.

열 레스토랑 부럽지 않은
푸드 코트 Best 3

저렴하게 한 끼 해결하는 곳이라는 인식이 강한 푸드 코트. 방콕에는 단순히 저렴한 한 끼와 연결 짓기에는 아까운 분위기 좋고 특색 있는 푸드 코트들이 많다. 대부분 대형 쇼핑몰 안에 자리하고 있는데 잘만 고르면 열 레스토랑 부럽지 않다. 길거리 음식에 도전해 보고 싶은데, 위생상 영 내키지 않을 경우에도 푸드 코트가 훌륭한 대안이 된다. 노점보다는 조금 비싸지만, 그래도 한국에 비하면 훨씬 저렴한 가격이다.

피어 21 Pier 21

10~20대 젊은이들이 주를 이루는 터미널 21의 분위기처럼 활기차고 가격도 저렴한 편이다. 항구를 콘셉트로 한 독특한 내부 인테리어가 인상적이며 좌석도 꽤 많다. 다만, 다른 푸드 코트에 비해 상대적으로 음식 가짓수는 적은 편이다. 원하는 금액을 카운터에서 충전한 후, 음식을 주문하고 카드를 제시하면 된다. 식사가 끝난 후 카운터에서 남은 금액을 돌려받을 수 있다.

🏠 5F, Terminal 21, 88 Sukhumvit Soi 19~21, Bangkok 📞 02-108-0888 🕐 10:00~22:00
📶 www.terminal21.co.th 🚶 BTS 아속 역, 터미널 21 5층에 자리하고 있다.

푸드 로프트 Food Loft

푸드 코트라고 말하기엔 미안할 정도로 분위기가 좋다. 차분하고 고급스러운 분위기에 안쪽으로는 안락한 소파와 단체석도 마련되어 있다. 전체적으로 조도가 낮아 일반 레스토랑에 온 듯한 느낌이 들며 분위기가 고급스러운 만큼 가격대는 꽤 높은 편이다. 태국 음식보다는 인터내셔널 메뉴가 평이 좋은 편이다. 입장할 때 카드를 받은 후 안쪽의 푸드 섹션에서 자유로이 주문하며 카드로 계산한다. 퇴장할 때 카드를 제시한 후 사용한 금액 만큼 계산하면 된다.

🏠 7F, Central Chidrom, 1027 Thanon Phloenchit, Bangko 📞 02-793-7070
🕐 10:00~22:00 📶 www.chidlom.foodloftcentral.com 🚶 BTS 칫롬 역, 센트럴 칫롬 7층에 있다.

푸드 리퍼블릭 Food Republic

피어 21보다 다양한 섹션을 갖추었으며 푸드 로프트보다는 가격대가 낮아 둘의 장점을 적절히 조합한 푸드 코트다. 음식 맛도 꽤 괜찮은 편으로 누구에게나 무난하게 추천할 만한 푸드 코트로 꼽을 수 있다. 카운터에서 원하는 만큼의 금액을 충전한 후, 취향에 따라 음식 섹션에서 주문하고 카드를 제시한다. 식사 후 나갈 때 카운터에서 계산하면 된다.

🏠 Siam Tower, Rama 1 Road, Pathumwan, Bangkok 📞 02-2658-1000 🕐 10:00~21:00
📶 www.siamcenter.co.th 🚶 BTS 시암 역, 시암 센터 4층에 있다.

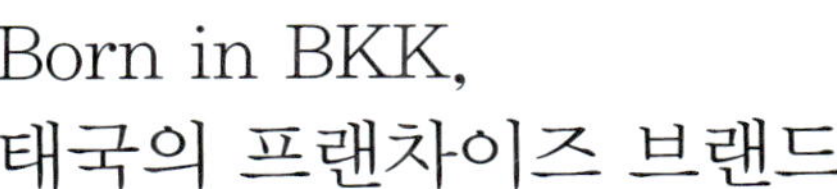

Born in BKK,
태국의 프랜차이즈 브랜드

뭘 먹어야 할지 망설여질 땐, 어느 정도의 퀄리티가 보장되는 프랜차이즈 브랜드를 선택하는 것이 안전하다. 태국에 왔으니 기왕이면 태국 프랜차이즈 브랜드를 선택해보는 게 어떨까.

오봉빵 **Au Bon Pain**

샛노란 컬러가 눈에 확 띄는 태국산 커피숍 브랜드. 우리나라 홍대에도 분점이 있다. 커피 맛도 진한 편이며 간단하게 곁들일 빵도 다양하게 취급하고 있어 아침 시간을 보내기 좋다. 시암 파라곤, 시암 디스커버리, 텅러 제이 애비뉴, 마분콩, 스쿰빗 쏘이24 데이비스 방콕, 스쿰빗 쏘이11, 스쿰빗 쏘이47 레인 힐 등에 지점이 있다.

🛜 www.aubonpainthailand.com

트루 커피 **True Coffee**

태국의 젊은이들이 스타벅스보다 더 사랑하는 카페. 여러 가지 복합적인 서비스를 제공하는 멀티 카페로 운영되는 곳도 많다. 시암 파라곤, 시암 스퀘어, 텅러 에이트 타워, 터미널 21, 스쿰빗 쏘이24 등에 지점이 있다

🛜 www.truecoffee.com

MK 레스토랑 **MK Restaurant**

자국민에게도 꾸준하게 큰 사랑을 받는 레스토랑 체인이다. 기본적으로 타이 차이니즈 레스토랑을 표방하는데 간단한 딤섬 메뉴와 중국식 메뉴들이 있지만 대표 메뉴는 태국식 샤부샤부 수키이다. 센트럴 월드, 시암 파라곤, 살라댕 로드 등에 지점이 있다.

🛜 www.mkrestaurant.com

후지 레스토랑 **Fuji Restaurant**

좀처럼 식을 줄 모르는 태국의 재패니즈 레스토랑 붐을 타고 승승장구하는 일식 체인. 우리 입맛에도 잘 맞는 다양한 세트 메뉴를 합리적인 가격에 즐길 수 있으며 실내도 고급스러운 편이다. 메가 방나, 엠포리움, 마분콩, 시암 파라곤, 센트럴 월드, 터미널 21 등에 지점이 있다.

🛜 www.fuji.co.th

Romantic
&
Classic
Bangkok

Princess Style 3 Vintage & Casual

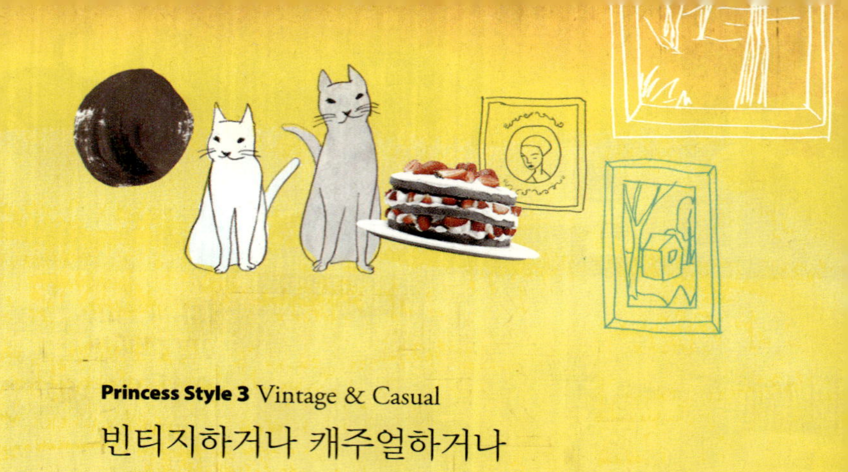

빈티지하거나 캐주얼하거나

골목 어귀 소박한 로컬 레스토랑에서 사람 좋게 섞여 앉아 혼자 용감하게 주문해 먹을 줄 아는 당신. 편안하게 음악에 취해 주위 시선 아랑곳 하지 않고 어깨를 들썩일 수 있는 자유로운 영혼의 당신. 수수하지만 초라하지 않고 트렌디하진 않지만 뭔가 톡 튀는 엣지가 있는 그곳으로 가보자. 지금 향할 곳은 모두 빈티지하거나 캐주얼하거나.

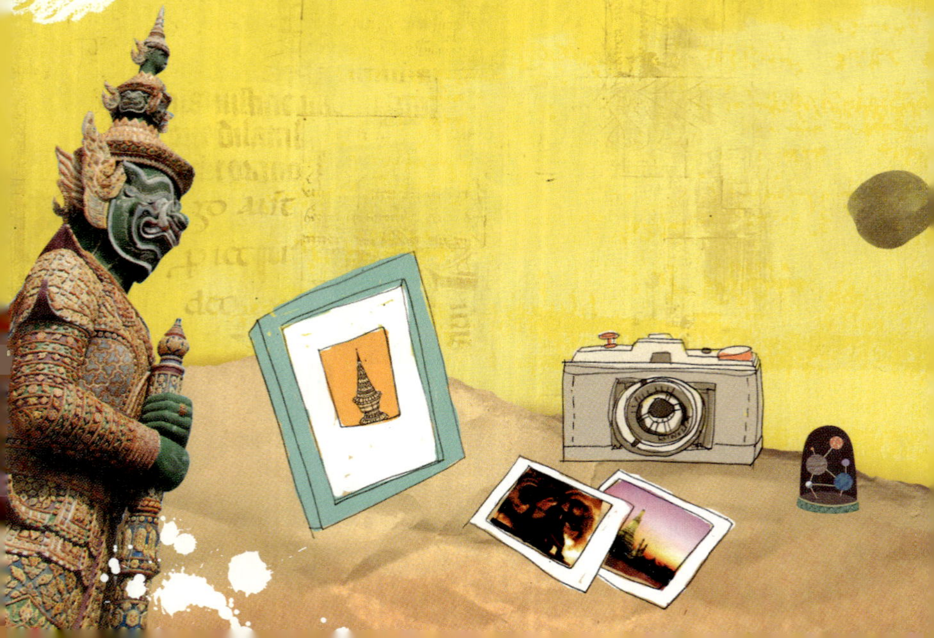

Vintage &
Casual

Play in the Vintage & Casual Bangkok!

이번엔 격식 따윈 훌훌 벗어 버리고 세상에서 가장 홀가분한 모습으로 거리에 나서볼까. 번쩍이는 번화가 사이사이 골목으로 들어가면 이제까지와는 좀 다른 방콕이 펼쳐진다. 소박하면서 사람 냄새 물씬 나는 리얼 방콕이 여기에 있다. 이곳에선 길을 잃어도 즐겁기만 할 뿐. 산처럼 쌓여있는 별 볼일 없는 아이템 사이에서 득템하는 신공을 발휘하는 건 어디까지나 본능에 맡길 것.

할머니의 시골집처럼 수더분한 '르언 누아드 마사지 스튜디오'와 '루암루디 헬스 마사지'는 실은 방콕 최고의 손맛을 자랑하는 곳 중 하나. '잇츠 해픈 투 비 어 클로짓', '탱고', '색소폰' 등 곳곳에서 만나는 빈티지한 무드도 마음을 무장해제하게 만든다. 번잡스럽기로는 세계 최고라 불러도 좋을 짜뚜짝 시장. 살짝 허술하지만 그렇다고 무난하지만은 않은, 요란한 듯하면서도 푸근하고 유머러스한 방콕. 이래서야 지겨울 틈이 없잖아!

방콕에서 이곳 모르면 간첩이라는 '쏨분 시푸드'와 누구에게 추천해도 자신 있는 '커피빈 바이 다오', 로컬 푸드의 진수를 보여주는 '수다 식당' 등 솜씨 좋은 맛집들도 줄줄이 이어진다.

맛있는 곳 찾는 것보다 맛 없는 곳 찾는 게 더 어려운 이곳. 에이, 모르겠다. 다이어트는 다음 기회에. Eat more, Princess.

Bangkoker Say

생동감 넘치는 스트리트 속으로

민트Mint
시암 센터 홍보 담당자

시암 센터의 PR을 맡고 있는 민트라고 합니다. 방콕에서 가장 재미난 곳을 추천해 달라면 저는 카오산 로드를 꼽겠어요. 길 전체가 훌륭한 나이트 스폿이지요.
그리고 짜뚜짝 시장도 추천! 북적북적 정신없기는 하지만, 태국 현지인들의 생동하는 에너지를 느낄 수 있는 곳이랍니다. 신나게 걸어 다니면서 방콕만의 뜨거운 기운을 느껴 보세요. 방콕 근교의 휴양지들도 방문해 보시면 아마 잊지 못할 추억을 만들 수 있을 거예요. 참, 짐은 최대한 가볍게 오세요. 방콕에 다녀가시면 여러분의 트렁크는 자연스레 무거워질 테니까요.

민트's Do it List

짜뚜짝 시장 둘러보기, 그레이하운드 카페에서 티타임 가지기, 호텔 놀이 즐기기, 로컬 푸드 최대한 많이 먹기, 디바나 스파에서 한숨 자기, 쇼핑몰에서 화려한 디자인의 액세서리와 로컬 디자이너 브랜드 쇼핑하기, 방콕 근교에서 액티비티 즐기기.

쏨땀 누아 Somtam Nua

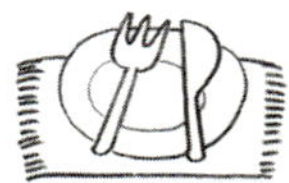

Vintage & Casual

WHAT 타이 레스토랑
WHERE 시암 map. 487-B
PRICE 1인 100B~

태국 젊은 아가씨들이 열광하는 바로 그 쏨땀!

쏨땀은 칠리, 라임, 액젓, 땅콩 등을 소스로 곁들인 파파야 샐러드로 태국의 젊은 여성들이 특히 열광하는 음식 중 하나다.

쏨땀 누아의 본점은 시암 스퀘어 내에 있다. 보통 쏨땀 맛집의 이미지가 로컬 식당 느낌인데 반해 이곳은 캐주얼한 인테리어와 젊고 활기 넘치는 스태프, 무엇보다 제대로 매운 쏨땀으로 큰 인기를 모으고 있다. 그 인기에 힘입어 최고의 힙 플레이스 시암 센터 내에 입성했다. 쏨땀 누아의 본점은 시암 스퀘어 내에 있으며 시암 센터점에 비해 북적이는 편이다.

시암 센터 지점은 본점보다 훨씬 밝고 깨끗하며 감각적인 인테리어로 꾸며져 있다. 쏨땀 전문점답게 게가 들어간 쏨땀 뿌, 생선이 들어간 쏨땀 쁠라, 해산물이 들어간 쏨땀 탈레 등 다양한 쏨땀이 준비되어 있다.

쏨땀과 함께 곁들여 먹는 메뉴로는 까이팃(프라이드 치킨)을 추천한다. 특히 이곳의 까이팃은 특수한 양념을 입혀 튀겨 쏨땀과 함께 최고의 인기 메뉴로 자리 잡았는데 맛은 있으나 간이 좀 센 편이니 찰밥을 곁들여 먹는 것도 좋겠다.

🏠 4F, Siam Siam Center, Rama 1 Road, Pathumwan, Bangkok
🕐 10:45~21:30
🚶 BTS 시암 역, 시암 센터 4층에 있다.

다양한 쏨땀이 있지만 외국인에게는 낯선 향과 맛이 날 수 있으므로 가장 일반적인 쏨땀 타이Somtam Thai를 주문하는 것이 무난하다.

시암앳시암 디자인 호텔 Siam@Siam Design Hotel & Spa

Vintage & Casual

♛ ♛ ♛

WHAT 디자인 호텔
WHERE 시암 map. 487-B
PRICE 1박 US$150~

방콕 디자인 호텔들의 터닝 포인트

2007년 5월, 태국의 유명 기업 시암 모터스Siam Motors가 오픈한 디자인 호텔이다. 이 호텔의 탄생은 방콕 디자인 호텔의 수준을 한 단계 발전시키는 계기가 되었다.

시암앳시암은 'Industrial Hip Plus'라는 콘셉트 아래, 자동차 공장을 연상시키는 노출 콘크리트와 브론즈로 전체적인 장식을 했다.

클럽룸 게스트들을 위한 라운지는 태국의 패션 잡지 촬영지로 인기가 높고 옥상의 루프탑 바The Roof-Top는 방콕의 야경을 즐길 수 있는 새로운 스폿으로 젊은층에게 인기를 끌고 있다.

디자인도 돋보이지만 뭐니 뭐니 해도 이 숙소의 장점은 위치다. BTS 국립경기장 역까지 도보로 10분 거리이고 짐 톰슨 박물관 역시 매우 가까이 있어 들르기 용이하다.

길 건너에는 시암 지역의 백화점들과 마분콩, 우리나라 명동 같은 거리인 시암 스퀘어가 있어 관광과 쇼핑을 목적으로 다니기엔 최고다. 메인 리셉션은 1층이 아닌 L층(3층, 로비 플로어)에 있다.

🏠 865 Rama 1 Road, Wang Mai, Patumwan, Bangkok
📞 02-217-3000
🚶 BTS 국립경기장 역에서 도보로 10분 소요된다.
📶 www.siamatsiam.com

- 배낭 여행자들이 모이는 카쎔싼 골목과도 인접해 있는데 이 골목에는 저렴한 식당이 몰려 있고 밤이면 쌀국수 노점 등이 문을 여니 이용해 봐도 좋다.
- 숙소 자체에 엑스트라 베드가 없다. 여행 구성원이 3인일 경우, 싱글 베드 3개가 있는 Youth Class 객실을 이용하는 것이 좋다.

제응어 키친 Je ngor's kitchen

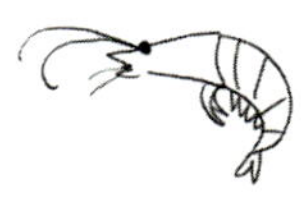

Vintage & Casual
♛ ♛

WHAT 타이 레스토랑
WHERE 스쿰빗 map. 484-D
PRICE 1인 US$200~

시푸드 레스토랑의 숨겨진 고수

제응어 키친은 관광객들에게는 거의 알려지지 않은 곳이다. 현지인들이 주로 찾는 시푸드 레스토랑으로 무려 9개의 지점을 운영하고 있다.

제응어의 대표적인 메뉴는 게 요리. 다른 곳과 마찬가지로 태국식 커리를 곁들인 뿌팟퐁 커리도 주문할 수 있지만 특별히 싱싱한 이곳 게 맛의 진수를 느끼려면 심플하게 조리한 블랙 페퍼 크랩Black Pepper Crab을 주문해보자. 톡 쏘는 매콤한 맛과 달디단 게 맛이 어우러져 독특한 조화를 이룬다.

사실 이곳의 요리는 시푸드 이외에도 대부분 맛있다. 혼자 방문했거나 과한 식사가 부담된다면 심플한 면 요리나 채소, 단품 요리를 주문해도 만족스러운 식사를 할 수 있다.

특히 당면에 통통한 새우와 워터 미모사를 곁들인 Fried Rice Vermicelli With Water Mimosa and Prawn(100B~)는 우리 입맛에도 착 감긴다. 대, 중, 소로 양도 선택할 수 있어서 양이 적은 사람이나 대식가도 문제없다. 독특하게 슬라이스한 모닝글로리 Stir Fried Sliced Morning Glory(100B~)도 함께 곁들이면 더욱 풍성한 식탁이 된다.

🏠 68/2, Sukhumvit Soi 20, Sukhumvit, Bangkok
☎ 02-268-0801
🕐 월~금 11:30~14:30, 17:30~22:30, 토~일 11:30~22:30
🚶 BTS 아속 역, 쏘이20으로 진입해 직진, 밀레몰 바로 옆에 있다. 역에서 도보 약 20분.
📶 www.jengor-seafoods.com

- 점심시간보다는 저녁시간이 더욱 분위기가 있는 편.
- 바로 옆에 자리한 밀레몰 안에는 와인 커넥션과 렛 뎀 잇 케이크 등 훌륭한 2차 장소가 자리하고 있으니 이용해 보자.

르 달랏 Le Dalat

Vintage & Casual
♛ ♛

WHAT 베트남 레스토랑
WHERE 스쿰빗 **map. 484-B**
PRICE 1인 300B~ (Tax & SC 17%)

깔끔하고 담백한
베트남 요리에 끌린다면

맵고 자극적인 태국 음식을 마음껏 즐겼다면 하루 쯤은 담백하고 깔끔한 베트남 음식으로 위를 다스려 보자. 1986년에 오픈한 르 달랏은 베트남의 달랏 Dalat 지방 출신의 오너가 오픈한 곳으로 제대로 된 분위기에서 정통 베트남 요리를 맛볼 수 있다.

특히 채소가 많은 부분을 차지하는 베트남 요리의 특징을 살리기 위해 식재료로 쓰이는 모든 채소들은 치앙마이의 유기농 농장에서 공급받는다고 한다. 게다가 인공화학 조미료를 쓰지 않아 음식 맛이 더욱 깔끔하고 몸에도 좋다.

르 달랏의 메뉴들은 맛뿐 아니라 데커레이션에도 심혈을 기울였다. 눈과 입을 한꺼번에 만족시키는 르 달랏에서의 식사는 그 과정만으로도 이미 큰 즐거움이다. 우리에게도 익숙한 베트남식 면 요리 포Pho도 종류별로 다양하게 맛볼 수 있다. 베트남식 비빔국수인 보분Bo Bun도 맛있다. 또, 독특한 데커레이션으로 먹는 즐거움까지 배가 되는 차오 똠 추아Chao Tom Chua(550B)도 추천할 만하다.

🏠 57 Soi Prasarnmitr Sukhumvit 23 Road Klongtoey Nua, Wattana, Bangkok
📞 02-259-9593
🕐 11:30~14:30, 17:30~22:00
🚶 BTS 아속 역, 쏘이23 끝자락에 자리하고 있어 걸어 들어가기에는 무리가 있다. 택시나 오토바이를 이용하는 것이 좋다.
📶 www.ledalatbkk.com

- 메뉴에 따라 풍성한 채소가 제공되는데 80B의 추가요금이 발생한다.
- 런치 타임에는 제한된 메뉴 중 2가지를 조합해 주문할 수 있는 런치 코스를 290~330B에 맛볼 수 있다.

수다 식당 Suda Restaurant

Vintage & Casual

♔

WHAT 타이 레스토랑
WHERE 스쿰빗 map. 484-B
PRICE 1인 100B~

단 한 군데의 로컬 레스토랑을 방문해야 한다면

모름지기 여행을 가면 그 나라의 로컬 레스토랑을 한번쯤은 방문해야 한다. 언어가 통하지 않을까봐, 혹은 위생적이지 않을까봐 걱정이 된다면 주저 없이 수다 식당으로 향해 보자.

쏘이14 골목 안쪽에 자리한 수다 식당은 오랜 시간 착한 가격에 맛있고 다양한 태국 음식을 제공하는 로컬 음식점으로 입소문을 타 최고의 인기를 누리고 있다. 식사 시간이면 자리를 잡기 힘들 정도로 붐빈다.

메뉴판이 책처럼 보일 정도로 다양한 메뉴를 주문할 수 있는데 무엇을 고르든 일정 수준 이상의 맛이 보장되며 가격 또한 100B 내외이기 때문에 합리적이다.

무난하게 즐길 수 있는 음식으로는 태국식 볶음면인 팟타이Pad Thai나 팟씨유Pad See Ew를 추천한다. 팟타이는 달달한 소스의 면 요리이며 팟씨유는 간장 소스로 볶아내 짭조름한 맛이 나는 면 요리이다. 바나나 잎에 싸서 조리한 닭고기 요리인 까이호빠이떠이Deep Fried Chicken Wrapped in Banana Leaves(120B)도 인기 메뉴 중 하나다. 사람들과 뒤섞여 북적거리면서 신나게 수다도 떨면서 로컬 식당의 분위기를 만끽해보자.

🏠 6-6/1 Sukhumvit Soi14, Bangkok
📞 02-229-4518
🕐 월~토 11:00~24:00, 일요일 16:00~22:00
🚶 BTS 아속 역 4번 출구로 나와 쏘이14로 들어서면 우측에 있다.

- 식사 시간이면 자리를 잡기 힘들 때도 있으니 피크 타임은 피해서 가는 것이 좋다.
- 면과 함께 들어가는 재료로 돼지고기, 소고기, 닭고기, 해산물 중 한 가지를 선택할 수 있다.

마담 사라네르 Madam Saranair

Vintage & Casual
♔ ♔

WHAT 타이 레스토랑
WHERE 스쿰빗 map. 484-B
PRICE 1인 200B~

마담 사라네르의 사랑방으로 놀러 오세요

사라네르Saranair는 직역 하면 민트Mint를 의미하지만 오너의 일원이자 셰프인 맥스Max는 마담 사라네르를 마담 가십Madam Gossip이라고 의역하며 모든 이들이 찾아와 맛있는 음식을 즐기며 이야기꽃을 피우는 사랑방 같은 레스토랑이 되길 바란다고 말했다.

마담 사라네르가 이곳에 문을 연 것은 1986년이다. 당시 맥스는 셰프의 역할도 맡고 있었지만 주방에서 요리를 하는 시간보다 가게 내부를 페인트칠하고 못질하며 마담 사라네르의 모습을 갖추는데 더 노력을 기울였다고 한다. 그 노력 덕분에 탄생한 벽의 컬러풀한 색감은 가게에 더욱 발랄한 느낌을 준다.

이 레스토랑은 주로 태국 북부와 북동부의 음식을 선보인다. 쫀득하고 달큰한 생새우에 매콤한 칠리소스를 곁들여 먹는 새우회 요리 꿍채남쁠라Goong Chae Nampla는 술과 함께 곁들이면 더없이 좋은 메뉴이다. 달달한 태국식 면 요리 팟타이Pad Thai와 진한 맛의 똠얌꿍Tom Yum Goong 등 기본적인 태국 메뉴도 두루 맛볼 수 있다.

🏠 139 Sukhumvit 21, Klongtoey Nua Wattana Bangkok
📞 02-661-7984
🕐 11:00~21:30
🚶 BTS 아속 역, 혹은 MRT 스쿰빗 역에서 하차, 쏘이21을 따라 직진하면 왼편에 아속 쏘이1 골목이 나온다. 골목 안쪽으로 진입하면 바로 좌측에 있다. 역에서 도보 약 15분.
📶 www.madamsaranair.com

마담 사라네르와 꼭 붙어 있는 이웃집 마마스 피자Mama's Pizza 또한 이름난 맛집으로 마담 사라네르 안에서 마마스의 메뉴를 주문할 수도 있다. 피자뿐 아니라 독특한 형태로 서빙되는 이곳의 파스타 역시 최고 인기 메뉴이니 여럿이 방문했다면 태국 음식과 이탈리안 음식을 고루 맛보자.

잇츠 해픈 투 비 어 클로짓

It's happen to be a closet

Vintage & Casual
♛ ♛

WHAT 퓨전 레스토랑 & 멀티숍
WHERE 스쿰빗 map. 485-C
PRICE 1000B~

그들의 옷장에서는
무슨 일이 벌어지고 있을까?

어릴 적, 내가 잠자는 동안 혹은 외출하는 순간 내가 아끼는 장난감들이 살아움직일 거라는 상상을 해 본 적이 있는가? 애니메이션 토이 스토리에 등장하는 주인공들처럼 말이다. 잇츠 해픈 투 비 어 클로짓은 이런 엉뚱하고 말도 안 되는 상상을 현실로 재현해 놓은 느낌이다. 문법적으로 고개가 갸우뚱하게 만드는 가게 이름처럼 말이다.

옷이 수북하게 쌓인 옷장에 들어선 것처럼 묘한 신비감을 주는 공간 안에서는 다양한 일들이 벌어진다. 한쪽에선 매니큐어와 페디큐어를 받을 수도 있으며 금방이라도 쏟아져 내릴 것 같은 옷더미 아래서 편안하게 발 마사지를 받는 이색적인 풍경도 눈에 띈다. 그중 이곳의 가치를 높이는 최고의 기능은 쇼핑과 다이닝. 머리부터 발끝까지 모든 아이템을 이곳에서 찾을 수 있다. 더 놀라운 점은 수백 가지도 넘어 보이는 아이템 중 겹치는 디자인이 하나도 없다는 것! 모든 아이템들은 인도에서 직수입하는 것으로 가격이 만만치 않지만 어디서도 찾아볼 수 없는 나만의 개성을 찾고 싶다면 큰맘 먹고 구입할 만하다.

큼지막하고 먹음직스러운 케이크와 함께 간단히 티타임을 즐겨도 좋고 비밀스러운 프라이빗 룸에서 여유로운 다이닝을 즐겨도 좋다.

🏠 Emporium Mall, Fl. 2, 622 Sukhumivt Road, Kongton, Klongtoey, Bangkok
📞 02-6647-2112
🕐 10:45~22:00
🚶 BTS 프롬퐁 역과 연결되어 있는 엠포리움 2층에 있다.
📶 itshappenedtobeacloset.wordpress.com

- 이곳에서 판매하는 패션 아이템은 고가에 속한다. 액세서리 1000B~, 의류 2500B~ 정도다.
- 먹음직스러운 케이크는 135~165B 선이다. 단 하나도 겹치는 아이템이 없어 보이는 잇츠 해픈 투 비 어 클로짓의 보물창고에서는 음식 탐방보다는 아이템 탐방 쪽이 더 나은 편.
- 시암 스퀘어, 시암 파라곤에도 지점이 있다.

터미널 21 Terminal 21

Vintage & Casual
♛ ♛

WHAT 쇼핑몰
WHERE 스쿰빗 map. 484-B

쇼핑 파라다이스행에 보딩하다

공항을 콘셉트로 만들어진 독특한 형태의 쇼핑몰이다. 각 층으로 연결되는 에스컬레이터는 마치 보딩 게이트처럼 꾸며져 있어 괜스레 마음을 설레게 한다.

각각의 층은 각기 다른 나라의 특징을 살려 꾸며 놓았는데 지하(LGF)는 캐리비언Caribean을 콘셉트로 부츠, 왓슨스 등의 드럭 스토어와 체인 레스토랑, 서점, 수퍼마켓 등이 입점해 있다. G층은 이태리 로마 분위기로 꾸며 놓았는데 인터내셔널 스포츠 브랜드와 의류, 잡화 브랜드가 주를 이룬다. M층은 프랑스 파리를 모티브로 패션 잡화 브랜드가 모여 있고 1층은 일본 도쿄 분위기로 개성 있는 로컬 디자이너들과 신진 디자이너들의 의류, 잡화 숍들이 다양하게 들어서 있다. 2층은 영국 런던을 콘셉트로 남성 의류가 주를 이루고 3층은 터키 이스탄불의 거리를 형상화해서 주얼리와 시계 상점들이 자리 잡고 있다.

4층은 공중을 가로지르는 금문교가 눈에 띄는 미국 샌프란시스코 분위기로 꾸며져 있다. 레스토랑과 푸드 코트가 자리하고 있으며 6층은 로스앤젤레스 분위기로 통신업체, 스파, 영화관 등이 있다.

🏠 88 Sukhumvit Soi19~21, Bangkok
📞 02-108-0888
🕐 10:00~22:00
🚶 BTS 아속 역에서 바로 연결된다.
📶 www.terminal21.co.th

- 인포메이션 센터에 여권을 제시하면 무료 무선 인터넷을 사용할 수 있는 패스워드를 부여받을 수 있다. 단, 1일 제한 인원이 있다.
- 5층에 위치한 피어 21은 다양한 종류의 음식을 맛볼 수 있는 푸드 코트로, 맛도 좋고 음식 가격도 상당히 저렴하다.
- 5층에는 한국 음식점 수라간이 있어 한국 음식이 그리울 때 찾을 수 있다.
- 각 층의 분위기에 맞게 화장실이 독특하게 꾸며져 있으니 한번 둘러보는 것도 좋다.

M

수 에스테틱 *Su Esthetic*

WHAT 마사지 & 스파숍
WHERE 스쿰빗 map. 485-C
PRICE 1인 700B~

한국인의 취향에 딱 맞는
알찬 스파

수 에스테틱은 짜임새 있는 스파 프로그램과 프라이빗한 분위기로 일본인과 한국인들에게 큰 인기를 끌고 있다. 그도 그럴 것이 지금은 홍콩인이 운영하고 있지만 창업 초기에는 한국인이 운영하던 곳으로 그 어느 곳보다 한국인 취향에 맞춘 스파 프로그램을 갖추고 있기 때문이다.

가정집을 개조해 아담하면서도 프라이빗한 분위기가 느껴지는데 소박한 분위기와는 달리 고주파 기기를 포함한 전문적인 기기들도 알차게 갖추고 있다. 가장 인기가 많은 프로그램은 트래디셔널 코리안 스파(2,500B, 2시간 30분)다. 이름에서 이미 강하고 알찬 마사지를 좋아하는 한국인들을 위한 맞춤 프로그램이라는 느낌이 든다.

페이스와 바디 마사지를 두루 받을 수 있는 시그니처 페이스 앤 바디 마사지(1,800B, 1시간 30분)도 추천할 만하며 방콕의 강한 햇볕에 피부가 많이 상했다면 얼굴에 활력을 가져다주는 비타민 페이스 마사지(700B, 60분)를 추천한다.

🏠 59/45 Soi 26, Sukhumvit Road, Bangkok
📞 02-258-5224
🕘 09:30~19:00(12월31일~1월2일, 쏭크란 축제기간 휴무)
🚶 BTS 프롬퐁 역, 쏘이26으로 들어서서 직진, 왼쪽에 소프라노 하우스Soprano House가 보이면 좌회전해서 안쪽으로 조금 들어가면 좌측에 보인다.
🛜 www.suesthetic.com

- 요금은 현금으로만 결제할 수 있다.
- 방문 전 반드시 예약을 해야 한다.
- 홈페이지에서 수시로 할인 · 프로모션 정보를 제공하니 방문 전 체크하자.
- 골목길이 복잡해 찾기 어려울 수 있으니 지도를 꼭 확인하자.

레몬그라스 Lemongrass

Vintage & Casual ♔ ♔	WHAT 타이 레스토랑 WHERE 스쿰빗 map. 485-C PRICE 1인 400B~

올드 하우스에서 즐기는 정통 태국 요리

서양인들에게 절대적인 지지를 받고 있는 타이 레스토랑이다. 인기의 요인을 따지자면 프롬퐁 역에서 가까운 환상적인 위치와 독특한 분위기의 인테리어, 조금은 순화된 음식 맛을 꼽을 수 있다.

사실 외관만 보면 허름해 보이기까지 하지만 문을 열고 들어서는 순간 이곳만의 포근하고 독특한 분위기에 매료된다. 마치 미로처럼 안쪽으로 들어서면서 다이닝 공간이 하나씩 나타난다. 실내는 전체적으로 어둡고 좁은 느낌인데 창 너머로 푸릇한 화초가 보여 오히려 아지트 같은 안락함이 느껴진다.

메뉴는 대부분 가격대가 높고 양이 적은 편이지만 맛은 전반적으로 괜찮다. 외국인 손님이 많은 편이라 다소 순화된 느낌이다. 상큼하고 달콤한 포멜로 샐러드Pomelo Salad, 레몬그라스 치킨Lemongrass Chicken, 꿍웁운센Shrimp with Glass Noodle 등을 추천한다.

🏠 5/1 Sukhumvit Soi 24, Bangkok
📞 02-258-8637, 02-259-4244
🕐 11:00~14:00, 18:00~23:00
🚶 BTS 프롬퐁 역, 쏘이24 초입, 엠포리움 옆문 맞은편에 있다.

- 레몬그라스의 시그니처 메뉴인 레몬그라스 치킨Chicken With Lemongrass과 레몬그라스 아이스티는 필히 맛봐야 한다.
- 전반적으로 양이 적은 편이니 2인 방문 시 3가지 정도의 메뉴를 시켜야 배불리 먹을 수 있다.

세븐 호텔 Seven Hotel

Vintage & Casual

WHAT 부티크 호텔
WHERE 스쿰빗 map. 484-B
PRICE 1박 US$100~

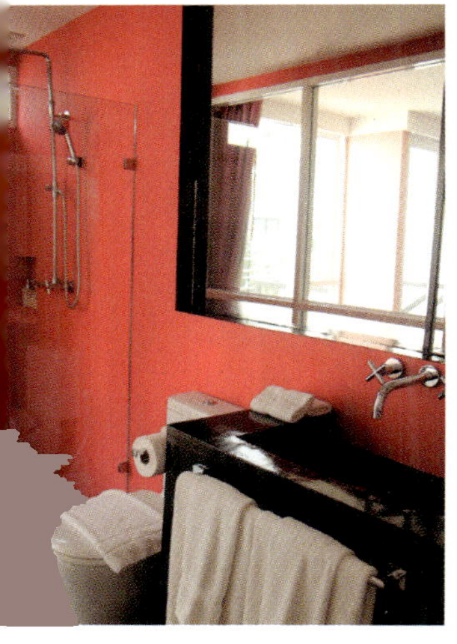

럭셔리한 배낭 여행자를 위한 아지트

태국인 오너가 영국 유학 시절에 친분을 갖게 된 영국, 태국의 유명 건축가와 조경 디자이너들의 감각이 숙소 구석구석에 녹아 있다.

세븐 호텔의 주요 테마는 컬러다. 각기 다른 컬러를 테마로 꾸며진 6개의 객실과 빨간색을 메인으로 한 로비가 있는데 이것은 태국 전통에 기반을 두고 있는 것이다.

전반적으로 호텔 규모는 작지만 서비스나 직원들의 친절함에서 가족 같은 분위기를 느낄 수 있다.

객실 요금은 크기에 따라 3가지로 나뉘는데 26㎡로 가장 큰 객실은 Blue Room/Pink Room/Purple Room으로 모두 킹사이즈 베드를 갖고 있다. 그 다음은 22㎡인 Green Room/Yellow Room으로 킹사이즈 베드 혹은 트윈사이즈 베드 중에 선택할 수 있다. Orange Room은 가장 작은 사이즈인 20㎡로 가격 또한 가장 저렴하다.

🏠 3/15 Sawasdee 1, Sukhumvit 31, Bangkok 10110, Thailand
📞 02-662-0951
🚶 BTS 아속 역과 프롬퐁 역 중간에 위치한 스쿰빗 쏘이31 안쪽으로 직진하면 왼편에 피자 나폴리가 보인다. 피자 나폴리 바로 옆 작은 골목 안쪽 끝에 있다.
📶 www.sleepatseven.com

- 오렌지 룸은 입구에서 올려다 보이는 2층에 위치해 항상 커튼을 쳐야 해서 답답한 느낌이 들 수 있다.
- 모든 객실에는 TV, DVD, 아이팟 데크, 목욕 가운 등이 구비되어 있지만 미니바나 냉장고가 없다. 외부에서 음료를 구입해 오면 로비 냉장고에 보관해 준다.

유지니아 Eugenia

Vintage & Casual
♔ ♔ ♔

WHAT 부티크 호텔
WHERE 스쿰빗 map. 484-B
PRICE 1박 US$200~

진정한 빈티지함이란 이런 것!

수백 년 전, 명나라 시대의 유명한 외교관이자 탐험가였던 츠앙허를 존경한 대만 출신 건축가 유진 Eugine에 의해 탄생한 유지니아. 오랫동안 전 세계를 여행하던 그는 2006년 방콕에 정착하기로 결심하고 이 특별한 숙소를 오픈했다. 단순한 건물을 넘어선 유지니아의 외관은 마치 영화 속 세트장 같기도 하고, 중세시대 유럽의 어느 저택을 그대로 옮겨온 것 같기도 하다.

총 12개의 객실은 4개 타입으로 나누어지는데 어떤 객실을 이용하든지 유지니아 특유의 감성을 느낄 수 있다. 객실의 가구나 비품들은 진짜 앤티크 제품으로 침대가 약간 작다거나, 도어의 틈새가 딱 맞지 않는 경우도 있다.

현대적인 시스템에 길들여진 여행자들은 약간 불편하게 느껴질 수도 있다. 하지만 오래된 것들이 주는 편안함을 아는 이라면 분명 매력을 느낄 것이다. 은은한 향초와 하늘거리는 리넨 커튼 사이에서 방콕 여행의 낭만을 느껴 보자.

🏠 267, Soi Sukhumvit 31, North Klongtan, Wattana, Bangkok
📞 02-259-9011~7
🚶 BTS 프롬퐁 역에서 도보 약 20분, 쏘이31 골목 안쪽에 위치.
📶 www.theeugenia.com

- 숙소 앞에 빈티지 자동차가 진열되어 있는데 투숙객을 공항에서 픽업하거나 샌딩할 때 이용하는 차량이다. 언제 이런 빈티지한 차량으로 공항을 오갈 수 있을까. 지금이 절호의 찬스이니 이용해 보자.
- 객실 내 인터넷 전화를 이용한 국제 전화가 무료이고 객실 내 미니바도 무료다.
- 아침식사는 Healthy, Asian 등 몇 가지 세트 메뉴에서 주문하도록 되어 있다. 특히 일식 스타일 아침식사는 한국인들에게 인기가 좋다.
- 스쿰빗 쏘이31 골목 안쪽에 위치해 큰 도로에서 걸어가기에는 다소 무리가 있으므로 택시를 이용하거나 프롬퐁 역까지 운행하는 셔틀 서비스를 이용하자.

투 다이 포 To Die For

Romantic & Classic
♛ ♛

WHAT 바
WHERE 텅러 map. 486-A
PRICE 1인 200B~ (Tax & SC 17%)

꼭꼭 숨겨두고 싶은
나만의 아지트

텅러 역에서도 상당히 멀리 떨어져 있어 접근성은 떨어지지만 한없이 늘어져서 망중한을 즐기고 싶은 아지트 같은 곳이다.

큰 규모는 아니지만 실내석과 야외석을 두루 갖추고 있다. 실내석은 높은 천장에 화려한 조명, 세련된 인테리어로 고급스러운 분위기가 난다. 야외석은 아담한 정원 위에 침대처럼 넓고 편안한 쿠션을 두어 격식 없이 시간을 보낼 수 있도록 배려했는데 분위기가 좋아 마치 휴양지라도 온 듯한 착각이 들 정도이다.

일반적인 식사 메뉴도 즐길 수 있지만 식사보다는 칵테일이나 맥주 한 병을 시켜 여유로운 시간을 즐겨 보길 권한다. 와인 리스트도 충실하게 갖추고 있다. 투 다이 포는 텅러 가장 안쪽에 있어 접근성이 많이 떨어지는 편이다. 하지만 그렇기 때문에 더욱 루즈하고 자유롭고 신비스럽다. 투 다이 포에서 방콕의 밤을 느리게 즐겨보자.

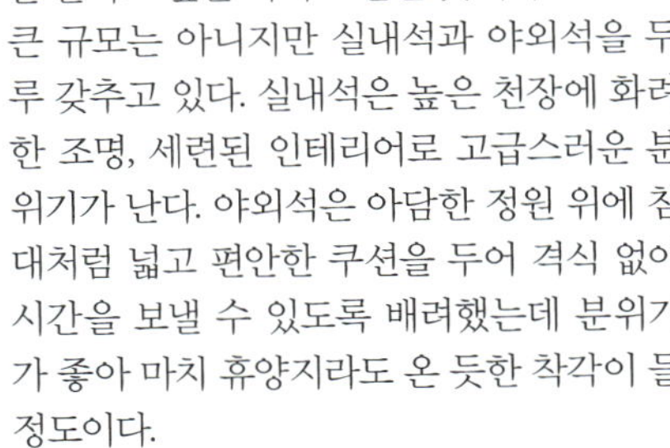

🏠 H1 Place Soi Thonglor Sukhumvit 55, Vadhana Bangkok
📞 02-381-4714
🕐 17:00~24:00
🚶 BTS 텅러 역, 텅러 메인 로드 끝자락, H1 빌딩 안쪽에 있다.

- 텅러 역에서 걷기에는 상당히 무리가 있는 거리이니 택시를 이용하는 것이 좋다.
- 야외석에 앉을 경우 모기가 많은 편이니 대비를 하자.

아카노야 紅乃家 Akanoya

Romantic & Classic
♛ ♛ ♛

WHAT 로바다야키
WHERE 텅러 map. 486-A
PRICE 1인 3,000B~ (Tax & SC 17%)

방콕 속 작은 일본,
로바다야키의 매력에 빠지다

아마도 방콕에서 만날 수 있는 유일한 로바다야키로, 주방장부터 일하는 스탭들까지 90%가 일본인으로 구성된 재미있는 곳이다.

오픈한 지 7개월 정도밖에 안 된 신생 로바다야키이지만 고급 주택가들이 자리한 주변 환경 덕에 방콕에 거주 중인 일본인들을 포함한 외국인들과 부유한 태국인들이 열광하며 찾는 곳이다. 문을 열고 들어서면 마치 일본의 재래시장에 온 듯한 분위기가 난다. 안쪽으로 조리를 하는 공간이 있고 그 앞쪽에 차가운 얼음 위로 그날 들여온 신선한 채소며 해산물, 고기 등 다양한 재료가 진열되어 있다.

진열대 주변으로는 심플한 바가 설치되어 있는데 손님들이 옹기종기 앉아 직접 재료를 고를 수도 있다. 조리된 음식들을 기다란 삽 같은 도구 위에 얹어 손님 앞으로 배달하는데, 이 풍경 또한 재미있어 모두들 기념사진을 찍고 즐거워한다.

🏠 Soi Sukhumvit 49, Klongton-Nua, Wattana Bangkok
📞 02-662-4237
🕐 18:00~24:00
🚶 BTS 텅러 역, 스쿰빗 쏘이49 안쪽으로 직진, 우측에 피만49 Piman49 단지 안에 있다. 걷기엔 무리! 택시를 이용하자.
📶 www.akanoyabangkok.com

- 8가지 코스로 구성된 코스 메뉴를 1,800B부터 즐길 수 있다.
- 재료들은 취향에 따라 굽거나 끓이거나 찌는 방법으로 주문할 수 있다.

가장 인기 있는 메뉴는 로브스터와 새우 등 해산물과 일본에서 직수입한 최고급 와규다. 사실 이곳의 채소들 또한 최상품으로 토마토나 감자만 주문해도 최고의 맛을 즐길 수 있다. 가격에 개의치 않고 분위기와 최상의 음식을 즐기며 흥겹게 시간을 보내고 싶은 사람에게 추천한다.

탱고 Tango

Vintage & Casual

♛ ♛

WHAT 패션숍
WHERE 칫롬 map. 488-A
PRICE 400B~ (Tax & SC 17%)

놀라워라!
세상 모든 색이 다 모인 듯해

차이욧Chaiyose 부부의 열정적인 색감과 디자인을 만날 수 있는 탱고는 20여 년간 뛰어난 품질과 톡톡 튀는 감성으로 꾸준히 사랑받아 온 패션 브랜드다. 초기에는 가방과 구두, 액세서리 위주의 아이템만 취급하다 의류 라인을 론칭하면서 꾸준한 상승세를 보이고 있다.

특히 탱고의 상품들은 모두 핸드메이드로 정성스럽게 만들어낸 것으로 유명하다. 디자인도 디자인이지만 튼튼하고 재료의 질도 좋아 오랜 시간 단골로 찾는 손님들도 많은 편이다.

매장 안에 들어서면 셀 수 없이 다양한 컬러들이 인상적이다. 세상에 존재하는 색은 모두 사용한 듯한 그들의 색감도 놀랍고 독특한 디자인과 다양한 색들을 조합해 새로운 느낌을 만들어 내는 그들의 디자인 감각도 놀라울 따름이다.

🏠 999 Ploenchit Road, Lumpini, Pathumwan, Bangkok
📞 02-656-1149
🕐 10:00~22:00
🚶 BTS 칫롬 역과 연결되는 게이손 플라자 2층에 있다.
📶 www.tango.co.th

탱고의 플래그십 스토어는 게이손 플라자뿐 아니라 시암 센터 내에서도 만나볼 수 있으며 규모는 작지만 이세탄 백화점에서도 탱고 코너를 만날 수 있다.

마티나 아마니타 Matina Amanita

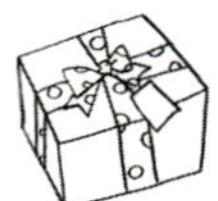

WHAT 주얼리숍
WHERE 칫롬 map. 488-A
PRICE 1,000B~

디자이너의 감각을 담은 주얼리를 갖고 싶다면

태국의 핫 로컬 브랜드 중 하나인 스렛시스 Sretsis의 디자이너 마티나Matina가 야심차게 내놓은 주얼리 라인이다. 아무에게나 쉽게 그 모습을 보여주지 않으려는 듯 폐쇄적인 분위기의 출입문에서 비밀스런 느낌이 난다.

이와 달리 내부는 로맨틱한 시계탑과 아기자기한 소품으로 꾸며져 동화 속에 온 듯한 느낌이 들 정도다.

매장 안의 주얼리는 크게 디자이너 마티나가 직접 디자인한 커스텀 주얼리Custom Jewelry와 일반적인 파인 주얼리Fine Jewelry, 두 라인으로 구분된다.

목걸이, 귀걸이, 반지뿐 아니라 주얼리를 이용한 다양한 아이템들을 전시·판매한다. 두 주얼리 라인 중 딱히 어느 라인이 더 고급이라거나 가격이 높다고 단정 지을 수는 없다. 디자인과 함유되어 있는 보석의 질량에 따라 가격대가 달라진다.

🏠 999 Ploenchit Road, Lumpini, Pathumwan, Bangkok
📞 02-656-1149
🕐 10:00~22:00
🚶 BTS 칫롬 역과 연결되는 게이손 플라자 2층에 있다.
📶 www.gaysorn.com

위압감을 주는 외관과는 달리 합리적인 가격대의 아이템들이 의외로 많은 편이니 부담 없이 둘러보자.

커피 빈스 바이 다오 Coffee Beans By Dao

| Romantic & Classic ♛ ♛ | **WHAT** 인터내셔널 레스토랑
WHERE 플런칫 **map. 489-C**
PRICE 1인 250B~ (SC 10%) |

방콕의 첫 식사는 고민 없이 이곳에서

누구에게 추천을 하든, 누구와 함께 방문하든 무난하게 만족감을 선사하는 레스토랑이다. 깔끔하고 모던한 인테리어와 친절한 직원, 적당한 가격과 맛있는 음식, 풍성한 메뉴 등 모든 조건이 고루 평균점 이상이기 때문이다.

커피 빈스 바이 다오는 많은 체인점이 있을 정도로 현지인들에게도 인기가 많은 레스토랑으로 태국 음식과 웨스턴 메뉴, 디저트 코너를 충실히 갖추었다. 특히 입구에 진열된 케이크들은 큼직하고 먹음직스럽게 보이는데 고급 파티셰의 세련된 느낌은 아니지만 정성스럽게 만들어낸 엄마의 케이크처럼 맛있다.

태국 음식도 대부분 훌륭하다. 깔끔하면서 태국 음식 본연의 맛을 잃지 않아 로컬 음식을 처음 경험해 보는 사람에게도 강력하게 추천할 만하다. 넓적한 면과 해산물을 간장 소스에 볶아낸 팟시유Pad See Ew, 타이 바질과 칠리를 다진 돼지고기와 함께 볶아 밥에 곁들여 먹는 팟카파오Phat Kapao, 해산물을 당면과 함께 매콤하고 새콤하게 무쳐낸 얌운센Yam Woonsen 등이 인기다.

🏠 20/12-15 Soi Ruamrudee, Ploenchit Road, Lumpini Pathumwan, Bangkok
📞 02-656-1149
🕙 10:00~22:00
🚶 BTS 플런칫 역, 노보텔 플런칫 옆 골목인 루암루디 로드로 진입해 조금만 가면 오른편에 루암루디 빌리지 안 커피 빈스 바이 다오가 보인다.
📶 www.coffeebeans.co.th

- 무선 인터넷을 무료로 사용할 수 있다.
- 커피 빈스 바이 다오가 자리한 루암루디 빌리지 내에는 호평을 받고 있는 루암루디 마사지도 자리하고 있으니 식사 전 마사지를 받아보는 것도 좋다.

카페 타르틴 Cafe Tartine

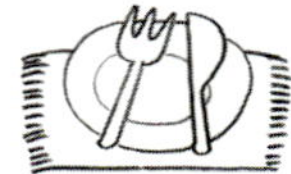

Romantic & Classic

♛ ♛

WHAT 프렌치 베이커리 카페
WHERE 플런칫 **map. 489-C**
PRICE 100B~ (SC 5%)

가볍게 즐기는 프렌치 건강요리

프랑스 출신 오너가 야심차게 문을 연 프랑스 스타일 베이커리 카페다.

그날그날 필요한 만큼의 재료만 준비해 신선하고 몸에 좋은 음식을 만든다는 모토로 운영한다. 그래서 재료가 동이 나면 가게 문을 일찍 닫는 경우도 있다.

프랑스빵의 대명사인 크루아상과 바게트 등을 이용한 다양한 샌드위치와 토스트, 케이크 등을 판매하는데 특히 주변에 거주하는 외국인들의 아지트로 많은 사랑을 받고 있다. 직원들의 서비스 수준도 수준급이다.

평일 오전에만 즐길 수 있는 간단한 아침식사 메뉴가 특히 인기있고 진열장 안에 예쁘게 진열되어 있는 홈메이드 케이크와 마카롱은 커피와 함께 즐기기 좋다. 건강식에 기반을 둔 메뉴들이 주를 이루기 때문에 자극적인 음식에 길들여진 입맛이라면 다소 밋밋하게 느껴질 수도 있다. 하지만 재료 자체의 맛을 음미한다면 분명히 마음에 들 듯.

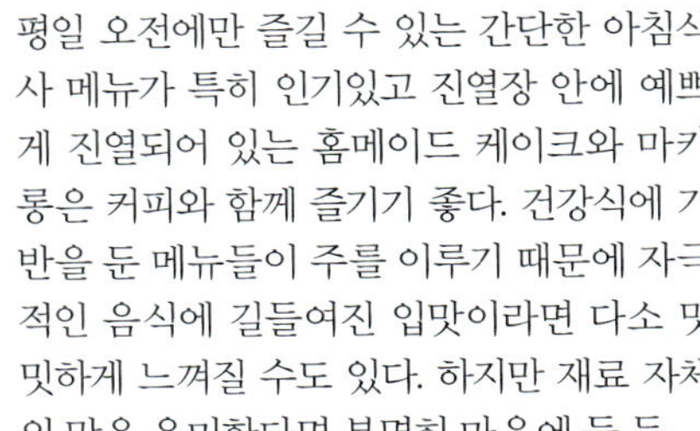

🏠 Athenee Residence Retail Space 4, 65/2, Wireless Road, Lumpini, Pathumwan, Bangkok
📞 02-168-5464
🕐 08:00~20:00
🚶 BTS 플런칫 역, 노보텔 플런칫 옆 골목인 루암루디 로드로 진입해 조금만 가면 오른편에 있다. 역에서 도보 5분.
📶 www.cafetartine.net

- 무선 인터넷을 무료로 사용할 수 있다.
- 평일 08:00~11:00(혹은 재료 소진 시)까지 커피, 크루아상, 주스로 구성된 간단한 아침식사를 99B에 즐길 수 있다.

루암루디 헬스 마사지 Ruamrudee Health Massage

Romantic & Classic ♔	**WHAT** 마사지숍 **WHERE** 플런칫 map. 489-C **PRICE** 300B~

단골손님이 많은 터줏대감 마사지숍

루암루디 헬스 마사지는 10년이 넘는 오랜 시간 동안 한자리를 지켜온 터줏대감 마사지숍으로 단골손님에 대한 꾸준한 관리로 인기를 유지하고 있다.

규모가 꽤 큰 편으로 태국 전통 목조 가옥을 그대로 이용하고 있어 독특한 분위기를 낸다. 총 30여 명의 테라피스트로 운영되는데 모든 직원들이 최소한 5년 이상의 경력을 갖춘 베테랑으로 실력의 편차를 최소화하고자 하는 노력이 엿보인다. 1층에는 리셉션과 탈의실, 발 마사지를 받을 수 있는 공간이 있는데 손님이 많다 보니 발마사지용 의자가 빼곡히 들어차 있어 다소 정신없는 느낌이 들 수도 있다. 개방된 공간이어서 발마사지만 간단히 받는 경우 프라이빗한 분위기에서 조용히 받기는 힘든 환경이다. 2층으로 올라가면 본격적인 마사지 공간이 나타나는데 오래된 목조 가옥이지만 정갈하고 깔끔하게 단장되어 있다. 쾌적한 분위기에서 편안하게 마사지를 받을 수 있다.

🏠 20/17~19 Soi Ruamrudee, Ploenchit Road, Bangkok
📞 02-252-9651
🕐 10:00~23:00
🚶 BTS 플런칫 역, 노보텔 플런칫 옆 골목(쏘이 루암루디)로 진입해 직진하면 우측에 루암루디 플라자가 보인다. 루암루디 플라자 안쪽에 있다. 역에서 도보 7분.
📶 www.ruamrudeehealthmassage.com

- 규모가 큰 편이긴 하지만 주말의 경우에는 예약을 하고 가는 것이 좋다.
- 샤워 시설이 훌륭한 편이 아니니 오일 마사지보다는 타이 마사지를 받는 것을 추천한다.

색소폰 Saxophone

Romantic & Classic ♛	**WHAT** 바 **WHERE** 아눗싸와리 **map. 494** **PRICE** 1인 120B~ (SC10%)

분위기에 취하고 열정에 취하고

오랜 시간 동안 젊은이들의 아지트로 꾸준히 인기를 얻고 있는 곳이다. 태국 유수의 미디어와 해외 미디어를 통해 태국 최고의 라이브 바로 호평을 받고 있다.

실내는 2층으로 구분되어 있는데 마치 젊은이들의 아지트 같은 분위기로 1층은 뮤지션 가까이에서 열광적으로 공연을 즐기기에 좋고 2층은 일본식 다다미석으로 신발을 벗어던지고 편안히 널브러져 음식과 술을 즐기거나 난간에 기대어 공연을 즐기기에 좋다.

색소폰 내부에는 음악과 관련된 소품들이 곳곳에 전시되어 있는데 이는 전시뿐 아니라 판매도 하는 것으로 수익금은 무명 아티스트들을 위해 쓰인다고 한다.

공연뿐 아니라 음식 수준도 꽤 높은 편이다. 태국 음식을 주로 선보이고 있으니, 늦은 저녁 방문해 맛있는 저녁을 먹고 그보다 더 달콤한 라이브의 매력에 빠져 보는 것도 환상적인 경험이 될 것이다.

🏠 3/8 Phayathai Road Victory Monument, Bangkok
📞 02-246-5472
🕐 18:00~01:30 (국경일, 국왕과 왕비의 생일은 휴무)
🚶 BTS 빅토리 모뉴먼트 역 4번 출구에서 도보 약 5분, 노점상이 모여 있는 쪽 골목 안쪽을 들여다보면 보인다.
📶 www.saxophonepub.com

공연은 보통 오후 9시 정도에 시작하며 공연 스케줄은 입구의 안내판이나 홈페이지에서 확인 가능하다.

쏨분 시푸드 Somboon Seafood

쏨분 시푸드 Somboon Seafood

Vintage & Casual
♛ ♛

WHAT 타이 레스토랑
WHERE 실롬 **map. 490-B**
PRICE 1인 500B~ (SC 1인 10B)

부드러운 뿌팟퐁 커리의 매력에 빠지다

쏜통 포차나와 함께 시푸드 레스토랑의 양대 산맥을 이루는 곳이다.

쏨분 시푸드의 뿌팟퐁 커리는 호불호가 명확히 나뉨에도 각 테이블에 하나쯤은 놓여 있는 인기 메뉴이다. 쏜통 포차나의 커리보다 달걀이 많이 들어가 있고 매운맛이 순화되어 좀 더 순하고 달큰한 느낌이 난다. 사이즈를 선택할 수 있어 인원수가 적거나 이것저것 다양한 음식을 주문해 먹고 싶은 경우는 쏨분 시푸드 쪽을 선택하는 것이 좋다.

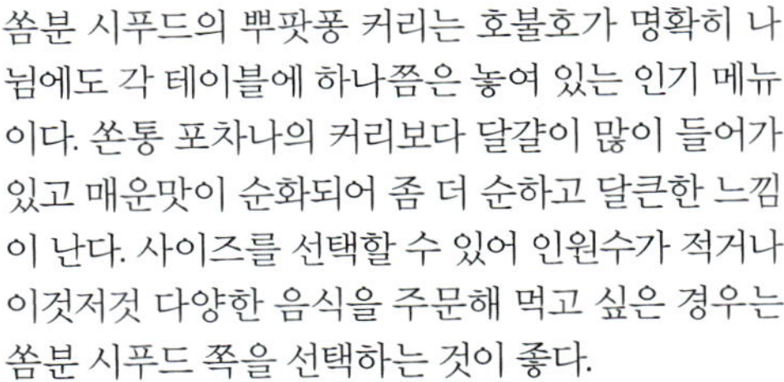

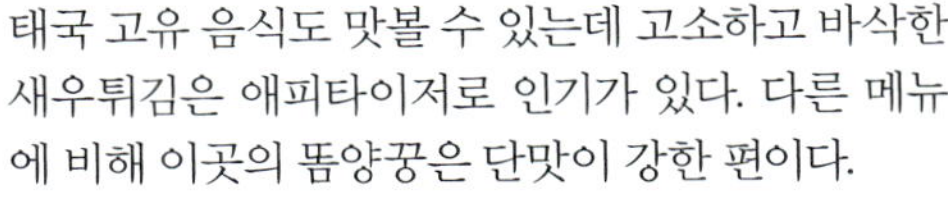

태국 고유 음식도 맛볼 수 있는데 고소하고 바삭한 새우튀김은 애피타이저로 인기가 있다. 다른 메뉴에 비해 이곳의 똠양꿍은 단맛이 강한 편이다.

택시를 타고 그냥 "쏨분으로 가자"고 이야기하면 기사가 비슷한 이름의 다른 식당으로 데려다 주는 경우가 많으니 주의하자. 식당의 정확한 주소를 보여주고 내리기 전에 반드시 확인을 하자.

🏠 169, 16/7-12 Surawong Road., Suriyawong, Bangrak, Bangkok
📞 02-233-3104, 02-234-4499
🕐 16:00~23:30
🚶 BTS 총논씨 역, 3번 출구로 나와 뒤로 돌아 직진한다. 사거리를 지나 계속 직진하다 보면 왼편에 있다. 역에서 도보 약 15분.
📶 www.somboonseafood.com

- 쏨분 시푸드와 함께 방콕 여행자의 필수 코스로 꼽히는 쏜통 포차나 Sorntongpochana도 가볼 만하다. 쏨분의 부드러운 뿌팟퐁 커리와는 다른, 진하고 자극적인 맛의 뿌팟퐁 커리를 맛볼 수 있다. 시간이 허락한다면 두 곳 모두 방문해 뿌팟퐁 커리의 진수를 느껴 보자.
- BTS 프롬퐁 역, 쏘이24 골목 끝에서 좌회전 하면 보인다. 걷기 좀 부담스러우니 택시 이용 추천 / 02-258-0118 / 16:00~03:00

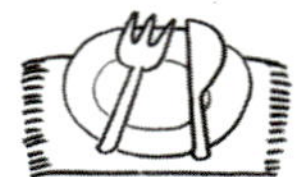

탄잉 레스토랑 Thanying Restaurant

Vintage
& Casual
♛ ♛

WHAT 타이 레스토랑
WHERE 실롬 map. 490-C
PRICE 1인 300B~ (Tax & SC 17%)

태국 왕족이 만드는
진짜 왕실 요리를 맛보고 싶다면

진정한 고수는 스스로를 드러내지 않는다는 말은 탄잉 레스토랑에도 해당된다. 태국 왕족이 운영하는 탄잉 레스토랑은 제대로 된 로열 타이 퀴진을 맛볼 수 있는 작은 규모의 레스토랑이다.

실제 왕족이 운영하는데다 태국 전통 요리를 맛볼 수 있다니 요란하고 화려한 모습을 기대하기 십상인데 탄잉 레스토랑은 작은 골목 안쪽에 조용하고 은밀하게 자리하고 있다. 아늑하고 아기자기한 모습이 마치 작은 정원이 딸린 가정집 같다. 안으로 들어서면 이 집 안주인에게 초대받은 특별한 손님이 된 듯한 기분마저 든다.

대부분의 메뉴가 훌륭한 편으로 어느 것을 주문해도 만족할 수 있다. 특히 매콤한 요리를 좋아한다면 애피타이저로 칠리와 라임이 듬뿍 들어가 매콤하고 새콤한 맛으로 식욕을 돋우는 태국식 소고기 샐러드 얌 느어Yum Nuer를 주문해 보자.

본 요리로는 칠리, 바질, 스윗 앤 사워 소스 등 다양한 소스를 튀긴 새우에 얹어내는 요리를 즐겨 보는 것도 좋다.

🏠 10 Pramuan Road, Silom, Bangkok
📞 02-236-4361
🕐 11:30~23:00(라스트 오더 22:00)
🚶 BTS 수라삭 역에서 도보 약 15분. 실롬 쏘이7과 19 사이 프라무안 Pramuan 로드 선상에 간판이 보이면 안쪽 골목에 있다.
📶 www.thanying.com

- 좌석이 많지 않으므로 방문 전 예약은 필수이다.
- 조용하고 정중한 분위기이므로 어느 정도 격식 있는 의상으로 갖춰 입는 것이 좋다.

보니타 카페 앤 소셜 클럽

Bonita Cafe & Social Club

Vintage & Casual
♛ ♛

WHAT 아메리칸 채식 레스토랑
WHERE 실롬 map. 490-C
PRICE 1인 200B~

홈메이드 비건 요리를 맛보고 싶다면

올드 아메리칸 스타일의 채식 카페 겸 레스토랑. 육상선수, 여행자, 동물보호 활동가 등 다양한 계층의 건강한 삶을 위한 활동을 지원한다는 모토를 가진 곳이다. 가게 이름인 '보니타 카페 & 소셜 클럽'이라는 이름도 보니타 로드 러너스Bonita Road Runners라는 미국 샌디에이고 러닝 클럽에서 가져온 것이라고 한다.

기특하고 진지한 프로젝트를 진행하지만 실상 가게 내부는 아기자기하고 편안한 분위기라 누구나 부담 없이 들러 시간을 보낼 수 있다.

메뉴는 재료 본연의 맛을 강조한 내추럴 홈메이드 비건 요리와 가볍게 즐길 수 있는 간단한 웨스턴 메뉴들이 대부분이다. 건강하고 맛있는 먹거리와 친절한 직원, 아기자기한 인테리어, 기특한 세계관 등 이곳을 사랑할 수밖에 없는 이유는 무궁무진하다.

🏠 56/3 Pan Street, Silom, Bangkok
📞 02-637-9541
🕐 11:00~22:00 (화요일 휴무)
🚶 BTS 수라삭 역에서 하차. 타논 사톤 부에아Thanon Sathon Buea대로를 따라 직진 후 미얀마 대사관이 위치한 판 스트리트Pan Street로 좌회전. 미얀마 대사관을 지나 100미터 가면 있다.

일반적으로 떠올리는 시끌벅적한 유명 맛집의 분위기와 자극적인 맛을 기대한다면 실망할 수도 있다. 한정된 재료를 사용한 건강한 음식이라는 데에 의의를 두자.

나즈 Naj

Vintage & Casual

♛ ♛

WHAT 타이 레스토랑
WHERE 실롬 map. 491-C
PRICE 1인 400B~ (Tax & SC 17%)

30년의 노하우,
나즈의 요리를 맛보다

나즈는 레스토랑의 창업주이자 현재 이곳 오너의 어머니이다. 30년의 역사가 있는 이 레스토랑은 오랜 시간 동안 나즈의 노하우를 살린 태국 정통 요리로 인기를 끌고 있다. 태국 하이쏘들의 사교 장으로도 주로 이용되는 곳이다. 창업주 나즈의 연륜을 살려 1년 전 오픈한 스쿰빗의 '더 로컬'은 현재 그녀의 아들이 운영하고 있으며 태국 전 지역의 특산 음식만을 선보인다.

나즈의 메뉴들이 특별한 이유는 단지 오랜 경력 때문만은 아니다. 음식은 바로바로 그 자리에서 만들어 내야 고유의 향취를 잘 전달할 수 있다는 신념으로 모든 음식과 음식에 쓰이는 소스까지 직접 만들어 낸다. 따라서 칠리 소스, 케찹 등 인공 감미료가 들어간 공산품은 전혀 사용하지 않으며 모든 소스를 특별한 레시피에 따라 만들어 낸다.

특히 상큼한 맛의 과일 포멜로에 먹음직스럽게 담겨 나오는 포멜로 샐러드, 얌쏨오Yum Som O는 여성들이 열광할 만한 맛이다.

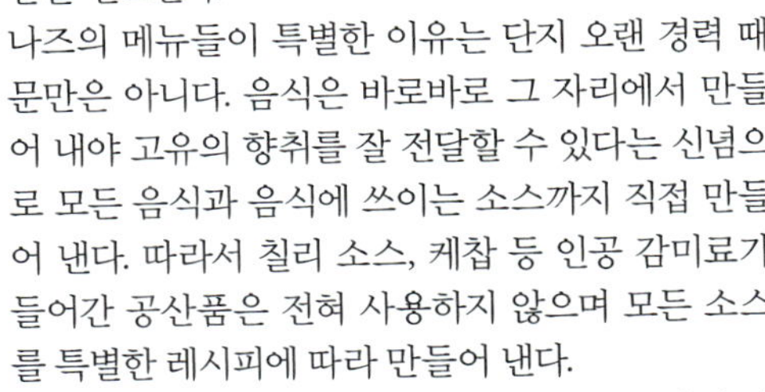

🏠 42 Convent Road, Silom Bangkok
📞 02-632-2811~3
🕐 11:30~14:30, 17:30~23:30
🚶 BTS 살라댕 역에서 도보 약 10분~15분. 컨벤트 로드의 BNH Hospital 맞은편에 있다.
📶 www.najcuisine.com

- 요리에 관심이 많다면 나즈에서 운영하는 쿠킹 스쿨에 참가해 보자. 하루 2번(9:00, 13:30) 진행되며 약 4시간 소요된다.
- 나즈에서는 그들만의 엄격한 기준으로 선정한 최상급의 실크를 이용해 만든 다양한 아이템을 판매한다. 가격이 부담스럽다면 구경만 해도 좋다.
- 매일 저녁 19:30~21:30에는 타이 댄스 공연을 즐길 수 있다.

하이 쏨땀 컨벤트 Hai Somtam Convent

Vintage & Casual

WHAT 타이 레스토랑
WHERE 실롬 **map. 491-A**
PRICE 1인 70B~

쏨땀 마니아의 필수 코스

유명 맛집이 많아 식도락의 거리로 알려진 컨벤트 로드 선상에 있는 쏨땀 전문점이다. 간판이 화사한 연둣빛이라 눈에 잘 들어온다. 내부도 로컬 식당임을 감안하면 깔끔하게 정돈된 편이다. 쏨땀 전문 레스토랑인 만큼 다양한 종류의 쏨땀이 갖추어져 있다.

쏨땀은 특히 젊은 여성들에게 인기가 많은데 절구에 칠리와 라임, 땅콩, 액젓을 쿵쿵 찧어 만든 소스에 파파야를 버무려 내는 샐러드의 일종이다. 매콤하고 새콤해 중독성이 매우 강하다.

보통 쏨땀과 함께 프라이드 치킨(까이텃), 치킨 구이(까이양), 돼지고기 구이(커무양) 등을 곁들여 먹는다. 쏨땀은 들어가는 재료에 따라 다양한 종류가 있는데 가장 기본 쏨땀인 쏨땀 타이나 쏨땀 탈레(시푸드 쏨땀)를 주문하는 것이 무난하다.

하이 쏨땀 컨벤트가 자리하고 있는 컨벤트 로드에는 오랜 시간 사랑을 받아 온 로컬 맛집이 구석구석 숨겨져 있다. 한 끼쯤은 이름나고 비싼 레스토랑을 벗어나 슬슬 산책하다 필이 꽂히는 집에 들어가 즉흥적인 식사를 즐겨보자. 컨벤트 로드에서는 그래도 좋다. 실패할 확률이 극히 적으니까!

🏠 24/5 Convent Road, Silom Bangkok
📞 02-631-0216, 02-631-2514
🕐 월~금 11:30~21:00, 토~일 11:30~17:00
🚶 BTS 살라댕 역, 컨벤트 로드로 진입해 10분 직진하면 우측에 있다.

매운 것에 약하다면 주문 시 쏨땀의 맵기를 조절해 주문하자. 보통 칠리의 개수를 이용해 맵기의 정도를 조절하는데 2개를 보통 맵기로 기준삼아 1개 혹은 3개로 조절하면 된다.

투 패스트 투 슬립 Too Fast To Sleep

Vintage & Casual

WHAT 북 카페 & 레스토랑
WHERE 실롬 map. 490-B
PRICE 1인 100B~

하루쯤은
방콕의 평범한 대학생이 되어

출라롱건 대학교와 가까이 있어 주로 대학생들의 아지트로 활용되는 꽤 큰 규모의 북 카페 겸 레스토랑이다.

투 패스트 투 슬립은 북 카페인 라이브러리Library와 발코니Balcony, 레스토랑 기능을 하는 리빙룸Living Room과 시크릿 챔버Secret Chamber로 구분되어 있다. 가장 인기가 많은 공간은 단연 라이브러리. 이름처럼 밤을 잊은 대학생들이 책을 읽거나 노트북으로 공부를 하기도 하고 쉬어가기도 하는 공간이다. 신발을 벗고 편안한 자세로 옹기종기 모여 학구열을 불태우는 태국의 젊은 대학생들이 조용한 가운데서도 활기찬 느낌을 준다.

리빙룸은 라이브러리 아래층에 있는 공간으로 간편한 식사를 할 수 있다. 간단한 태국 음식부터 웨스턴 메뉴까지 갖추고 있으며 맛도 꽤 좋은 편이다. 좀 더 정중한 분위기의 레스토랑인 시크릿 챔버도 바로 옆에 있다.

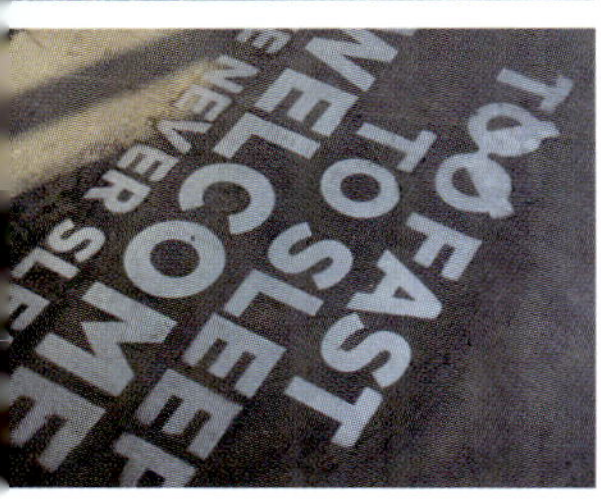

🏠 754 Rama 4 Road, Bangrak Si Phraya Bangkok
📞 086-577-8989
🕐 24시간
🚶 MRT 쌈얀 역 1번 출구로 나와 우측으로 조금 걸어가면 나온다.
📶 www.toofasttosleep.com

- 무선 인터넷을 무료로 사용할 수 있다.
- 라이브러리 공간은 실질적으로 학생들이 조용하게 공부를 하는 곳이기도 하니 담소를 나누기엔 리빙룸 공간이 편할 수 있다.
- 라이브러리는 24시간 개방되지만 발코니는 15:00~24:00, 리빙룸과 시크릿 챔버는 평일(월~금) 18:00~24:00, 주말(토, 일) 12:00~24:00 사이에만 개방된다.

잇 미 Eat Me

Vintage & Casual

👑 👑 👑

WHAT 퓨전 레스토랑 & 바
WHERE 실롬 map. 491-C
PRICE 1인 500B~ (Tax 7%)

정통 호주식에
아시안 풍미가 더해진 달콤한 밤

2013년 아시아 베스트 레스토랑 50위 안에 이름을 올린 기특한 레스토랑이다. 호주 출신 오너 대런 하우슬러Darren Hausler가 정통 호주 요리에 아시안 풍미를 가미한 요리를 선보인다. 대부분의 재료를 호주에서 직접 들여온다고 한다.

1층은 바, 라운지 공간으로 꾸며져 있으며 2층과 3층은 본격 다이닝 공간이 마련되어 있다. 특히 공간에 적절히 배치되어 있는 아트피스들이 눈에 띄는데 이 작품들은 방콕에서 유명한 에이치 갤러리H Gallery가 큐레이팅한 것으로 잇 미에서 전시와 판매가 이루어진다.

잇 미의 메뉴들은 최상의 재료를 이용한 톡톡 튀는 퓨전 요리가 주를 이룬다. 오리를 껍질째 바삭하고 담백하게 요리한 Crispy Skin Duck Confit(690B)와 파파야, 구운 코코넛, 칠리, 라임 등으로 맛을 낸 Black Chicken Salad도 추천할 만하다. 또 칵테일, 보드카, 위스키, 꼬냑 등 술 종류도 다양하게 갖추고 있어 가볍게 술 한 잔 마시기에도 좋다.

칵테일은 240~420B으로 가격대는 다소 높은 편이지만 분위기를 고려하면 그만한 값어치를 한다.

🏠 1/6 Soi Pitat 2, Convent Road, Bangrak, Bangkok
📞 02-238-0931, 02-233-1767
🕐 15:00~01:00
🚶 BTS 살라댕 역 2번 출구에서 도보 10분 정도 가면 있다.
📶 www.eatmerestaurant.com

- 매주 금요일 20:00~22:00에 라이브 재즈 공연을 즐길 수 있다.
- 간헐적으로 감각 있는 전시회가 열리니 홈페이지 정보를 확인하자.

르언 누아드
마사지 스튜디오   Ruen-Nuad Massage Studio

Vintage & Casual

WHAT 마사지숍
WHERE 실롬 map. 491-C
PRICE 1인 350B~

입소문으로 이름난 로컬 마사지 숍에서 휴식을

아는 사람만 찾는다는 르언 누아드는 살라댕 로드 한편에 조용하게 자리 잡은 로컬 마사지 숍이다. 작은 가정집을 개조한 이곳은 마사지 스튜디오를 운영할 정도로 실력이 뛰어나 호평을 받고 있다.

1층에는 리셉션과 타이 마사지 공간이 자그맣게 마련되어 있으며 한편에 아기자기한 카페도 운영하고 있다.

2층은 모두 타이 마사지와 오일 마사지 공간으로 꾸며져 있는데 작은 규모이지만 벽과 커튼으로 공간이 분리되어 있어 마음 편하게 마사지를 받을 수 있다.

마사지를 받은 후에는 바깥에 놓인 작은 벤치에 앉아 차를 마시며 휴식을 취할 수 있는데, 한적한 거리를 내려다보며 잠시 시간을 보내는 동안에도 힐링이 되는 느낌이다.

🏠 42 Convent Road, Silom, Bangkok
📞 02-632-2662~3
🕐 10:00~21:00(마지막 예약)
🚶 BTS 살라댕 역에서 도보 약 10~15분. 컨벤트 로드 선상 BNH Hospital 맞은편, 나즈Naj 레스토랑 안쪽에 있다.

- 타이 마사지와 발 마사지는 1시간에 350B, 아로마 오일 마사지는 1시간에 700B부터 시작하며 1시간 30분, 2시간으로 시간을 조절해 받을 수 있다.
- 워낙 인기가 많은 마사지 숍이기 때문에 방문 전 반드시 예약을 해야 한다.
- 인기만점의 마사지숍이긴 하지만 고급 스파와는 거리가 멀다는 것을 명심할 것! 이렇다 할 샤워 시설도, 프라이빗한 나만의 공간도 없다는 걸 미리 알아두자.

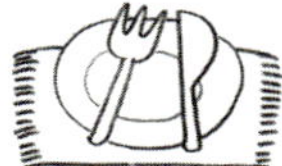

촌 Chon

Vintage & Casual

♛ ♛

WHAT 타이 레스토랑
WHERE 리버사이드 **map. 492-A**
PRICE 1인 500B~ (Tax & SC 17%)

세상과 동떨어진 곳에서 즐기는 나만의 만찬

태국을 통틀어 가장 럭셔리한 호텔로 다섯 손가락 안에 들어가는 더 시암 호텔 내의 타이 레스토랑이다.

미 정보기관 스파이이자 골동품 딜러인 코니 망스카우 소유의 오래된 전통 가옥을 개조해 만들었다. 재클린 케네디, 존 록펠러, 로저 무어, 윌리엄 홀든, 헨리 포드 등 수많은 유명 인사가 다녀간 곳이기도 하다. 짜오프라야강의 아름다운 전경과 환상적인 일몰을 즐기며 최고 수준의 태국 음식을 맛볼 수 있다. 어디서나 맛볼 수 있는 쏨땀이나 얌쏨오 등의 태국 음식을 업그레이드해 이곳만의 특별한 메뉴로 재탄생시켰는데, 쏨땀에 소프트쉘 크랩을 튀겨 곁들인다던지 얌쏨오에 구운 로브스터를 곁들이는 등 파격적이면서도 고급스러운 재료를 더해 다이닝의 품격을 높였다.

다른 곳에서는 좀처럼 맛볼 수 없는 바나나잎 샐러드Yum Hua Plee Gai는 매콤하면서도 미묘한 달콤함이 어우러져 애피타이저로 맛보기에 좋다.

🏠 3/2 Thanon Khao, Vachirapayabal, Dusit, Bangkok
📞 02-206-6999
🕐 12:00~15:00, 18:00~22:30
🚶 BTS 사판 탁신 역, 사톤 피어에서 무료 셔틀 보트를 이용하면 된다.
📶 www.thesiamhotel.com

- 더 시암 호텔은 사판 탁신 역에서 약 30분 정도 보트를 타고 가야 한다. 강을 따라 아름다운 강변의 모습을 유람할 수 있는 기회이기도 하지만 배 멀미가 심한 사람은 택시를 이용하는 게 낫다.
- 호텔 셔틀 보트는 예정된 손님을 태우고 나면 바로 호텔로 출발하기 때문에 반드시 예약을 하고 미리 탑승 여부를 알리는 것이 좋다. 셔틀 보트 출발 시간은 10:40, 12:00, 13:20, 14:40, 16:00, 17:20, 18:40이다.

랜턴 The Lantern

Vintage & Casual

♛ ♛

WHAT 카페
WHERE 리버사이드 map. 492-A
PRICE 1인 150B~

The Art of Beans and Leaves

밀레니엄 힐튼으로 보트를 타고 오다 보면 가장 먼저 눈에 띄는 아름다운 카페가 바로 랜턴이다. 사실 깔끔한 나무 데크 위에 놓인 라탄 의자와 쿠션들, 화사하고 모던하게 꾸며진 내부 인테리어만 보면 별다른 차별성을 느끼지 못할 수도 있다.

하지만 랜턴의 진짜 매력에 도취되고 싶다면 적어도 30분 이상 랜턴에 머무르며 여유롭게 달콤한 한때를 보내 보자. 야외 데크에서는 짜오프라야 강변을 오가는 보트와 넘실대는 강물을 바라보며 망중한을 즐길 수 있고 실내석 뒤편에서는 편안한 쿠션에 앉아 울창한 수풀과 신비스러운 나무를 내려다보며 힐링 타임을 즐길 수 있다.

콩과 잎의 예술이라고 슬로건을 내건 만큼 신선한 라바짜 커피와 하이 퀄리티 차 메뉴들도 모두 훌륭하다. 차와 커피에 곁들이는 달달한 디저트들은 밀레니엄 힐튼에서 5년 이상 근무한 스위스 출신 셰프 Urs Rohrbach가 책임을 진다. 특히 초콜릿을 차가운 철판에 믹스해 서브하는 데판야키 초콜릿은 랜턴의 자랑거리다.

🏠 Millennium Hilton Bangkok 123 Charoennakorn Road, Klongsan, Bangkok
📞 02-442-2081
🕐 10:00~22:00
🚶 BTS 사판 탁신 역에서 호텔 무료 셔틀 보트를 타고 밀레니엄 힐튼 호텔로 이동, 밀레니엄 힐튼 선착장 앞에 있다.

- 매주 일요일 플로우Flow에서 제공하는 선데이 브런치에는 랜턴 메뉴 시식 또한 포함되어 있으니 선데이 브런치를 노려 보는 것도 좋다.
- 가볍게 즐길 수 있는 샌드위치와 샐러드 메뉴도 준비되어 있어 식사도 가능하다.

오리엔탈 스파 The Oriental Spa

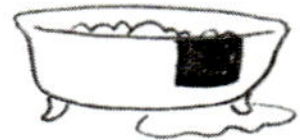

Vintage & Casual

♛ ♛ ♛

WHAT 마사지 & 스파숍
WHERE 리버사이드 map. 492-C
PRICE 1인 3,000B~

세계 최고급 수준의 스파를 경험하다

오리엔탈 스파는 만다린 오리엔탈의 시그니처 스파로 최고 수준의 실력과 서비스로 이미 세계적인 명성을 얻고 있는 곳이다. 호텔의 강 건너편 독립된 공간에 자리하고 있어 한층 고즈넉한 분위기에서 안락한 휴식을 취할 수 있다.

스파 건물은 오래된 목조 건물로 편안한 느낌을 준다. 타이 마사지, 바디 스크럽, 바디 랩, 페이셜 트리트먼트 등 일반적인 트리트먼트를 받을 수 있는 일반 스파 건물과 아유르베딕Ayurvedic 트리트먼트만을 위한 별도의 아유르베딕 펜트하우스로 나뉘어 있다. 오리엔탈 스파의 아유르베딕 트리트먼트는 오랜 역사를 지닌 인도의 건강 유지 방식을 도입해 탄생한 요법이다. 특히 이곳의 아유르베딕 트리트먼트는 인도 출신 의사가 개인의 몸 상태와 스트레스 정도, 체질, 식습관 등을 꼼꼼하게 상담한 뒤 이에 맞춘 요법을 사용하도록 처방해 준다. 그러니 가히 세계 최고라고 할 만하다.

스파 마니아를 자처한다면 꼭 한번 들러보자. 비싼만큼 그 값을 한다.

🏠 48 Oriental Avenue, Bangkok
📞 02-206-6999
🕐 09:00~22:00
🚶 만다린 오리엔탈 호텔 강 건너편. 호텔 무료 셔틀 보트를 이용하면 된다. 보트로 약 5분.
📶 www.mandarinoriental.com/bangkok/spa

- 아유르베딕 펜트하우스에는 트리트먼트 룸이 3개밖에 없으므로 모든 스파와 마찬가지로 반드시 예약을 해야 한다.
- 스파를 받기 최소 30분 전에 도착하는 것이 좋다.

페뷸러스 The Fabulous

Vintage & Casual

♔ ♔

WHAT 카페
WHERE 카오산 map. 493-C
PRICE 1인 100B~ (SC 10%)

배낭 여행자의 천국
카오산 로드에서
단연 눈에 띄는 곳

노천 식당과 저렴한 게스트하우스가 넘쳐 나는 배낭 여행자의 천국 카오산 로드에서 단연 눈에 띄는 카페다. 홀로 넘치는 센스로 꼿꼿이 자리하고 있는 것이 신기할 정도다. 어쩌면 카오산 로드에 자리하고 있어 그 가치가 더욱 빛을 발하는지도 모른다.

블랙 톤의 유럽풍 가옥 내부는 여자들이 딱 좋아할 만한 아기자기한 분위기로 꾸며져 있는데 마치 우리나라 홍대 카페 골목에 자리한 카페처럼 발랄하며 깜찍하다. 그래서인지 태국의 유명 매체에서 너도나도 앞 다투어 이곳에서 사진 촬영을 해갈 정도라고 한다.

유난히 더운 카오산의 열기를 가라앉히기에 이곳만큼 적합한 곳은 없다. 얼음을 동동 띄운 아이스커피 한 잔에 이곳의 자랑 페뷸러스 토스트(140B)를 곁들이면 금상첨화다.

🏠 32 Chakraphong Road, Khaosan, Bangkok
📞 02-629-1144
🕐 10:00~23:00
🚶 짜끄라퐁 로드Chakraphong Road에서 카오산 로드로 진입하면 왼편에 세븐일레븐이 보이는데 그 안쪽으로 들어가면 있다.
📶 www.fabulous-khaosan.com

- 무선 인터넷을 무료로 사용할 수 있다.
- 2층은 널찍한 테이블이 놓여있어 노트북이나 책을 들고 와 오랜 시간을 보내기에 좋다.

반 차트 Baan Chart

Vintage & Casual

WHAT 부티크 호텔
WHERE 카오산 **map. 493-D**
PRICE 1박 US$80~

블루, 레드, 그리고 블랙

2012년에 오픈한 고급 숙소로 지리적인 장점과 디자인의 아름다움만은 카오산 내 다른 숙소들을 압도한다. 짜끄라퐁 거리의 중심인 왓 차나 쏭크람Wat Chana Songkhram 바로 맞은편에 위치해 편리한 위치를 자랑한다.

건물은 ㄷ자 모양으로 입구에는 스타벅스가 있는 푸른 건물이 있어 금방 찾을 수 있다. 객실 내부는 중국풍의 앤티크 디자인으로 되어 있으며 각각 블루, 레드, 블랙의 컬러로 다르게 꾸며져 있다.

객실 내에는 TV, 냉장고, 에어컨, 안전 금고, 슬리퍼, 미니바 등 보통 호텔에서 찾아볼 수 있는 비품들을 잘 갖추고 있다. 단, 배낭 여행자들이 모이는 카오산 중심에 위치한 만큼 밤 시간의 소음은 감수해야 한다.

위치적으로 카오산을 즐기기에 최고의 위치에 있다. 늦은 시간 어슬렁어슬렁 카오산 거리를 산책하고 군것질도 즐기고 지척에 있는 페뷸러스 카페에 들러 달달한 페뷸러스 토스트를 즐겨보자.

🏠 98 Chakraphong Road, Bangkok
📞 02-629-0113
🚶 선착장에서 도보 15분. 왓 차나 쏭크람Wat Chana Songkhram 바로 맞은편에 위치.
📶 www.baanchart.com

- 호텔 내에서 와이파이를 무료로 사용할 수 있다.
- 옥상에 야외 수영장이 있으니 언제라도 더위를 식히며 이용할 수 있다.

상하이 맨션 Shanghai Mansion

Vintage & Casual
♛

WHAT 부티크 호텔
WHERE 차이나타운 map. 495-B
PRICE 1박 US$100~

차이나타운은
복잡하다는 편견을 버릴 것

방콕 중에서도 현기증이 날 정도로 복잡하고 소란스러운 곳은 단연 차이나타운일 것이다. 하지만 그런 복잡함마저 이국적인 매력으로 다가오는 곳이 바로 방콕이다.

상하이 맨션 건물은 차이나타운이 막 형성되던 시기에 지어진 건물로 그 자체만으로도 역사적으로 갖는 의미가 크다.

이 빌딩은 본래 저명한 중국계 태국 가문 중 하나가 소유했던 것으로, 이전에는 중국 오페라 하우스로도 쓰였다. 중국 전통 공연이 열리는 등 중국인 사회의 문화 교류 장소로 사용되었다.

1930년대의 상하이를 완벽하게 재현한 로비를 천천히 둘러보고 객실로 들어가 보면, 차이나타운에 대한 편견이 조금씩 애정으로 바뀌게 될지도 모른다. 감탄은 객실로 가는 복도에서부터 이미 시작될 것이고.

🏠 479-481 Yaowaraj Road, Samphantawong, Bangkok
📞 02-221-2121
🚶 차이나타운의 야오와랏 로드, MRT 훨람퐁 역에서 도보로 15분 가면 있다.
📶 www.shanghaimansion.com

- 무선 인터넷과 미니바를 무료로 이용할 수 있으며 훨람퐁 역과 마분콩까지 하루에 한 번 무료 셔틀을 제공한다. 셔틀은 출발 6시간 전 예약 필수다.
- 상하이 맨션이 있는 야오와랏 로드Yaowaraj Road는 차이나타운에서도 가장 번화한 거리다. 숙소 바로 앞에는 저렴한 딤섬 전문점 캔톤 레스토랑이 있고 밤이면 다양한 길거리 음식과 시푸드를 맛볼 수 있는 쏘이 텍사스도 바로 옆에 있다.

객실이 옛 상하이의 주택처럼 꾸며져 있어 마치 영화 세트장 속으로 순간 이동을 한 것 같다.

객실은 모두 4가지 타입으로 각각 꽃 이름이 있다. 모두 특유의 개성을 갖고 있지만 가장 추천할 만한 객실은 모란꽃을 모티브로 한 무단 클래식Mu Dan(Peony) Classic 객실이다.

이 아름다운 숙소에 머물며 차이나타운을 둘러보고 숙소 주변 맛집을 투어하면서 방콕을 여유롭게 즐겨보자.

코튼 재즈바 Cotton Jazz Bar & Restaurant

Vintage & Casual
♛ ♛

WHAT 재즈바 & 레스토랑
WHERE 차이나타운 map. 495-B
PRICE 1인 200B~ (Tax & SC 17%)

차이나타운을 수놓는
재즈 선율 속에서 식사를

코튼 재즈바는 차이나타운에서 가장 핫하고 스타일리시한 재즈 바 겸 레스토랑이다. 언뜻 차이나타운과 재즈가 어울리지 않을 것 같지만 예상 외로 무척 조화로운 느낌이다. 1930년대 상하이를 모티브로 삼은 상하이 맨션 안에 울려 퍼지는 재즈 선율은 세련된 모던 바에서 들리는 재즈 선율보다 더욱 이국적이며 감미롭다.

이곳은 상하이 맨션의 조식당으로 이용되며 그 외 시간에는 일반적인 레스토랑으로 운영된다.

셰프인 첩 폼Chep Pom은 세계적으로 유명한 TV 프로그램 <아이언 셰프>의 태국판에 출연한 바 있으며 수준 높은 태국 음식과 중국 음식을 선보인다. 예스런 멋이 한껏 풍기는 이국적인 상하이 맨션, 그리고 코튼 재즈바에서 맛있는 음식을 즐기며 아름다운 재즈 선율에 젖어 보는 것도 즐거운 추억이 될 것이다.

🏠 479-481 Yaowaraj Road, Samphantawong, Bangkok
📞 02-221-2121
🕐 11:00~23:00
🚶 차이나타운의 야오와랏 로드, MRT 훨람퐁 역에서 도보 15분 소요된다.
📶 www.shanghaimansion.com

- 17:00를 기준으로 런치, 디너 타임이 구분된다.
- 재즈 공연은 매일 21:00에 시작해 23:00경 끝난다.
- 음식 주문은 20:30에 마감된다.

더 부톤 The Bhuthorn

Vintage & Casual

WHAT 부티크 호텔
WHERE 차이나타운 map. 494-A
PRICE 1박 US$100~

아름다운 고 가옥에서
보내는 하룻밤

100년 이상 된 가옥을 숙소로 개조한 곳으로 태국 목조 가옥의 아름다움을 간직하고 있다. 헌것의 가치는 잊고 무조건 새것만 중요하게 여기는 우리들의 풍조를 반성하게 만든다.

로비로 사용되는 거실은 앤티크 장식으로 꾸며져 있고 한편에 이 가옥의 가족들이 대를 이어 사용하던 그릇을 가지런히 정리해 놓았다. 로비에서 이어지는 자그마한 실내 정원에는 정성스레 가꾼 나무들이 자리 잡고 있다. 비밀의 아지트 같은 이 정원에 앉아 나른한 햇살을 받으며 건물을 올려다보면 마치 19세기를 배경으로 한 영화의 한 장면처럼 느껴진다.

가족들이 직접 운영하고 관리해 침구나 수건 같은 비품도 아주 정갈하다. 숙소 곳곳은 꽃과 나무로 아름답게 장식되어 있다. 마치 나를 기다리는 가족이 있는 집처럼 편안함을 주는 숙소를 찾고 있거나 방콕에서 홈스테이를 하는 것 같은 기분을 내 보고 싶다면 추천하고픈 곳이다.

🏠 96-98 Phraeng Phuthorn Road, San Chao Phor Seua, Phranakhorn Bangkok
📞 02-206-6999
🚶 구시가지 내, 싸오칭차와 일직선 도로인 밤룽무앙 로드, 내무부 맞은편에 있다.
📶 www.thebhuthorn.com

- 택시 기사들이 찾기 어려운 위치에 있으므로 밤룽무망 로드의 내무부 Ministry of Interior 건물을 랜드마크로 먼저 찾는 것이 좋다.
- 예약은 직접 홈페이지를 통해서만 가능하다.
- 체크인 시 주는 관광지와 맛집 지도를 100% 활용하여 올드 시티를 정복해 보자. 주변에 산책할 곳도 많다.

메가 방나 Mega Bangna

24시간이 모자란 쇼핑 파라다이스

방콕 최대 규모의 쇼핑몰로 총 300여 개의 브랜드숍과 100개를 훌쩍 넘는 레스토랑이 들어서 있다. 층수는 낮지만 엄청난 면적을 자랑해 메가 방나에 들어서면 가장 먼저 지도를 확인하고 동선을 짜는 것이 필수다. 브랜드숍 이외에 홈프로, 메가 시네플렉스, 로빈슨 백화점, 이케아, 빅씨 엑스트라 등도 큼직하게 자리하고 있어 아침부터 저녁까지 둘러보아도 시간이 모자랄 지경이다.

착화감 좋은 '알도', 공주풍 목욕용품 '배스 앤 블룸', 우리나라에도 마니아가 많은 '캐스 키드슨', 실용적인 구두 브랜드 '찰스 앤 키스', 부담 없는 보세 편집숍 '포에버 21'과 '뉴 룩', 태국산 스파 제품 브랜드 '카르마카멧', 톡톡 튀는 태국 디자이너숍 '린'과 '린 어라운드' 등을 놓치지 말자. 1층에는 DHL이 있어 쇼핑 후 한국으로 직접 상품을 배송할 수도 있다.

싱가포르발 달콤한 빵가게 '브래드 토크'와 '토스트 박스', 런던에서도 호평을 받는 세계 최고 수준의 칸토니즈 레스토랑 '포 시즌 레스토랑', 믿음직한 태국 음식점 '망고 트리 비스트로', 태국 스타일 분식점 '얌쌥' 등 인기 만발 레스토랑에서의 식사도 메가 방나에서 빼놓을 수 없는 재미다.

🏠 39 Moo 6 Bangna-Trad Road. Km.8 Bangkaew, Bangplee, Samutprakarn
📞 02-105-1000
🕐 10:00~22:00
🚶 BTS 우돔 쑥 역 5번 출구로 나가면 보이는 세븐 일레븐 앞에서 셔틀 버스에 탑승한다. 버스로 약 20분.
📶 www.mega-bangna.com

워낙 면적이 넓은 데다 볼만한 매장이 많으니 하루를 꼬박 투자해도 부족함이 없다. 쇼핑부터 다이닝까지 메가 방나 내에서 해결하는 쪽으로 스케줄을 짜보자.

짜뚜짝 시장 Chatuchak Weekend Market

Vintage & Casual
♛ ♛

WHAT 주말 재래시장
WHERE 깜팽페

참을성 많은 이가
대박 아이템을 건질지어다

재래시장은 다양한 아이템을 구입할 수 있는 데다 가격도 저렴하고 현지 문화를 직접 체험할 수 있는 매력적인 스폿이다. 방콕의 재래시장인 짜뚜짝 시장은 활동적인 여행자라면 누구나 한번쯤 방문하는 인기 여행지다.

하지만 이곳은 단순히 재래시장이라고 표현하기엔 섭섭하다. 규모와 아이템에 있어서 방콕 최대이자 아시아 최고를 자부하기 때문이다.

1982년 문을 연 짜뚜짝 시장은 하루 무려 30만 명에 육박하는 태국인들과 여행자들이 찾는 곳으로 면적만 해도 4만3000평에 달한다. 들어서 있는 점포의 수만 해도 1만 5000여 개로 그야말로 없는 것이 없는 쇼핑

🏠 Kamphaeng Plet 2 Road, Chatuchak, Bangkok
🕐 토, 일 06:00~18:00
🚶 MRT 깜팽페Kamphaeng Plet 역 혹은 BTS 모칫 Mochit 역에서 가깝다. 모칫 역보다는 깜팽페 역에서 더 가깝다. 2번 출구에서 나오면 바로 연결.
📶 www.chatuchak.org

- 더운 날씨엔 짜뚜짝에서 한두 시간만 쇼핑해도 체력이 바닥나는 경우가 있다. 되도록 선선한 아침 시간대를 이용하고 중간 중간 마사지를 받거나 시원한 음료를 마시고 충분한 휴식을 취하며 돌아다니는 것이 좋다.
- 워낙 방대한 규모에 엄청난 인파가 몰리다 보니 지도가 있어도 위치를 찾기가 힘든 경우가 많다. 맘에 드는 아이템을 발견하면 적극적으로 흥정에 돌입해 처음 발견했을 때 구입하는 것이 상책이다.
- 매장에 요청을 하면 DHL 직원을 불러주어 한국으로 직접 배송도 가능하다.

หมูย่างนครปฐม
087-690
087-714
มะพร้า

파라다이스다.

짜투짝 시장은 워낙 방대한 규모이다 보니 더운 날씨에 무턱대고 시장을 돌았다간 체력만 소진하고 물건을 하나도 사지 못하는 참사를 부를 수도 있다.

먼저 3번 게이트 앞에서 짜뚜짝의 상세 지도를 획득한 후 차분히 원하는 아이템을 구매할 수 있는 구역을 살피고 동선을 효율적으로 짜는 것이 중요하다.

짜뚜짝 시장은 총 27개의 섹션으로 구분되어 있다. 섹션 1(식당·카페), 섹션 2, 3, 4(그림·기념품), 섹션 5, 6(의류·액세서리), 섹션 7, 8, 9(가구·수공예품), 섹션 17, 18, 19(식음료), 섹션 22, 23, 24, 25, 26(수공예품, 가구), 섹션 27(책·식음료) 등이 자리하고 있다.

웰컴 투 스파 파라다이스

방콕은 말 그대로 스파 파라다이스. 사방에 질 좋은 스파와 마사지숍, 스파 용품이 넘쳐난다. 한국에서도 다양한 스파와 태국 마사지를 경험할 수 있긴 하지만 아무래도 가격 대비 방콕 현지의 퀄리티를 따라가지는 못하는 것 같다. 방콕에서만큼은 스파에 아낌없이 시간을 투자할 것. 충분히 그럴 만한 가치가 있다.

한국인 선호도가 높은

탄 Thann

태국 스킨케어 제품의 우수성을 세계적으로 알린 브랜드. 지극히 태국적인 향기를 만끽할 수 있는데, 한국인들이 특히 좋아하는 편이다. 홈페이지에 건강, 뷰티 팁을 지속해서 소개하며 스파 및 카페 운영 등 다양한 활동을 하고 있다.

🚶 엠포리움 3F과 5F, 시암 파라곤4F, 시암 디스커버리 4F, 센트럴 월드 2F, 게이손 플라자 3F, 이세탄 백화점 5F에 매장이 있다.
📶 www.thann.info

예뻐서 선물하기 좋은

배스 앤 블룸 Bath & Bloom

싱그럽고 예쁜 패키지로 눈길을 사로잡는 배스 앤 블룸. 타이 재스민 컬렉션 라인이 가장 유명하지만 망고 탠저린, 레몬 글라스 등 어느 하나 빼놓을 수 없이 좋은 향기를 지니고 있다. 특히 버진 코코넛 오일Virgin Coconut Oil은 유기농원료를 95% 이상 사용한 제품에만 부여되는 미국농무부 USDA 인증마크가 있으니 필수 구매 아이템이다.

🚶 센트럴 월드 2F, 메가 방나 1F, 시암 파라곤 Exotique Thai 4F 등에 매장이 있다.
📶 www.bathandbloom.com

유럽과 일본에서 특히 유명한

판퓨리 Panpuri

판퓨리는 상쾌하고 청결한 향기와 산뜻한 질감, 고급스러운 용기 디자인으로, 태국의 스파 브랜드 중 전 세계 가장 많은 분점을 보유하고 있다. 가장 유명한 제품은 4가지 종류의 베스 앤 마사지 오일Bath & Budy Massage Oil. 수용성 오일이기 때문에 물에 넣었을 때 우윳빛으로 변하면서 피부 흡수력이 뛰어나다. 입욕 후 수건으로 닦지 않고 손으로 가볍게 두드려 말리면 바디로션을 바르지 않아도 촉촉함이 오래 유지되며, 패키지가 화려하고 고급스러워 선물용으로도 좋다.

🚶 시암 파라곤 B1F, 센트럴 월드 1F A Zone, 센트럴 칫롬 5F, 게이손 백화점 2F, 이세탄 백화점 1F에 매장이 있다.
📶 www.panpuri.com

태국을 대표하는 스파 브랜드

세계인의 사랑을 받고 있는 태국의 스파 제품들. 아로마 테라피 효과가 뛰어난 것은 물론이거니와 스킨케어도 가능하고 디자인까지 쌈박한 브랜드가 많아 여심을 사로잡는다. 스파 제품을 구입해두면 귀국 후에도 고가의 비용 지출 없이 셀프 테라피가 가능하니, 방콕에 왔다면 스파 제품 쇼핑은 필수. 워낙 가짓수가 많아 어디로 눈을 둬야할지 모르겠다면 대표 브랜드 정도는 기억해 두자. 이 안에서 취향껏 잘 고르면 후회 없는 쇼핑을 할 수 있다.

Contributing Writer 강혜진(천연 향기 마니아)

호주, 뉴질랜드, 아시아 곳곳에서 사랑받는

어브 Erb

태국의 패션 디자이너인 Pattree Bhakdibutr가 만든 브랜드로 화려한 패키지와 고혹적인 향으로 마음을 사로잡는다. 부담스럽지 않은 가격과 잔향이 오래 남는 강력 추천 브랜드! 타이항공 퍼스트 비즈니스 클래스 탑승 시 어브 키트가 제공되며 켐핀스키, 쓰리판와, 콘래드 등 고급 스파에서 사용된다.

🚶 시암 파라곤 Exotique Thai 4F, 엠포리움 Exotique Thai 5F, 센트럴 칫롬 5F 등에 매장이 있다.
📶 www.erbasia.com

헤어 제품이 특히 인기

글라 Gla

최상의 천연 성분과 100% 에센셜 오일로 만든 뛰어난 제품을 저렴한 가격으로 만나볼 수 있는 브랜드이다. 모발과 두피를 최적의 상태로 만들어 주는 헤어 제품이 특히 태국의 소비자들에게 사랑을 받고 있다. 지구의 환경과 자원 보호, 불필요한 포장재 낭비를 막기 위해 대용량의 제품(400ml)을 생산한다.

🚶 랑수언 로드 레몬팜, 시암 센터 3F 더 셀렉티드 안에 매장이 있다.
📶 www.glanature.com

비교불가의 아름다운 향

카르마카멧 Karmakamet

2001년 방콕의 주말 시장에서 작은 가게로 시작해 태국 최고의 아로마 브랜드로 성장한 브랜드. 특히 다양한 소이 왁스 향초는 타 브랜드와 비교불가할 정도로 독특하고 아름다운 향으로 가득 채워져 있다. 아로마 오일과 사셰sachet, 포푸리 등 다양한 유기농 향기의 천국이다. 촉촉함이 오래 유지되며, 패키지가 화려하고 고급스러워 선물용으로도 좋다.

🚶 센트럴 월드 2F, 짜뚜짝 주말시장 쏘이3 Section2, 메가 방나 GF 등에 매장이 있다.
📶 www.karmakamet.co.th

부담스럽지 않은 가격

마운틴 사포라 Mt. Sapola

내추럴 핸드메이드 비누로 유명한 마운틴 사포라는 꾸밈없는 자연 그대로의 향기를 합리적인 가격으로 만날 수 있다. 부담스럽지 않은 가격 덕분에 다양한 향과 효능을 체험하고 입문하기에 좋은 브랜드이다.

🚶 시암 파라곤 GF, 4F, 센트럴 월드 4F, 엠포리움 5F, 젠 5F, 킹 파워 면세점 등에 매장이 있다.
📶 www.mtsapola.com

머스트 해브
스파용품

사실 유명한 스파 브랜드들은 일정 수준 이상의 퀄리티를 유지하고 있기 때문에 특별한 제품을 딱 집어 추천하는 것보다는 자신의 취향에 맞는 향과 기능을 선택하라고 권하는 편이다. 향기가 특히나 중요한 스파 제품은, 온라인 상에서 많은 호평을 받고 있다고 하더라도 개인의 성향에 따라 호불호가 많이 갈리기 때문이다. 하지만 그래도 꼭 집어 추천해 달라고 하는 분들을 위해, 누구든 무난하게 만족할 만한 제품들을 소개하니 참고하자.

탄's 바디밤
All For All Balm

한국 여행자들이 가장 선호하는 탄THANN은 전반적으로 향이 묵직하고 강한 편이라 은은하고 가벼운 스타일을 좋아하는 사람은 그리 구매욕이 생기지 않을 수 있다. 바디 버터와 바디 밤의 경우 쌀쌀하고 건조한 계절에 사용하면 제격일 정도로 촉촉하고 부드러우니 구매 1순위 제품으로 기억해 두도록 하자. 가격 595B.

판퓨리's 바디밤과 비누
Mint Organic Cream Wash Bar
Solitude Soothing Body Balm

USDA의 인증을 받은 호호바 오일Jojoba Oil과 비왁스Beeswax를 사용한 보습 밤. 판퓨리의 향은 맡을 때마다 머리와 마음이 시원하게 환기되면서 기분이 빠르게 좋아진다. 재스민 향기를 싫어함에도 은은하고 고급스럽게 다가오는 판퓨리의 재스민 오일은 매우 흡족하다. 밤 타입이지만 질감이 가벼워 여름에 사용하기에 좋다. 겨울엔 가벼운 편이지만 바를 때마다 풍부하게 퍼지는 향 덕분에 손에서 뗄 수가 없다. 오가닉 크림 워시바는 비누임에도 풍성하고 크림 같은 거품이 나며 씻어낸 후에도 보습력이 뛰어나다. 가격 바디밤 10,50B/워시바 520B.

어브's 핸드크림
Princess Collection Earth Mineral Hand Cream

어브는 퀄리티가 뛰어남에도 불구하고 가격이 부담스럽지 않아서, 개인적으로 판퓨리와 더불어 최고로 꼽는 브랜드다. 그중에서도 핸드크림은 오래 유지되고 보습력이 뛰어나서 건성피부에 최고다. 마사지 오일은 잔향이 오래가서 향수 대용으로 사용하기에 좋아 보디로션에도 섞어 바르고 쓰다 남은 토너에 1/3 정도를 섞어서 바디미스트로 사용하고 있다. 가격 850B.

배스 앤 블룸's 바디로션
Thai Jasmine Body Lotion

배쓰 앤 블룸은 가볍고 청결한 향취가 매력적이다. 바디로션 향기가 오래 지속되어 향을 즐기고 싶을 때 사용하는데 라인마다 향의 특성이 강해서 다른 향의 오일과 섞어서 사용하기 어려운 것이 유일한 불만이다. 건조한 계절에는 보습력이 약해서 5~9월에 사용하는 것이 제격이다. 저렴한 가격과 예쁜 패키지로 마음 편하게 구입할 수 있다. 가격 420B.

카르마카멧's 캔들
Sumatra Island Frangipani Original Aromatic Glass Candle

카르마카멧의 향들을 맡다 보면 익숙하면서도 새롭고 다양해 놀라게 된다. 특히 오리지널 아로마틱 글래스Original Aromatic Glass Candle 라인은 캔들 하나에 에센셜 오일 2개 분량이 함유되어 있는데, 풍부한 향으로 매혹하니 고가임에도 지갑을 열게 하는 마력을 내뿜는다. 1/2 가격대의 리틀 인디아Little India 라인은 은은한 매력을 지녀 취향껏 고르는 재미가 있는 곳이다.
식물 원료로 만든 소이 왁스 캔들은 심신의 피로가 극심할 때 차 한 잔과 더불어 5분 정도만 켜서 향을 음미하면 안정감이 느껴진다. 태국 방문 시 카르마카멧에서 소이 왁스 캔들 하나씩은 꼭 구매하자. 가격 1,150B.

글라's 샴푸와 바디 클린저
Rice Bran Oil & Sher Butter Skin Nurishing Body Cleanser, Olive Fruit Oil Nurishing Shampoo with Kaffie Lime, Olive Fruit Oil Nurishing Conditioner with Kaffie Lime

개인적으로 아베다보다 글라의 샴푸가 보습력이 더 좋다고 생각한다. 건조한 계절엔 샴푸 후 4시간이 지나면 모발 끝이 푸석해지면서 엉키는데 글라의 샴푸는 7시간을 버티는 기염을 토했다! 용량 대비 가격도 합리적이어서 최고의 샴푸를 찾는 이들에게 10,000% 추천한다. 가격 샴푸 395B/바디 클린저 325B.

피로할 땐 커피 대신 아로마 오일

피로 회복에는 한 방울의 아로마 에센셜 오일이 커피보다 좋다. 식물에서 얻어 희석하지 않은 순수한 오일을 에센셜 오일이라고 하는데, 향을 맡으면 아로마가 혈액을 통해 흐르면서 호르몬 기능을 조절하거나 소화기와 혈액순환에 영향을 준다. 에센셜 오일을 상비약처럼 갖춰두고 사용하면 일상의 피로를 쉽고 향기롭게 해결 수 있다.

아로마 오일 활용법

1. 평소 사용하는 페이스, 바디 로션에 오일 한 두 방울을 섞으면 보습력이 훨씬 높아진다. 건조한 계절에는 로즈 오일을 나이트 크림에 섞으면 다음날 안색이 환해지고 촉촉한 피부를 유지할 수 있다.

2. 머리를 감은 후 마사지 오일을 손상된 모발 끝에 바르면 헤어트리트먼트가 필요 없을 정도로 촉촉해진다. 더불어 정전기 방지에도 효과적이어서 겨울에 적극 권장한다.

3. 반신욕이나 족욕 시, 에센셜 오일을 우유나 와인 같은 천연 유화제에 섞어 사용하면 물에 쉽게 녹아 흡수력이 좋아진다. 유통기한이 살짝 지나 먹기 찜찜한 우유나 저렴한 와인을 활용하자.

4. 넓적한 그릇에 물을 담고 좋아하는 에센셜 오일을 떨어뜨리면 아로마 가습기로 변신! 에어워셔에 베르가못, 유칼립투스 오일을 떨어트려 사용하면 향과 살균력 모두 잡을 수 있다.

5. 무향의 미스트에 첨가하면 바디 퍼퓸이나 룸 스프레이로 변신! 욕실에 갖추고 바디 미스트로 사용하면 향수가 필요 없어진다.

6. 발꿈치와 팔꿈치같이 거친 부위에 바디로션과 섞어 바르면 빠르게 회복되는 것을 확인할 수 있다.

7. 손톱의 큐티클이 심하게 일어났을 때 면봉에 오일을 적셔서 발라주면 빠르게 안정된다.

스파 가기 전에 기억할 것들

1. 싼 게 비지떡인 경우도 분명히 있다. 너무 저렴한 마사지숍의 경우 시설도 열악하고 위생적으로 문제가 있는 경우도 있으니 주의하자. 가능하면 지인, 인터넷 후기, 호텔 컨시어지 등의 추천을 받은 곳으로 가는 것이 안전하다. 무턱대고 가격만 보고 결정했다간 아무리 싸도 돈이 아까울 수 있다.

2. 마사지 시작 30분 전에는 반드시 도착하자. 초저렴 마사지숍의 경우 해당사항이 없지만 보통 마사지에 들어가기 전에 강도, 내 몸 상태를 체크하는 과정 등이 있으므로 이 시간을 고려해 조금 일찍 도착하도록 한다.

3. 마사지 전에는 되도록 식사를 하지 않는 것이 좋다.

4. 마사지나 스파 후 외부 스케줄이 있는 경우 미리 간단한 메이크업 도구를 챙겨 가면 편리하다.

5. 마사지 혹은 스파를 받은 후에는 테라피스트에게 메뉴 가격의 약 10% 정도의 봉사료를 건네는 것이 매너.

6. 오일 마사지 후에는 오일이 몸에 잘 흡수되도록 2시간 이내 샤워하지 말 것. 저렴한 숍일 경우엔 오일 마사지는 가능한 받지 않는 것이 좋다. 싸구려 오일을 사용하기 때문에 트러블이 날 수 있다.

7. 어떤 프로그램을 선택할지 감이 잘 안 올 경우에는 발 마사지를 먼저 받아보자. 전신 마사지보다 가격이 저렴하니 큰 부담이 없고, 발 마사지만 받아도 몸의 피로가 대체로 다 풀린다. 발 마사지를 잘 하는 곳은 보통 다른 프로그램도 다 믿을 만하다.

왓 포 마사지 스쿨
WATPO Thai Traditional Medical School

외국인도 참여 가능하다. 수업은 영어로 진행되며 타이 마사지, 발 마사지, 오일 마사지 등 다양한 코스가 마련되어 있다. 30시간 정도의 수료기간을 거치면 수료증을 발급받을 수 있으며 신청 시, 신청서, 여권 사본, 여권 사진 3장, 수강료 등을 제출하면 된다. 비용은 6,000~9,500B 선.

☎ 02-222-2974, 02-622-3550
🛜 www.watpomassage.com
🚶 티엔Tien 선착장에서 앞쪽에 보이는 마하랏 로드 Maha Rat Rd를 따라 우측으로 직진, 쏘이 펜팟 1Soi Penphat1 골목 안쪽에 있다.

** Food ** Service **Atmosphere**
Tip is not included
Thanks you
MANGO street

Vintage
&
Casual
Bangkok

Princess Style 4 Bling & Bling

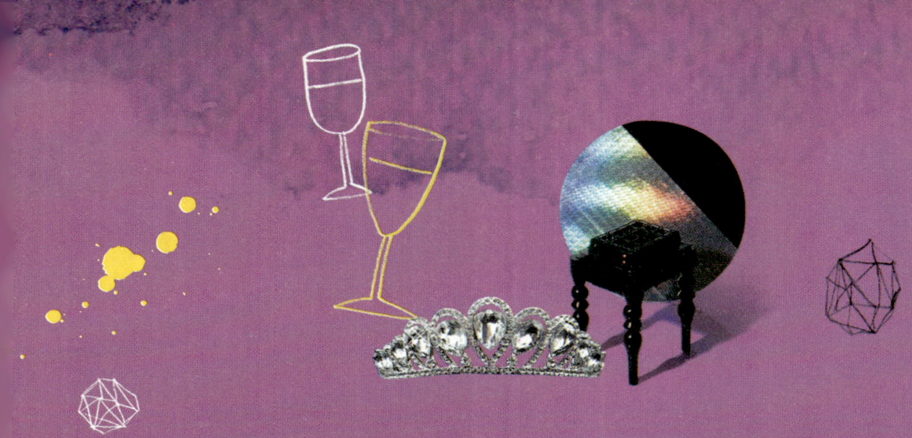

반짝거리거나 눈부시거나

무대의 주인공이 된 것처럼 스포트라이트를 만끽하고 싶은 순간이 있다. 그럴 땐 블링블링 방콕으로. 찰랑거리는 마티니 한 잔에 뭉쳐있던 피로가 사라지고, 한들거리는 불빛들이 특별할 것 하나 없는 내 일상을 잊게 해준다면, 단 한 시간의 호사라고 해도 망설임 없이 클러치를 열겠어. 나를 아프게 한 누구도 용서할 수 있을 것 같은 기분 좋은 밤. 지금 세상은 둘 중 하나. 반짝거리거나 눈부시거나.

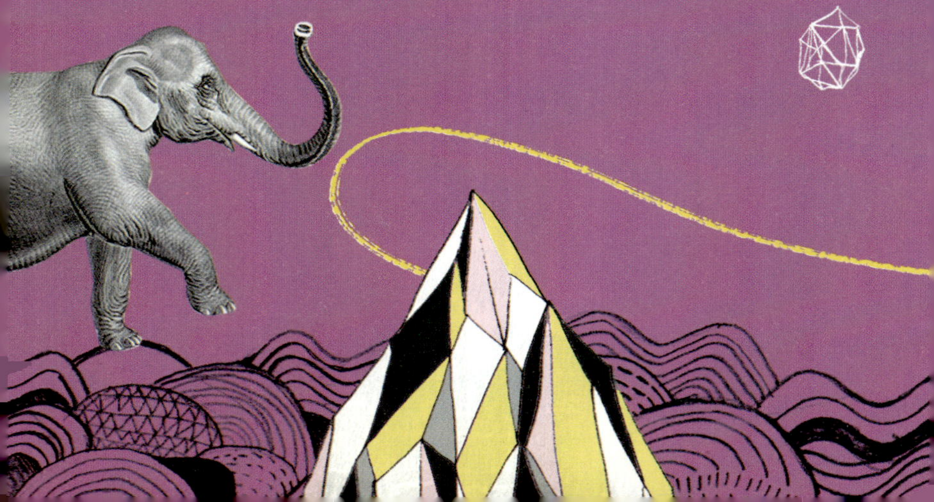

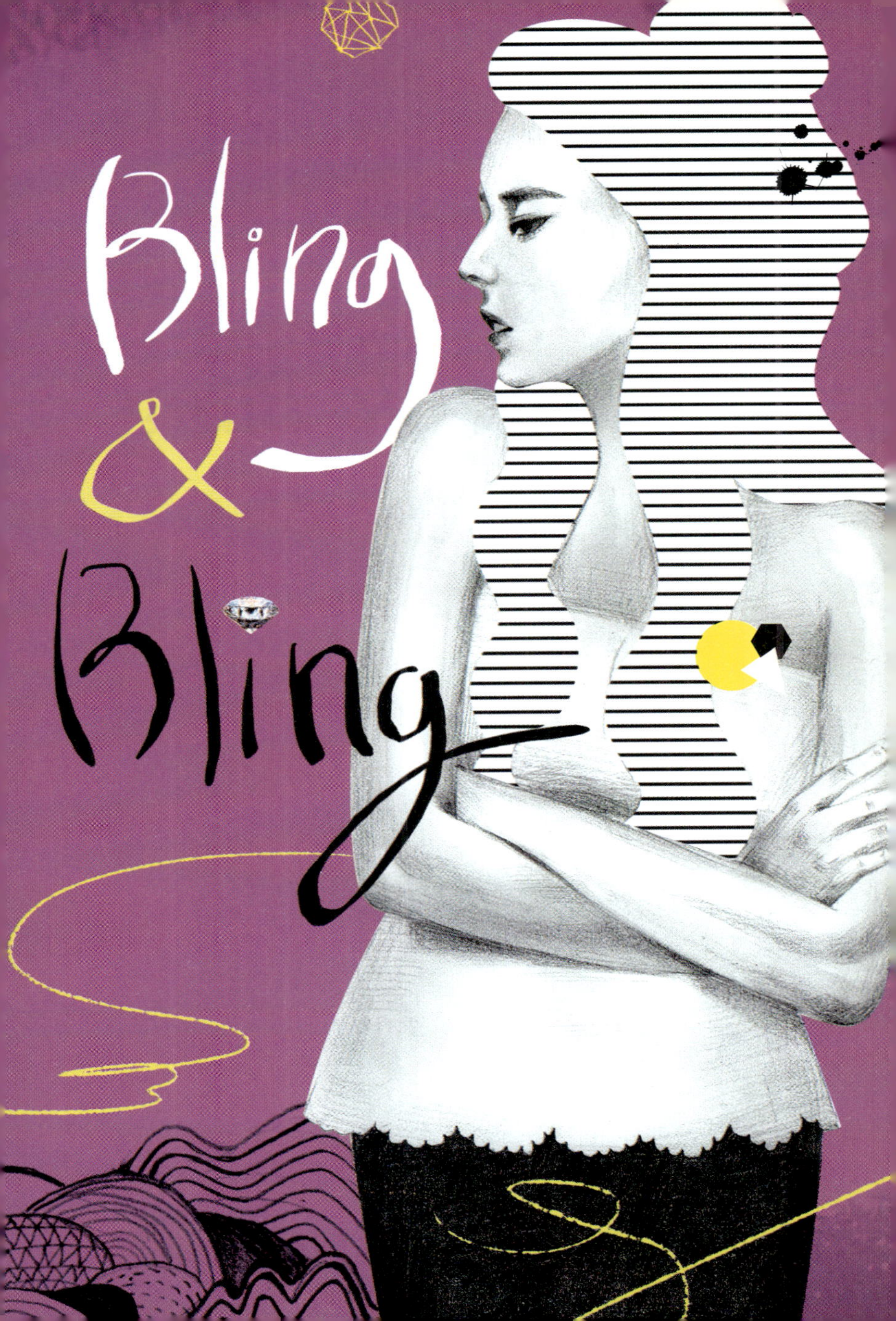
Bling
&
Bling

Love *in* the **Bl***i***ng** & **Bl***i***ng** **B**angkok!

생애 가장 빛나는 순간이 있다면 바로 지금이 아닐까. 이제 방콕 여행의 정점을 찍어 줄 고품격 판타스틱한 공간들이 펼쳐진다.
화려함의 극치, 호화로움의 향연, 총천연색 럭셔리한 풍경 속에 들어와 있는 지금 이 순간. 하품 나게 지루했던 일상과 '뭐 하나 되는 게 없어!'라며 끝도 없이 되뇌던 푸념은, 멀고 먼 옛날 옛적으로 자취를 감추어 버린다. 고품격 테라피의 진수를 보여주는 '코모 샴발라'와 '스파 보타니카', 방콕 트렌드세터들이 열광하는 'W호텔', 미국 드라마 속 사교장을 옮겨 온 듯한 루프톱 바 '어보브 일레븐', 수코타이 공주가 된 듯한 기분이 들게 하는 레스토랑 '셀라돈'… 눈을 돌리는 모든 곳이 세계적으로 내로라하는 명품 스폿들. 한번 알고나면 다시금 방콕을 찾지 않고는 못 배기게 만드는 마성의 공간들. 가끔은 이렇게 호사스러워도 괜찮아. 눈물 나게 따분한 하루하루를 우리는 성실히 견뎌내었으니까.
사랑에 빠질 듯 두근거리는 밤. 누군가 "너는 이렇게나 눈부시고 특별한 존재야!"라고 나긋나긋 달콤하게 귓속말을 해 주고 있는 것 같은 기분.
가슴 설레는 꿈과 현실이 공존하는 이곳은 블링블링 하이엔드 방콕.
It's for you, Princess.

Bangkoker Say

특별한 영감을 주는
풍경들이 가득해요

니사라Nisara
센타라 그랜드 호텔 매니저

센타라 그랜드 호텔에서 매니저로 일하고 있는 니사라라고 합니다. 왕궁과 에메랄드 부다, 위만멕 궁, 짜오프라야강의 롱테일 보트 등 태국만이 가지는 멋진 풍경들이 여러분께 특별한 영감을 안겨다 주리라 확신해요.
현지인만이 가는 히든 플레이스가 궁금하다면, 저만의 아지트를 알려드릴게요. 쏘이49 안쪽에 있는 '스미스 레스토랑Smith Restaurant'이란 곳인데 유러피안 푸드를 먹을 수 있고 200여 종의 독일·벨기에 맥주를 마실 수 있어요 분위기도 굉장히 조용하고요. 여행자들에게 거의 알려지지 않은 곳이니 우리끼리만 알기로 해요!

니사라's Do it List

루프톱 바에서 야경 즐기기, 반카니타 레스토랑에서 맛있는 식사하기, 왓포에서 태국 마사지 받기, 팟타이와 쏨땀 먹어보기, 다양한 꽃 모양의 비누 조각품 구입하기, 친절한 태국인들과 즐겁게 대화 나누기, 사람이 붐비는 관광지에서는 소지품 잘 챙기기.

시암 센터 Siam Center

Bling & Bling
♛ ♛

WHAT 쇼핑몰
WHERE 시암 map. 487-B

방콕의 내로라하는 패셔니스타, 다 모여라!

방콕 쇼핑몰의 대표주자 시암 센터가 방콕의 트랜드세터들에게 엄청난 반향을 불러일으키며 2013년 새롭게 업그레이드 된 모습으로 재오픈했다. 단순한 쇼핑센터로서의 기능뿐 아니라 새로운 아이디어와 트렌드의 창출지, 즉 '아이디오폴리스Ideaopolis(아이디어 Idea와 도시를 뜻하는 -Polis를 합친 말)'를 지향한다는 위풍당당한 포부도 내비쳤다.

이러한 콘셉트와 타깃에 맞추어 브랜드오너와 숍 오너들은 그들의 각 숍을 독창적으로 디자인하여 그 자체로 새롭고 기발한 느낌이 들도록 헸다.다른 지점의 브랜드의 상점에 방문한 적이 있다 하더라도 시암센터의 숍을 방문하면 전혀 다르고 새로운 장소에 왔다는 느낌을 받게 된다. 이 모든 것은 뉴욕의 소호 거리에서 영감을 얻은 것이라고 한다.

항상 새로움을 추구하는 시암 센터의 기대에 부응하기 위해 이곳에 자리한 각 상점들은 상점 내 아이템의 20%를 신상품으로 채운다는 까다로운 미션을 수행하고 있다.

1층은 패션 애비뉴Fashion Avenue로 세계적으로 유명한 브랜드의 플래그십 스토어가 입점되어 있으며

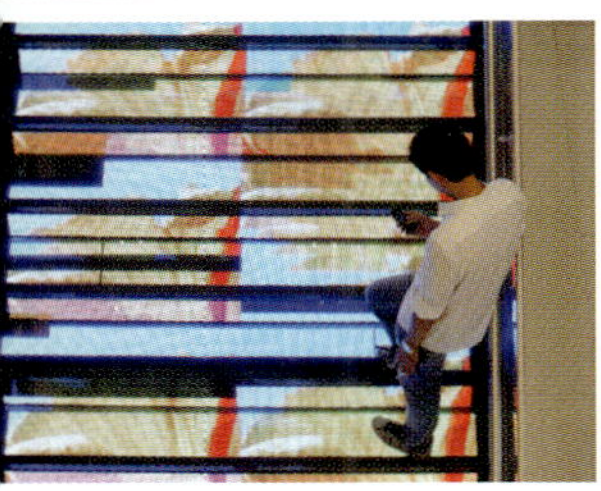

🏠 Siam Tower, Rama 1 Road, Pathumwan, Bangkok
📞 02-658-1000
🕐 10:00~21:00
🚶 BTS 시암 역 1번 출구와 바로 연결된다.
📶 www.siamcenter.co.th

각 브랜드숍은 물론이고 레스토랑 등에서 시암 센터에서만 만나볼 수 있는 '앱솔루트 시암 Absolute Siam' 메뉴와 아이템을 만날 수 있다.

foodrepublic
Indian Cuisine

2층은 패션 갤러리아Fashion Galleria
로 옷, 액세서리, 화장품 등 인터내셔널
브랜드가 주를 이룬다.
3층은 패션 비저너리Fashion Visionary
로 태국의 다양한 로컬 브랜드를 만날
수 있다. 4층 푸드 팩토리Food Factory
에는 푸드 리퍼블릭과 쏨땀 누아, 쁘띠
오드리, 온 더 테이블 등 다양한 레스
토랑과 푸드코트가 자리하고 있다.

♛ 입점 대표 브랜드 및 레스토랑

1F Fashion Avenue

린 어라운드, 캐스 키드슨, 포에버 21 등

오봉빵, 매그넘 카페 등

2F Fashion Galleria

포에버 21, 자스팔, 린, 스티브 마든,
탄, 사티와 등

3F Fashion Visionary

튜브 갤러리, 애브 노멀, 클로짓, 탱고,
더 셀렉티드, 플라이 나우3, 세나다 띠오리 등

스타벅스, Hair@Nail, 카페 마말레이드,
그레이하운드 카페

4F Food Factory

쏨땀누아, 푸드 리퍼블릭, 쁘띠 오드리, 온 더 테이블,
렛 뎀 잇 케이크 등

플라이 나우 III Fly Now III

Bling & Bling
♔ ♔

WHAT 쇼핑
WHERE 시암 map. 487-B
PRICE 1,000B~

뻔하지 않은 펀|Fun|한 패션 센스

요즘 태국에서 제일 잘 나가는 로컬 브랜드다. 플라이 나우 III를 언급하기 위해선 플라이 나우의 역사를 되짚어 볼 필요가 있다.

현재 태국 지식경제부 이사이기도 한 태국 패션계의 거물 솜차이 송와타라Somchai Songwattana는 20세 때 14명의 동료와 함께 자신만의 디자인 콘셉트를 살려 작은 숍을 오픈했는데, 그게 바로 플라이 나우Fly Now다.

그 후 약 30여 년간 플라이 나우는 태국 내에서 뿐만 아니라 국제적으로도 지명도를 갖게 되며 태국 패션의 위상을 높이는 데 크게 이바지하였다.

플라이 나우는 궁극적으로 럭셔리한 여성 의류를 콘셉트로 하는데 그 당시에는 상복에만 사용했던 블랙 & 화이트 코드를 과감하게 고급화해 패션에 접목시킨 선구자적 역할을 하기도 했다.

솜차이 송와타라는 플라이 나우의 성공에 힘입어 2003년 플라이 나우 III를 론칭했는데 이 브랜드는 젊은 고객들에게 초점을 맞추어 'Colorful, Chic, Excitement'라는 슬로건을 걸고 독특한 디자인과 재미난 상상력으로 젊은이들에게 큰 지지를 받고 있다.

🏠 3F, Siam Center, Rama 1 Road, Pathumwan, Bangkok
📞 02-658-1000
🕐 10:00~21:00
🚶 BTS 시암 역 1번 출구, 시암 센터 3층에 있다.
📶 www.flynowbangkok.com

플라이 나우는 시암, 파라곤, 센트럴 플라자 라마 III에서 만나볼 수 있으며 플라이 나우 III는 시암 센터 외에 센트럴 월드, 센트럴 플라자 핀클라오 등에서 찾을 수 있다.

시암 파라곤 Siam Paragon

Bling & Bling

WHAT 쇼핑몰
WHERE 시암 map. 487-D

wow

꼭 한 번은 찾게 만드는 시암 파라곤의 영리한 전략

센트럴 월드나 메가 방나처럼 방대한 규모를 자랑하지 는 않는다. 시암 센터나 터미널 21처럼 독특한 콘셉트 를 무기로 차별화를 선언하지도 않았다. 시암 파라곤 은 이들에 비해 분명 우월하다고 말할 수 없는 2인자 쇼핑몰이다.

하지만 시암 파라곤은 방콕을 찾는 여행객들이 한 번 쯤은 꼭 찾게 되는 필수 코스로 꼽힌다. 아마도 시암이 라는 최상의 위치 조건을 시작으로 남녀노소·럭셔리· 빈티지를 아우르는 쇼핑 포인트, 다양한 다이닝 스폿들 이 고루 갖추어진 팔방미인 쇼핑몰이기 때문일 것이다. 2인자 규모라고는 하지만 500,000㎡에 이르는 넉넉한 규모에 무려 350여 개의 플래그십 스토어가 입점해 있 다. 럭셔리 인터내셔널 브랜드부터 태국 로컬 디자이너 의 브랜드, 중저가의 패스트 패션숍은 물론 어나더 하운 드 카페, 포시즌스 레스토랑, 바닐라 브래서리 등의 유명 레스토랑도 포진하고 있다.

타이 전통 수공예품과 기념품을 구입할 수 있는 엑소 틱 타이Exotique Thai(4층)와 하이 퀄리티 식재료들을 쇼핑할 수 있는 고메 마켓Gourmet Market(G층)은 꼭 둘러보자.

🏠 991, Siam Paragon, Rama 1 Road, Pathumwan, Bangkok
📞 02-610-8000
🕐 10:00~22:00
🚶 BTS 시암 역 3번 출구와 바로 연결된다.
📶 www.siamparagon.co.th

인포메이션 센터에 여권을 제시하면 시암 파라곤, 엠포리움, 시암 디스커버 리, 시암 센터에서 5%의 할인 혜택을 받을 수 있는 카드를 발급받을 수 있다.

포시즌스 레스토랑 Four Seasons Restaurant

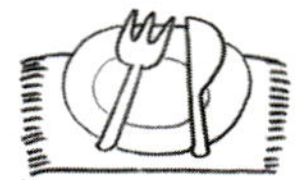

Bling & Bling

♛ ♛

WHAT 차이니즈 레스토랑
WHERE 시암 **map. 487-D**
PRICE 1인 700B~ (Tax & SC 17%)

런던과 방콕을 잇는 '로스티드 덕' 열풍

전형적인 칸토니즈 레스토랑임에도 1990년 영국 런던에 첫 문을 연 곳이다. 영국의 요리 비평가들에게 '세계 최고 수준의 로스티드 덕Roasted Duck'이라는 찬사를 받으며 승승장구했다. 현재는 런던에만 3개의 지점이 있고 방콕에는 메가 방나와 시암 파라곤 지점을 운영 중이다.

포시즌스 최고의 인기 메뉴이자 대표 메뉴는 두말할 것도 없이 포시즌스 로스티드 덕 Four Seasons Roasted Duck. 한 접시, 반 마리, 한 마리 등 양을 선택할 수 있어 혼자서 방문해도 걱정 없다.

포시즌스 로스티드 덕의 가장 큰 인기 요인은 짭조름하면서도 달달한 소스에 있는데 쫄깃한 육질, 바삭한 껍질과 어우러져 입에 착착 감기면서도 느끼함을 감해 주어 아주 맛있다. 포시즌스 로스티드 덕은 1접시 350B, 반 마리 600B, 한 마리 1,100B이다.

🏠 GF, Siam Paragon, 991 Rama 1 Road, Pathumwan, Bangkok
📞 02-610-9578
🕐 11:00~22:00
🚶 BTS 시암 역, 시암 파라곤 G층에 있다.

로스티드 덕 외에 크리스피 포크 벨리와 바비큐 포크도 추천할 만하다. 2~3가지의 바비큐 메뉴를 조합해 밥이나 면 위에 얹어내는 가벼운 메뉴들도 있으니 과한 식사가 부담스럽다면 주문해 보자.

사부아  Sra Bua by Kiin Kiin

Bling & Bling

♛ ♛ ♛

WHAT 타이 레스토랑
WHERE 시암 map. 487-D
PRICE 1인 1,600B~ (Tax & SC 17%)

미슐랭 킨킨 Kiin Kiin의 방콕 버전

사부아를 설명하는 수식어를 찾자면 어느 것을 먼저 말해야할 지 난감할 정도로 화려한 명성을 가진 곳이다. 시암 지역 럭셔리 호텔의 최강자 켐핀스키 호텔의 시그니처 레스토랑으로, 날로 경쟁이 치열해지고 있는 '아시아 베스트 레스토랑 50'에 2013년 이름을 올렸다.

사부아는 미슐랭 스타 레스토랑으로 선정된 덴마크 코펜하겐의 타이 레스토랑 '킨킨 Kiin Kiin'에서 운영하는 곳이다. 그래서 킨킨의 세심한 관리와 노하우가 그대로 이곳에도 반영되고 있다.

방콕의 킨킨, 사부아는 태국 전통 요리의 친근한 맛을 유지하면서도 모던한 감각으로 재탄생된 메뉴들을 선보인다. 요리의 플레이팅 역시 무척이나 아름답다. 가격대가 높은 만큼 음식의 모양과 맛에 매치되는 음료를 그때그때 만들어 제공하는 등 최상의 다이닝을 보장하는 곳이다.

🏠 991/9 Rama 1 Road, Pathumwan, Bangkok
📞 02-162-9000
🕐 12:00~15:00, 18:00~23:00
🚶 BTS 시암 역, 시암 켐핀스키 호텔 내에 있다.
📶 www.kempinskibangkok.com

런치 세트는 1,600B부터 시작되는데, 가격대가 높아 보이지만 실제 메인 요리의 가격대를 감안해 본다면 단품을 주문하는 것보다 꽤 합리적인 가격임을 알 수 있을 것이다.

보란 Bo.lan

Bling & Bling
♛ ♛ ♛

WHAT 타이 퓨전 레스토랑
WHERE 스쿰빗 **map. 485-C**
PRICE 1인 1,500B~ (Tax & SC 17%)

외국 요리사의 시선으로 재해석한
태국 전통 요리

보란은 두앙폰 송비사바Duangporn Songvisava(Bo)와 딜런 존스Dylan Jones(Lan)가 함께 운영하는 타이 퓨전 레스토랑으로 각각의 이름에서 보와 란을 따 만든 명칭이다.

보(두앙폰 송비사바)는 메트로폴리탄 호텔의 레스토랑, 사이언Cy'an에서 일하던 중 세계적인 셰프 데이비드 톰슨을 만나 런던의 타이 레스토랑 남Nahm에서 그의 미슐랭 스타 팀원으로 일하게 된다.

란(딜런 존스) 또한 런던의 남Nahm에서 5년간 근무한 경력이 있다. 이로 인해 그들의 요리는 데이비드 톰슨의 영향을 많이 받았다. 특히 딜런은 태국 요리에 빠져 태국어를 배우고 태국에 정착해 태국 음식 맛의 비밀을 풀기 위해 태국 옛 문헌들을 연구할 정도로 열정이 깊었다.

보와 란의 레스토랑은 언뜻 보면 소박하고 편안한 가옥의 모습을 하고 있다. 하지만 저녁 시간이면 젊고 패기 넘치는 이 두 사람의 요리를 맛보기 위해 제대로 차려입고 모여드는 외국인들로 언제나 와자지껄하다. 보란의 요리들은 자연이 주는 다양하고 신선한 제철 재료들을 이용하며 태국 전역의 다양한 음식 문화를 반영한다.

메뉴 또한 고정되어 있지 않으며 3개월마다 한 번씩 새로운 메뉴가 등장한다. 단품 요리도 주문할 수 있지만 보란을 제대로 느껴 보려면 두 요리사가 심혈을 기울여 만든 보란 밸런스Bo.lan Balance를 즐겨 보자. 보란 밸런스에는 다섯 가지의 주요리가 포함되어 있다.

🏠 42 Soi Pichai Ronnarong Songkram Sukhumvit 26 Klongteoy Bangkok
📞 02-260-2962
🕐 18:30~ (월요일 휴무)
🚶 BTS 프롬퐁 역 도보 약 20분. 쏘이26 (Soi Aree)으로 진입해 직진한다. 우측에 포 윙즈Four Wings 호텔이 보이면 호텔 옆 작은 골목 안쪽에 보인다.
📶 www.bolan.co.th

- 매달 마지막 토요일에는 보란 쿠킹 스쿨이 열린다. 시간은 변동될 수 있으니 사전에 직접 문의하는 것이 좋다.
- 보란 밸런스 코스를 주문하는 경우, 넛트류와 갑각류가 포함될 수 있으므로 알러지가 있는 경우 사전에 알린다.

TWG 티 살롱 앤 부티크

Bling & Bling
♛ ♛

WHAT 티 하우스
WHERE 스쿰빗 map. 485-C
PRICE 1인 250B~ (Tax & SC 17%)

내 취향에 딱 맞는 차를 골라볼까?

TWG는 2008년 싱가포르에 첫 매장을 오픈했으며 현재 31개국에 수많은 매장을 확장하며 승승장구하고 있다. 론칭한 지 10년도 안 된 TWG가 이렇게까지 큰 성공을 거둘 수 있었던 데에는 특유의 공격적인 마케팅이 큰 역할을 했다. 마치 고급 호텔의 상징인 양 어지간한 5성급 고급 호텔 객실에 TWG는 어김없이 자리하고 있다.

엠포리움에 첫 발을 내디딘 방콕 1호 TWG는 역시나 럭셔리한 그들만의 리그를 원하는 방콕의 하이쏘들의 취향에 딱 맞아 하루 종일 문전성시를 이룬다. 온통 황금빛으로 장식되어 있는 화려한 TWG 안쪽으로 가장 먼저 눈에 들어오는 것은 높은 책장 가득 빽빽하게 꽂혀 있는 티 박스다. 노랗고 동그란 통에 담겨 있는 각종 티가 눈길을 사로잡는다. 티 마스터에게 요청하면 원하는 차의 향기를 맡을 수 있게 해준다. 자신의 취향을 말하면 차를 추천해주기도 한다.

🏠 GF, The Emporium 622 Sukhumvit 24Rd, Klongton, Klongtoey, Bangkok
📞 02-269-1000
🕐 10:00~22:00
🚶 BTS 프롬퐁 역, 엠포리움 G층에 위치해 있다.
📶 www.twgtea.com

- TWG 매장에는 1,000여 종의 티가 구비되어 있다. 티를 구매할 때는 티 마스터에게 추천을 받아보자. 티는 100g 단위로 구매가 가능하다.
- 매장에서 즐길 수 있는 티 메뉴는 한 주전자 당 250B선이다.

TWG의 또 다른 매력은 음식에 있다. 달달한 디저트 메뉴는 물론이고 간단히 요기를 할 수 있는 음식도 인기 만점이다. TWG의 모든 메뉴에는 반드시 각 요리에 맞는 향을 가진 찻잎Tea Leaf이 들어간다고. 특히 TWG 특제 마카롱과 애프터눈 티 세트는 차와 함께 손님들이 가장 많이 찾는 메뉴다. 부드러운 맛차(가루 녹차)가 함유되어 있는 맛차 밀퐤유 Matcha Mille Feuille(190B)는 여성들에게 특히 인기가 높은 아이템이다.

마하나가 Mahanaga

Bling & Bling
♔ ♔ ♔

WHAT 타이 퓨전 레스토랑
WHERE 스쿰빗 map. 484-D
PRICE 1인 1,000B~ (Tax & SC 17%)

여기는 만화경 속 세상 같아

마하나가는 100년의 역사를 가진 오래된 가옥을 개조해 만든 태국 레스토랑이다. 그런데 아이러니하게 태국에서 가장 트렌디한 레스토랑으로 손꼽히곤 한다.

최근 리노베이션을 통해 집과 같이 편안함을 주던 기존의 매력에 세련된 라운지 분위기를 더했다. 독특한 가구들을 배치한 인테리어가 몽환적 분위기를 자아내고, 야외 라운지와 바는 별빛 아래 매혹적인 시간을 보낼 수 있도록 꾸몄다.

모로코 스타일의 실내는 독특하고 화려한 색감이라 마치 만화경 속의 세상을 들여다보듯 미스테리하다.

마하나가의 메뉴들은 친숙한 태국 음식에 서양식 터치를 가한 퓨전 스타일인데, 특히 구운 연어 레드 커리와 태국식 소스를 곁들인 꽃게 요리, 포멜로 샐러드 등은 꼭 한번쯤 맛봐야 할 메뉴로 호평 받고 있다. 한국에서라면 좀처럼 즐기기 힘든 우아한 분위기의 파인 다이닝을 마음껏 제대로 즐겨보자. 예산에 맞추어 2인 1메뉴를 주문해 나누어 먹거나, 음료 시키는 돈이 어쩐지 아까워 쩔쩔 매는 것도 이제 그만! 우아하고 품격 있는 방콕 여행을 위해 가끔은 거침없이 지갑을 열자. 이때 아니면 또 언제 이 가격에 이런 음식을 먹겠는가 말이다.

🏠 2 Sukhumvit Road Soi 29 Bangkok
📞 02-662-3060
🕐 17:30~23:00 (바는 자정까지 운영)
🚶 BTS 프롬퐁 역에서 나와 수쿰빗 로드를 따라 아속 Asok 방향으로 직진하다 쏘이29로 진입하면 오른편에 있다.
📶 www.mahanaga.com

마하나가의 칵테일도 음식만큼이나 훌륭하다. 식전에 칵테일 한 잔 하며 여유를 만끽해 보는 것도 좋다.

플라바 Flava

Bling & Bling

♛ ♛

WHAT 레스토랑 & 바
WHERE 스쿰빗 **map. 484-A**
PRICE 1인 500B~ (Tax & SC 17%)

탱고에 취하고 살사에 열광하고

드림 호텔은 톡톡 튀는 감성과 발랄한 서비스로 젊은 층에게 특히 많은 사랑을 받는 호텔이다. 이 드림 호텔을 더욱 특별하게 만들어주는 것이 바로 플라바다. 현지 셀러브리티와 트랜드 세터의 아지트로 사랑받고 있다. 플라바는 화려한 조명과 컬러풀한 벽과 바닥, 범상치 않은 핑크색 표범 등 신비로우면서도 섹시한 분위기가 느껴진다.

내부는 다이닝 공간과 라운지 공간으로 구분되어 있는데 상대적으로 차분한 분위기의 다이닝 공간은 호텔 투숙객의 식사를 위한 공간으로 이용되고 있다.

특히 플라바에서 눈여겨 보아야 할 것은 금요일과 일요일 밤 9시부터 즐길 수 있는 탱고와 살사의 밤이다. 금요일에는 살사 나이트, 일요일에는 탱고 나이트로 플라바는 후끈 달아오른다. 춤을 출 줄 몰라도 좋다! 과감하게 머리에 붉은 꽃 하나 꽂고 열정적인 방콕의 밤을 즐겨보자.

🏠 Dearm Hotel Bangkok 10, Sukhumvit Soi15, Klong Toey Nua, Wattana Bangkok
📞 02-254-8500
🕐 레스토랑 18:00~22:00, 바 11:00~01:30
🚶 BTS 나나 역, 쏘이15 안쪽으로 진입해 약 50m 직진하면 오른편 드림 호텔 내에 있다.
📶 www.dreambkk.com

- 매일 17:00~21:00에는 라운지에서 해피아워 프로모션(1+1)을 제공한다.
- 매주 수요일 21:00~24:00에는 990B을 지불하면 무제한으로 음료를 즐길 수 있다.
- 탱고 나이트, 살사 나이트, 해피아워 등 모든 이벤트 및 프로모션은 변동 가능성이 있으므로 방문 전 반드시 확인하자.

르 방돔 Le Vendome

Bling & Bling
👑 👑

WHAT 프렌치 레스토랑
WHERE 스쿰빗 map. 484-B
PRICE 1인 600B~ (Tax & SC 17%)

유럽풍 가옥에서 즐기는 정통 프렌치

방콕 시내에 넘쳐나는 이탈리안 레스토랑과 일식 레스토랑에 비해 괜찮은 프렌치 레스토랑을 찾기는 어렵다.

그 사이에서 르 방돔은 보석 같은 가치를 지닌 곳이다. 오너가 파리에 있는 조형물인 방돔을 유난히 사랑해 아예 가게 이름을 르 방돔이라 붙이고 그 형상을 레스토랑 로고로 삼았다. 유럽의 가옥을 그대로 옮겨온 듯한 레스토랑 내부에 들어서면 클래식한 음악과 고풍스러운 고가구들, 정중한 서비스로 무장한 스태프까지, 마치 프랑스의 고급 레스토랑에 온 듯한 느낌이 든다.

르 방돔에서는 오픈 당시부터 음식을 책임지고 있는 셰프 미트Mit의 환상적인 음식을 맛볼 수 있다. 특히 구성이 알찬 세트 메뉴의 수요가 많은 편인데 저렴한 런치 세트에 비해 디너 세트는 가격이 꽤 높은 편이다. 디너 세트는 2,500~3,000B, 와인을 포함한 디너 코스는 3,500~4,500B이다. 특히 메인 메뉴 중 덕 푸아그라 Duck Foie Gras와 덕 콩피Duck Confit가 인기있다.

🏠 267/2 Sukhumvit 31(Soi Sawasdee) Sukhumvit Road, Klongton-Nua, Wattana, Bangkok
📞 02-662-0530~1,
🕐 11:30~15:00, 18:30~23:00 (일요일 휴무)
🚶 BTS 프롬퐁 역, 쏘이31로 진입해 직진하다 맞은편에 유로 그랜드 Euro Grand가 나오고 사거리가 나오면 좌회전해 길을 따라 직진한다. 약 200m 정도 가면 우측 유지니아 호텔 옆에 자리해 있다.
📶 www.levendomerestaurant.com

- 르 방돔은 런치와 디너 메뉴 간 가격의 차이가 있다. 경제적인 식사를 원한다면 런치 세트 메뉴를 즐겨보자. 이 가격으로 이런 요리를 먹을 수 있다는 게 황송할 정도이다.
- 영업마감 시간 30분 전에 마지막 주문이 마감된다.

어보브 일레븐 Above Eleven

Bling & Bling
♛ ♛

WHAT 루프톱 바
WHERE 스쿰빗 **map. 484-A**
PRICE 1인 500B~ (Tax & SC 17%)

마치 미국 드라마 속
사교장을 옮겨온 듯한 루프톱 바

시로코, 버티고, 레드 스카이 등 방콕에서 손꼽히는 루프톱 바와 레스토랑들 사이에 야심차게 도전장을 내민 곳이다. 사실 규모나 위치 면에서는 기존의 바들과 비교하기에 다소 부족한 면이 있다. 하지만 관광 코스처럼 들리는 손님들이 대부분인 다른 곳들과는 다른 분위기로 최근 각광을 받고 있다.

미국 뉴욕의 센트럴 파크에서 영감을 받은 어보브 일레븐의 입구는 푸른 생기를 불러일으키며 마음을 편하게 해준다. 안쪽으로 들어서면 하늘을 향해 뻥 뚫려 있는 공간에 테이블과 바가 있고 위층에도 좌석이 마련되어 있다. 메뉴는 와인과 칵테일에 잘 맞는 퓨전 요리가 주를 이룬다. 우리 입맛에도 잘 맞는 스파이시 튜나롤 spicy Tuna Roll(560B)과 페루의 생선 요리를 이곳만의 독특한 스타일로 재해석한 세비체 어보브 일레븐Cebiche Above Eleven(450B)과 매시드 포테이토, 크랩미트, 아보카도의 환상적인 궁합과 흐뭇한 비주얼이 돋보이는 카우사 카니Causa Kani(280B)를 추천한다. 어보브 일레븐은 별도의 출입문이 있다. 프레이저 스위트 건물로 들어가지 말 것.

🏠 33F Fraser Suites Sukhumvit, Sukhumvit Road, Soi11, Bangkok
📞 083-542-1111
🕐 18:00~02:00
🚶 BTS 나나 역, 쏘이11을 따라 직진하다 보면 우측에 프레이저 스윗이 보이는데 호텔 건물 뒤편에 입구가 따로 있다.
📶 www.aboveeleven.com

- 역에서 도보로 30분 정도 걸리니 쏘이11 입구에서 오토바이 택시를 이용하자.
- 좋은 좌석을 확보하기 위해서는 반드시 예약하는 것이 좋다.
- 음식과 더불어 칵테일 맛도 꽤 훌륭한 편으로 가격은 300B 안팎이다.

레벨스 클럽 Levels Club

Bling & Bling
♛ ♛

WHAT 바 & 클럽
WHERE 스쿰빗 map. 484-A
PRICE 1인 500B~ (Tax & SC 17%)

젊고 신나는 분위기 속에서 '내가 제일 잘나가!'

스쿰빗 쏘이11은 유난히 잘나가는 클럽과 바들이 즐비한 유흥의 거리다. 경쟁이 치열한 쏘이11의 클럽과 바 중 가장 인기가 많은 곳을 꼽으라면 레벨스 클럽을 먼저 떠올리게 된다. 최근 떠오르는 어보브 일레븐과는 상반되는 분위기다.

격식 있고 고급스러운 분위기가 어보브 일레븐의 매력이라면 레벨스 클럽은 좀 더 젊고 신나는 분위기다. 전용 엘리베이터를 타고 레벨스 클럽에 들어서면 야외석이 가장 먼저 눈에 들어온다. 바 주변에 있는 커다란 차양 밑에 놓인 편안한 소파석은 안쪽 공간보다 훨씬 포근하면서 안정적인 느낌이다.

실내에는 댄스 플로어와 디제이박스, 프라이빗 에어리어가 마련되어 있다. 특이하게도 실내와 실외는 분위기뿐 아니라 음악 선곡 자체도 달라 서로 상반된 매력을 즐길 수 있다.

🏠 6F, ALoft Hotel Bldg, Sukhumvit 11, Bangkok
📞 082-308-3246
🕐 21:00~03:00
🚶 BTS 나나 역, 쏘이11을 따라 직진하다 보면 왼편에 얼로프트 호텔이 보인다. 얼로프트 호텔 입구 우측에 보면 레벨스 클럽으로 가는 엘리베이터가 별도로 운행된다.
📶 www.levelsclub.com

- 칵테일은 웻키스와 스트로베리 스파클을 추천한다. 가격은 모두 350B.
- 잘나가는 젊은이들의 핫플레이스인 만큼 민망하지 않을 정도는 차려입고 가는 것이 좋다.
- 너무 이른 시간에 찾으면 썰렁할 수 있으니 가급적 자정을 넘어 방문하는 것이 좋다.

페이스 Face

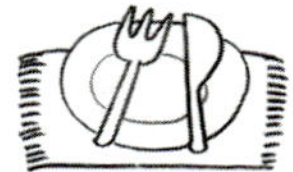

Bling & Bling
♛ ♛

WHAT 멀티 다이닝 레스토랑
WHERE 텅러 map. 486-C
PRICE 1인 700B~ (Tax & SC 17%)

팔색조의 매력을 가진 멀티 다이닝 공간

과연 다른 곳에서 이렇게 독특한 공간을 본 적 있을지 모르겠다.

페이스 방콕은 14년 전 페이스 자카르타를 오픈한 후 호평을 받으며 베이징과 상하이에도 지점을 낸 콘셉트 다이닝이다. 페이스 방콕의 공간은 크게 페이스 바Face Bar와 인도 레스토랑 하자라Hazara, 태국 레스토랑 란 나 타이Lan Na Thai, 일본 스시 바 미사키Misaki와 각종 모임을 위한 연회장과 홀, 그리고 작은 스파로 구성되어 있다.

방콕 시내 중심에 이런 곳이 있다는 것이 믿기지 않을 정도로 자연친화적이면서 고풍스럽고 미스테리한 매력이 도드라진다. 나무로 된 오래된 태국 가옥에 돌 조각상, 연못과 수목 등이 아름답게 들어서 있다. 자카르타에서 시작된 탓인지 인도네시아풍의 조각상들도 묘하게 어우러져 있다.

'페이스 바'는 페이스 방콕의 중심 역할을 담당한다. 각 레스토랑을 방문하는 손님들이 식전이나 식후에 편안히 앉아 칵테일을 마시며 여유를 즐긴다.

🏠 29 Sukhumvit Soi 38, Bangkok
📞 02-713-6048
🕐 18:00~23:00
🚶 BTS 텅러 역 4번 출구, 쏘이38로 약 50m 직진하면 왼편에 있다.
📶 www.facebars.com

음식 값과 비교해보았을 때 칵테일 가격이 상대적으로 조금 비싼 느낌이 든다. 좀 더 경제적으로 페이스 바를 이용하고자 한다면 매주 목요일에 진행되는 레이디스 나이트를 노려보자. 칵테일을 할인된 가격에 즐길 수 있다. 단, 할인 요일은 변동될 수 있으니 사전 확인은 필수다.

커리, 난, 탄두리 치킨 등이 주를 이루는 인디아 레스토랑'하자라'도 인기가 있는 편이지만 손님의 대부분이 여행자들인 이유로 태국 레스토랑'란 나 타이'가 가장 손님이 많다. 기본적인 똠양꿍과 파인애플 볶음밥, 애피타이저 모듬 등 대부분의 메뉴가 상당히 맛있다.

주마 Zuma

Bling & Bling
♔ ♔ ♔

WHAT 재패니즈 레스토랑 & 바
WHERE 칫롬 map. 488-C
PRICE 1인 700B~ (Tax & SC 17%)

모던한 이자카야에서 즐기는 정통 일식과 사케

전통 이자카야 스타일을 현대적인 감각으로 재해석해 오픈한 일식 레스토랑이자 바다. 방콕뿐 아니라 홍콩, 런던, 이스탄불, 두바이, 마이애미 등에 지점이 있다.

주마 방콕에 들어서면 가장 먼저 눈에 들어오는 건 입구에 설치된 오픈 키친과 바 카운터인데, 일본의 정원에 흔히 쓰이는 화강암을 주재료로 해 편안하면서도 고급스러운 느낌이 나게 했다.

내부 또한 일본식 정원을 모티브로 삼았는데 작은 연못과 야외 테라스, 자연의 에너지가 온 공간에서 느껴질 수 있도록 설치한 투명 유리막 등 하나하나 세심한 손길이 느껴진다.

이자카야 스타일의 주마가 일반 일식 레스토랑과 가장 다른 점은 메뉴 주문 시 정해진 에티켓 없이 자유롭게 즐길 수 있다는 것이다. 예를 들어 스타터와 메인 코스의 구분이 없다. 그래서 여러 명이 방문한 경우 여러 가지 메뉴를 골고루 주문해 함께 자유롭게 즐길 수 있는 로바다야키로 많이 알려져 있는 로바타 그릴Robata Grill 메뉴도 갖추었으며 스시 바도 있어 신선한 회와 스시도 즐길 수 있다.

🏠 G/F, 159 Ratchadamri Road Bangkok
📞 02-252-4707
🕐 레스토랑 12:00~15:00, 18:00~23:00
　 라운지 12:00~24:00(일~목), 13:00~01:00(금, 토)
🚶 BTS 랏차담리 역에서 연결되는 세인트 레지스 호텔 건물 G층에 있다.
📶 www.zumarestaurant.com

유자 소스, 트러플 오일, 연어 알을 곁들여 얇게 저민 농어요리 Suzukino Osashimi와 일본식 된장 소스로 맛을 낸 영계 요리 Subu-Miso Gake Hinadorino Obun Yaki, 소프트쉘, 칠리 마요네즈와 와사비 소스로 맛을 낸 Dynamite Spider Roll은 주마의 베스트셀러다.

조조 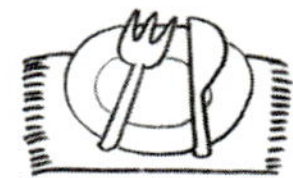 JoJo

Bling & Bling
♛ ♛

WHAT 이탈리안 레스토랑
WHERE 칫롬 map. 488-C
PRICE 1인 700B~ (Tax & SC 17%)

소박한 이탈리아 가정식이 품격 있는 다이닝으로 다시 태어나다

이탈리아 출신 셰프 카를로 발렌치아노 Carlo Valenziano의 품격 있고 모던한 이탈리안 요리를 맛볼 수 있다.

점심에만 즐길 수 있는 신선한 안티파스티 샐러드 뷔페와 이탈리안 정통 스타터, 소박한 홈메이드 식사 메뉴, 최고급 치즈, 나무 화덕에서 구워낸 피자와 하이 퀄리티 파스타 등 어느 하나를 추천하기 힘들 정도로 대부분의 메뉴들이 훌륭하다. 특히 통통한 가리비 요리 Pan-fried Scallop와 시그니처 블랙 트러플 피자인 Al Tartufo는 놓쳐서는 안 될 명작이다.

또, 큼직한 로브스터가 나오는 Boston Lobster Tagliolini(950B)와 모차렐라보다 한 차원 높은 품질의 부라타 치즈와 최상급의 콜드컷 셀렉션 Jojo Italian Antipasto(2인 1,450B)는 어디서도 맛볼 수 없는 최고의 메뉴들이다.

🏠 159 rajadamri Road, Bangkok
📞 02-207-7777
🕐 12:00~15:00, 18:00~23:00
🚶 BTS 랏차담리 역에서 연결되는 세인트 레지스 호텔 건물 G층에 있다.
📶 www.stregis.com/bangkok

조조는 최고급 호텔로 꼽히는 세인트 레지스 내에 있다. 품격 있는 다이닝을 지향하는 곳이므로 어느 정도의 드레스 코드를 갖추는 것이 좋다.

나라 퀴진 Nara Cuisine

Bling & Bling
♛ ♛

WHAT 타이 레스토랑
WHERE 칫롬 map. 488-A
PRICE 1인 200B~ (Tax & SC 17%)

단 한 곳의 태국 레스토랑을 추천한다면

누군가 가격도 적당하고 맛도 있는 제대로 된 타이 레스토랑을 추천해달라고 하면 주저 없이 나라 퀴진을 추천하겠다. 훌륭한 태국 음식점이야 많지만 합리적인 가격대를 유지하기가 어렵고, 가격대가 낮고 메뉴들도 무난한 곳은 어쩐지 정통 레시피의 느낌이 나지 않는다.

나라퀴진은 합리적인 가격대를 유지하면서도 태국 정통 레시피와 분위기를 내기 위해 심혈을 기울이는 곳이다. '나라'는 이곳의 창업주인 쿤 나라와디Khun Narawadee 에서 착안된 이름이기도 하고 고대 태국 여성들이 착용했던 고급 장신구를 의미하기도 한다.

나라 퀴진의 추천 메뉴로는 애피타이저 모듬인 오르되브르 나라Hors D' oeuvre Nara를 빼놓을 수 없다. 이 메뉴는 상큼한 포멜로 샐러드부터, 포크 사테, 태국 스타일 피시 케이크, 스프링롤 등 다양한 애피타이저들로 구성되어 있어 여럿이 와서 함께 즐기기에도 좋다. 메인으로는 오리지널 용기에 담겨 제대로 된 빛깔을 내는 똠양꿍이나 부들부들한 소고기를 면과 함께 양념해 볶아낸 요리 스터 프라이드 누들 위드 마리네이드 비프Stir Fried Noodle with Marinate Beef, 태국식 새우회 꿍채남쁠라Kung Chae Nampla 등 헤아릴 수 없이 많다.

🏠 7F, Central World Plaza, Rama 1 Road, Bangkok
📞 02-613-1658
🕐 10:00~22:00(마지막 주문 21:30)
🚶 BTS 랏차담리 역에서 연결되는 세인트 레지스 호텔 건물 G층에 있다.
📶 www.naracuisine.com

- 에라완 쇼핑몰 LG층에서도 나라 퀴진을 만날 수 있다.
- 나라 퀴진에서 직접 만들어내는 코코넛 아이스크림은 식사 후 꼭 맛보자.

센트럴 월드 Central World

Bling & Bling

♔ ♔

WHAT 쇼핑몰
WHERE 칫롬 map. 488-A

우리가 바라던
쇼핑 파라다이스가 현실로

센트럴 월드는 방콕 시내 최대 쇼핑몰 중 하나로 2010년 화재로 불탔던 슬픈 역사를 가진 곳이기도 하다. 2010년 이후 더욱 모던하고 감각적인 모습으로 업그레이드되어 오픈했다.

센트럴 월드의 양쪽 끝에는 독특한 로컬 디자이너 브랜드가 주를 이루는 젠Zen 백화점과 일본 태생의 실속파 백화점 이세탄 Isetan이 자리하고 있다. 센트럴 월드에는 총 500여 개에 달하는 브랜드숍과 100개 이상의 레스토랑 등이 입점해 있으며 극장, 아이스링크, 서점 등 각종 편의시설도 있다.

특히 잔잔한 꽃무늬 프린트로 우리나라에도 마니아가 많은 캐스 키드슨과 우리나라와는 다소 다른 구성의 패스트 패션 편집숍 포에버리, 태국 고급 실크의 대명사 짐 톰슨, 우리나라에도 한차례 대유행을 했었던 나라야, 젊은 층에게 크게 인기를 끌고 있는 세나다 등 둘러볼 만한 매장들이 많아 하루 종일 시간을 투자해도 모자란다.

🏠 999/9 Rama 1 Road, Bangkok
📞 02-635-1111
🕐 10:00~22:00
🚶 BTS 칫롬 역에서 도보 약 7분 가면 있다.
📶 www.centralworld.co.th

워낙 규모도 넓고 매장 수도 많으니 쇼핑 전 인포메이션 센터에서 매장 지도를 구해 원하는 숍을 체크한 후 동선을 효율적으로 짜는 것이 좋다.

클라우드 9 Cloud 9

Bling & Bling
♛ ♛ ♛

WHAT 패션 편집숍
WHERE 칫롬 map. 488-A
PRICE 1인 3,000B~

패셔니스타를 꿈꾸는 당신을 위한 멀티숍

톡톡 튀는 나만의 스타일을 한번에 완성하고 싶다면 클라우드 나인을 찾아가 보자. 클라우드 나인은 그때그때 가장 핫한 럭셔리 디자이너 브랜드들을 엄선하여 셀렉션한 부티크숍이다. 매장 안에 들어서면 베이지 톤의 고급스러운 진열장과 샹들리에, 넓은 쇼파 등이 배치되어 있어 마치 영화 속에 등장하는 귀부인이 된 것 같은 느낌이 든다. 클라우드 나인에 단골로 등장하는 브랜드는 하이힐의 갑이라고 불리우는 크리스찬 루브탱Christian Louboutin. 높은 굽과 아름다운 선으로 여성성을 드러내면서도 징이나 돌기를 통해 현대 여성의 강한 면모를 표현한 크리스찬 루브탱의 슈즈는 하나의 작품이라 해도 과언이 아니다.

그밖에 오스카 드 라 렌따Oscar de la Renta, 니나 리찌Nina Ricci 등 다수의 브랜드의 아이템들을 만나볼 수 있다.

🏠 1F, Unit 7~8, Gaysorn Plaza, 999 Ploenchit Road, Bangkok
📞 02-656-1428
🕐 10:00~22:00
🚶 BTS 칫롬 역과 연결된 게이손 플라자 1층에 있다.
🛜 www.gaysorn.com

홈페이지를 통해 신상품 입고 소식을 빨리 접할 수 있으니 방문 전 체크해보자.

탄 네이티브 Thann Natives

Bling & Bling
♛ ♛ ♛

WHAT 스파 브랜드숍
WHERE 칫롬 map. 488-A
PRICE 1인 700B~ (Tax & SC 17%)

자연주의를 강조한
태국의 대표적인 브랜드

스파제품으로 명성을 얻은 태국의 로컬 브랜드 '탄'에서 생산되는 모든 아이템을 접할 수 있는 매장이다.

탄은 바디 오일, 비누, 바디 로션, 바디 샴푸 등 목욕용품과 스파용품뿐 아니라 패션과 생활용품 등 소비자의 전반적인 라이프스타일에 영향을 미치고자 다각도로 상품을 기획하고 판매하는데, 탄 네이티브에서 그 아이템을 모두 접할 수 있다.

자연주의에 입각해 일체의 화학약품이나 동물실험 없이 태국 고유의 식물과 허브에서 추출한 성분으로 만들어진 스파용품이 가장 인기 아이템. 이외에도 인체에 유해한 성분을 엄격하게 제외시킨 생활용품과 품질 좋은 의류들은 높은 가격마저 수긍이 될 정도로 우수하다.

추천 상품으로는 건조하고 민감한 피부를 보호하고 영양분을 제공해주는 나노 시소 바디 버터Nano Shiso Body Butter, 쌀겨 오일, 시어버터, 아몬드 프로테인을 풍부하게 함유해 극도로 건조한 피부 보호에 효과적인 쌀 추출물 모이스처라이징 크림Rice Extract Moisturising Cream, 쌀겨 오일과 각종 식물의 에센스 오일을 조합해 에너지를 증강시키고 근육통을 완화시키는 향나무 목욕 마사지 오일Aromatic Wood Bath & Massage Oils 등이 있다.

🏠 3F Gayson, 999 Phloen Chit Rd., Lumphini Pathumwan Bangkok
📞 02-656-1399
🕐 10:00~20:00
🚶 BTS 칫롬 역에서 연결되는 게이손 플라자 3층에 있다.
📶 www.thann.info

탄에서 운영하는 스파 탄 생추어리는 탄 네이티브와 나란히 자리하고 있으며 탄 카페는 메가 방나 G층, 탄 레스토랑은 시암 파라곤 M층에서 만날 수 있다.

탄 생추어리 Thann Sanctuary

WHAT 마사지 & 스파숍
WHERE 칫롬 map. 488-A
PRICE 1인 1,000B~

내츄럴 테라피의 진수

2002년 론칭해 그랜드 하얏트 에라완, 포 시즌즈, 르네상스 방콕 등 태국 내 15개 최고급 호텔로 공급되는 고급 스파 브랜드 탄Thann에서 운영하는 시그니처 스파이다. 천연 재료를 이용한 질 좋은 상품, 모던한 디자인, 피부과학과 자연 치료요법을 결합한 스킨 케어 라인으로 큰 인기를 끌고 있다.

'내츄럴 테라피의 예술'이라는 슬로건을 걸 정도로 고품격 서비스를 제공한다. 자연에서 생성되는 모든 기운이 심신을 안정시키며 힐링에 도움이 된다고 믿어 스파 내부 또한 물소리와 푸릇한 화초 등으로 편안한 분위기를 조성했다.

시그니처 트리트먼트로는 탄 아로마 테라피 혹은 아유르베딕 바디 마사지 중 선택 하는 것(60분)과 페이셜 마사지(70분)가 포함된 나노 시소 테라피Nano Shiso Therapy(3,800B, 130분)가 있다. 탄 제품은 한국에도 마니아가 있을 정도로 인기가 있다. 특히 저렴하고 선물용으로 좋은 비누는 기념품으 많이들 구입한다.

🏠 3F Gayson, 999 Phloen Chit Road, Lumphini Pathumwan Bangkok
📞 02-656-1423~4
🕐 10:00~20:00
🚶 BTS 칫롬 역에서 연결되는 게이손 플라자 3층에 있다.
📶 www.thann.info

탄 생추어리는 센트럴 월드 2층(02-658-6557)과 엠포리움 스위트 7층(02-664-9923)에서도 만날 수 있다.

판퓨리 Pańpuri

Bling & Bling
♛ ♛ ♛

WHAT 스파 브랜드숍
WHERE 칫롬 map. 488-A
PRICE 1인 500B~

소중한 나를 위한 가치 있는 투자

게이손 플라자 내에 위치한 이곳은 판퓨리의 시그니처 매장인데, 판퓨리 스파도 함께 운영한다. 판퓨리는 태국산 스킨 케어 제품 라인으로 오랫동안 동양에서 사용돼 온 수많은 꽃과 식물, 뿌리들을 혼합한 성분을 이용한다.

판퓨리의 시그니처 향은 재스민, 일랑일랑, 레몬그라스, 백단향, 알로에, 바질, 정향, 코코넛, 생강 등 동양의 식물들을 주의 깊게 선별하여 세심하게 블렌딩한 것. 모든 제품들은 저알레르기성 천연식물을 주재료로 하며 파라벤, 실리콘, SLS, PEG를 사용하지 않는 안전하고 건강한 제품이다.

판퓨리에서 가장 인기 있는 제품으로는 노화방지와 원기 및 탄력 회복 기능이 탁월한 노화방지 농축크림Antioxidant Concentrate과 피부가 유연해지는 영양보충 기능성 오일Purifying Oil, 피부 재생 효과가 있는 크림Restorative Cream, 노화방지와 피부 세포 재생 효과가 뚜렷한 각질 제거 크림Exfoliating Cream 등이 있다.

🏠 LF Gayson, 999 Phloen Chit Road, Lumphini Pathumwan Bangkok
📞 02-656-1199
🕐 10:00~20:00
🚶 BTS 칫롬 역에서 연결되는 게이손 플라자 L층에 있다.
📶 www.panpuri.com

판퓨리 매장은 센트럴 칫롬 5층, 센트럴 월드 7층, 킹 파워 면세점 2층, 수완나폼 국제 공항 출국홀 이스트 & 웨스트 윙과 국내선 도착홀에서도 만날 수 있다.

사티와 Satiwa

Bling & Bling ♛ ♛ ♛	**WHAT** 주얼리숍 **WHERE** 칫롬 **map. 488-A** **PRICE** 1인 700B~ (Tax & SC 17%)

진정한 명품의 가치를 느끼고 싶다면!

대대로 전해져 내려오는 핸드메이드 세공 기술과 백 년이상 쌓아온 수많은 장인들의 경험이 모여 탄생한 브랜드다. 창의적 디자인과 열정이 전통 기술과 시너지 효과를 내 지나치게 화려하지 않으면서도 고귀한 느낌의 주얼리를 선보인다. 사티와는 단순한 주얼리가 아니라 예술작품으로 많이 표현되는데 매장 안에 진열된 아이템을 보면 마치 전시회나 박물관에 온 것 같은 생각이 들 정도다.

사티와는 독특하고 상상력 풍부한 디자인으로 2008년 일본에서 디자인의 우수성을 상징하는 G마크 상을 수상했다. 홍콩에서는 디자인센터가 주최하는 2008년 아시아 디자인 어워드 DFA 동상을 수상한 바 있다.

🏠 3F Gayson, 999 Phloen Chit Road, Lumphini Pathumwan Bangkok
📞 02-656-1183
🕐 10:00~20:00
🚶 BTS 칫롬 역에서 연결되는 게이손 플라자 3층에 있다.

가격이 상당히 비싼 편이다. 반지나 귀걸이 등 액세서리의 디자인은 심플한 느낌. 보석이 박힌 샴페인 잔 등 소수의 VIP를 위한 아이템은 오래도록 간직하고 싶을 정도로 품질과 디자인이 뛰어나다.

칼데라쪼 우골리니 Calderazza Ugolini

Bling & Bling ♔ ♔ ♔	**WHAT** 이탈리안 레스토랑 **WHERE** 칫롬 map. 488-D **PRICE** 1인 500B~ (Tax & SC 17%)

Made by Italian,
정통 이탈리안에 홀릭하다

사실 칼데라쪼 우골리니는 방콕을 좀 안다 하는 사람이라면 한 번쯤은 들어보았을 법하다. 이웃집 나인스 카페와 함께 랑수언 로드의 터줏대감으로 꼽히기 때문이다. 그럼에도 낯선 이름에 고개가 갸우뚱하는 건 10여 년간 '칼데라쪼'라는 이름으로 운영해온 레스토랑이 주인이 바뀌면서 새 주인의 이름에서 딴 우골리니를 덧붙여 '칼데라쪼 우골리니'라고 개명했기 때문이다.

주인이 바뀌기는 했지만 칼데라쪼 우골리니의 정통성은 의심할 여지가 없다. 주인과 셰프, 매니저까지 모두 토종 이탈리안으로 음식뿐 아니라 분위기까지 손님에게 제대로 전달되기를 바란다고 한다.

복층으로 되어 있는 실내에는 자연광이 가득 들어오고, 공간을 이어주는 중간 부분에서 내려다보이는 커다란 화덕은 이곳의 재미난 볼거리이자 맛에 대한 신뢰를 주는 부분이기도 하다. 이 화덕에서 그날그날 식전빵을 구워내는데, 상당히 담백하고 맛있다. 애피타이저, 메인, 디저트까지 모든 재료를 이탈리아에서 수입해 본토의 맛을 살리는데 주력한다. 특히 담백한 농어 요리 브란치노Branzino는 와인과 함께 즐기기에 더욱 좋은 메뉴로 칼데라쪼 우골리니의 베스트셀러다.

🏠 59, 59/6 Soi Langsuan, Ploenchit Road,Lumpini, Patumwan Bangkok
📞 02-252-8108, 02-252-6109
🕐 11:30~14:30, 17:30~22:30
🚶 BTS 칫롬 역, 랑수언 로드로 도보 5분 직진하면 좌측에 있다.
📶 www.ugolinibangkok.com

스타터, 메인 코스, 디저트로 구성된 런치 메뉴는 490B로 합리적인 가격에 구성도 좋아 추천할 만하다.

포시즌스 Four Seasons

Bling & Bling
♛ ♛ ♛

WHAT 체인 호텔
WHERE 칫롬 map. 488-C
PRICE 1박 US$300~

마음을 움직이는 서비스로 감동이 두 배

포시즌스는 1960년 캐나다에서 시작된 세계적인 호텔 체인으로 세인트 레지스와 함께 명실 공히 세계 최고의 호텔 체인으로 꼽힌다. 훈련에 의해 영혼 없는 웃음을 흘리는 일반적인 호텔 서비스와는 차원이 다른 서비스 마인드는 포시즌스가 가진 최고의 가치다.

마음을 움직이는 서비스와 전통이 있는 호텔이라 자신있게 평할 수 있다. 리전트 Regent 호텔을 인수하여 포시즌스로 이름을 바꿔 오픈하였기 때문에 하드웨어적인 한계는 있지만 서비스 등 소프트웨어는 완벽하다. 방콕에서 제대로 대접받는 기분을 느끼고 싶다면 주저 없이 포시즌스로가자. 로비에서 제공되는 포시즌스의 애프터눈 티 또한 인기 아이템 중 하나. 포시즌스에 묵게 된다면 트라이하지 않을 이유가 없다.

🏠 155 Rajadamri Road, Bangkok
📞 02-250-1000
🚶 BTS 랏차담리 역에서 도보로 3분 가면 있다.
📶 www.fourseasons.com

- 스파이스 마켓Spice Market은 포시즌스 호텔의 대표 식당이다. 태국 요리를 선보이며 밝은 분위기에 음식 맛도 수준급이라 인기가 있다.
- 기본적으로 제공되는 욕실용품은 모두 록시땅 제품이다.

짐 톰슨 Jim Thompson

Bling & Bling ♛ ♛

WHAT 쇼핑
WHERE 실롬 map. 491-A
PRICE 1인 100B~

태국 고급 실크의 대명사

짐 톰슨은 1906년 미국에서 태어나 1940년까지 뉴욕에서 건축 일을 하다가 미군에 자원입대해 2차 세계대전을 치르며 유럽 및 아시아 지역을 돌게 된다. 톰슨이 태국 사무소에 배정받았을 때 전쟁이 끝나 본국 소환 명령을 받지만, 그는 방콕이 레저 여행 산업으로 발전할 수 있으리라는 생각에 당시 진행 중이던 오리엔탈 호텔Oriental Hotel 재건 사업을 비롯 각종 사업에 본격적으로 뛰어들었다. 그 후 태국의 실크 사업에 뛰어들어 승승장구 하다가 1967년 친구들과 말레이시아의 카메론 하이랜드에서 휴가를 보내던 중 실종되었다.

짐 톰슨이 열정을 다해 성장시켰던 짐 톰슨 타이 실크 컴퍼니는 최근 손으로 직접 짠 패브릭 브랜드로 전 세계의 주목을 받고 있다. 현재 짐 톰슨이라는 이름은 '최고의 품질과 디자인을 자랑하는 태국 실크'와 동의어라고 해도 과언이 아니다.

이 회사는 뽕 농장, 누에 농장, 아트센터, 뮤지엄숍을 직접 운영하고 있다. 손으로 직접 염색하고 전통 베틀을 이용해 수작업으로 직조하는 등 전통적인 생산 방식을 고수하고, 정밀한 최신식 베틀을 이용해 제품의 품질을 최상급으로 유지하고 있다. 다양한 용도의 실크, 면제품, 최고급 품질과 섬세한 디자인의 완벽한 패브릭 컬렉션뿐 아니라 산업용 프로젝트에도 큰 사랑을 받고 있다.

🏠 9 Surawong Road, Suriyawong, Bangrak, Bangkok
📞 02-632-8100, 02-234-4900
🕐 09:00~21:00
🚶 BTS 살라댕 역 혹은 MRT 실롬 역에서 하차, 라마 4세 로드를 따라 걷다 오른쪽으로 수라웡 로드 입구가 나타나면 초입에 있다.
📶 www.jimthompson.com

- 수라웡 지점이 짐 톰슨 타이 실크의 본점이다. 다른 지점과 아웃렛의 위치 정보는 홈페이지를 통해 알 수 있다.
- 국립경기장 맞은편 쪽에 짐 톰슨의 생가가 있다. 뮤지엄, 숍, 레스토랑 등을 겸하고 있는 관광 명소로 많은 사람들이 찾는다.

블루 엘리펀트 Blue Elephant

Bling & Bling
♛ ♛ ♛

WHAT 타이 레스토랑
WHERE 사톤 map. 490-C
PRICE 1인 1,000B~ (Tax & SC 17%)

처음은 낯설지만
먹을수록 중독되는 그 맛

1980년 오픈한 정통 로열 타이 퀴진. 태국인 셰프 중에서도 손가락 안에 꼽힐 정도로 인정받는 셰프 누러 소마니 스티프Noror Somany Steppe의 요리를 맛볼 수 있다. 블루 엘리펀트는 고급스러운 3층의 건물인데, 1층은 식사를 즐길 수 있는 다이닝 공간으로 2, 3층은 칵테일과 와인 등을 즐길 수 있는 바와 쿠킹 스쿨로 이용된다. 태국 전통미가 느껴지는 실내는 블루 엘리펀트를 상징하는 테이블 웨어와 화려한 황금 식기, 기품이 느껴지는 황동 접시 등 고급스러움이 한껏 강조되게 꾸며져 있다. 메뉴판에는 귀여운 코끼리 그림으로 매운 정도를 표시해 두어 메뉴 선택 시 도움이 된다. 태국 음식이 낯설지 않다면 독특한 태국 전통 애피타이저 미양캄Miang Kham을 주문해 보자. 땅콩, 코코넛, 마늘, 생강, 스타프 루트 등을 잎에 돌돌 말아 달콤한 소스를 떨어뜨려 먹는 것인데 첫 맛은 낯설지만 먹을수록 중독된다.
사테, 포멜로 샐러드 등 블루 엘리펀트의 대표 애피타이저를 모듬으로 즐길 수 있는 펄스 오브 블루 엘리펀트 Pearls of Blue Elephant(550B)는 이곳의 매력을 다양하게 즐길 수 있는 훌륭한 선택이다.

🏠 233 South Sathorn Road, Yannawa, Bangkok
📞 02-673-9353~8
🕐 11:30~14:30, 18:30~22:30
🚶 BTS 수라삭 역 바로 앞, 이스틴 그랜드 호텔과 이웃하고 있다.
📶 www.blueelephant.com

- 평일 런치 타임에 한해 즐길 수 있는 비즈니스 런치 세트는 1,000B 이하로 블루 엘리펀트의 음식을 풍성히 즐길 수 있다. 런치 세트 메뉴는 매일 달라진다.
- 태국 요리를 배울 수 있는 쿠킹 클래스도 인기가 있다.

다인 인 더 다크 Dine in The Dark
DID

Bling & Bling
♛ ♛

WHAT 인터내셔널 레스토랑
WHERE 사톤 map. 490-D
PRICE 1인 750B~ (Tax & SC 17%)

혀끝의 감각에 집중하기 위한 어둠 속 만찬

음식의 맛보다 외관에만 치중하는 레스토랑에 경종을 울리는 곳이다. 이름처럼 다이닝 공간에는 단 한 줄기의 빛도 허용되지 않는데 이는 오히려 혀끝에 느껴지는 감각에 오롯이 집중할 수 있도록 하여 음식 맛을 더욱 풍부하게 느끼고 즐기게 한다.

또 다인 인 더 다크는 시각 장애인을 스태프로 고용하여 마음에서 우러나는 서비스로 손님들에게 만족감을 선사할 수 있도록 했다. 이러한 콘셉트는 스위스 취리히의 레스토랑 블린데쿠Blindekuh로부터 시작되었는데 이후 좋은 평가와 함께 파리, 런던, 뉴욕 등에 지점이 생겼다고 한다.

이곳의 셰프는 프랑스의 저명한 요리학교 코르동 블루Cordon Bleu 출신으로 일체의 단품 메뉴 없이 3가지의 코스 요리만 제공한다. 타이 코스(850B), 인터내셔널 코스(850B), 베지테리안 코스(750B)가 있는데 이 메뉴들을 가지고 요리 추측 게임Culinary Guessing Game을 즐기기도 한다. 음식에 초집중하자는 것이 이곳의 모토! 이날만은 카메라 따위 잊고 '즐겁고 다크한 의식'에 몰입해보자.

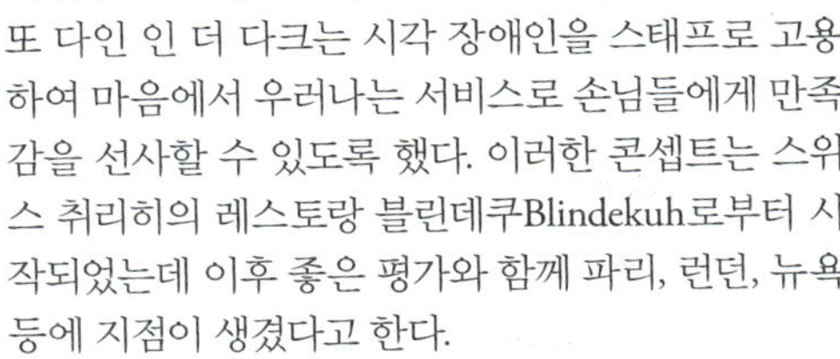

🏠 The Ascott Sathorn Bangkok, 2nd Floor, 187 Sathorn Road, Yannawa, Bangkok
📞 02-676-6676
🕐 19:30~23:00(입장은 20:30분까지 가능, 예약 필수)
🚶 BTS 총논씨 역 나와서 도보 7분. 애스콧 사톤 방콕에 있다.
📶 www.didexperience.com

- 장소 이전을 계획 중이므로 반드시 방문 전 문의를 해야 한다.
- 3개의 코스 이외에 사전에 요청을 하면 특별식 Dietary도 주문이 가능하다.

셀라돈 Celadon

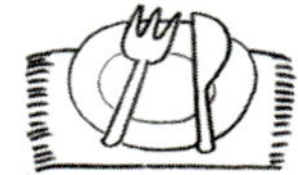

Bling & Bling
♛ ♛ ♛

WHAT 타이 레스토랑
WHERE 사톤 map. 491-D
PRICE 1인 1,000B~ (Tax & SC 17%)

수코타이 왕국의 공주가 되어 즐기는 우아한 저녁

셀라돈은 우아하고 품격 있는 수코타이 왕국의 이미지를 형상화한 수코타이 호텔 내의 타이 레스토랑이다. 호텔 건물과 독립된 공간에 고즈넉하게 자리잡은 셀라돈은 각종 미디어로부터 호평을 받았고 수상 경력도 화려하다.

연꽃이 아름답게 피어난 연못으로 둘러싸인 셀라돈의 내부로 들어서면 긴 복도를 따라 다이닝 공간이 하나씩 나타나는데 소규모 단위로 분리된 공간 덕에 더욱 프라이빗하면서 우아하게 다이닝을 즐길 수 있다. 또, 레스토랑 이름인 셀라돈은 왕실에서 쓰였던 고급 식기를 지칭하는데 이곳 역시 최고급 셀라돈을 이용해 품격을 높였다.

애피타이저로는 플레이팅 자체로 하나의 예술작품을 보는 듯한 셀라돈 애피타이저 셀렉션을 추천한다. 메인으로는 풍부한 게살과 큼지막한 새우를 곁들인 셀라돈표 팟타이 Pad Thai도 좋고 매콤하고 고소한 똠양꿍 Tom Yum Goong과 커리 메뉴도 맛있다.

🏠 13/3 South Sathorn Road, Bangkok
📞 02-344-8899
🕐 12:00~15:00, 18:30~23:00
🚶 MRT 룸피니 역에서 하차, 사톤 로드를 따라 약 10분 직진하면 반얀트리 옆 수코타이 호텔 입구 쪽에 있다.
📶 www.sukhothai.com

세트 메뉴도 주문이 가능하다. 가격은 1,000B~.

스파 보타니카 Spa Botanica

Bling & Bling

♛ ♛ ♛

WHAT 스파
WHERE 사톤 map. 491-D
PRICE 1인 1,500B~

최고만을 추구하는 진정한 럭셔리 스파

스파 보타니카는 싱가포르에서 건너 온 럭셔리 스파 브랜드로 최고 수준의 시설과 실력을 자부한다. 수코타이 호텔 내에 독립된 공간으로 자리하고 있는데 꽤 넓은 부지에 단 7개의 트리트먼트 룸만 운영하고 있어 고즈넉한 분위기에서 스파를 받을 수 있다.

스파 내부는 자연석과 짐 톰슨 실크 제품 등 그야말로 최고급 자재들로만 꾸며져 있으며, 스파 트리트먼트 시 사용되는 제품 또한 태국의 고급 로컬 브랜드 판퓨리Panpuri와 아로마 테라피Aroma Theraphy를 사용하는 등 세심한 노력을 기울이고 있다.

스파 보타니카의 시그니처 트리트먼트로는 얼굴의 탄력과 주름 완화에 효과가 좋은 페이셜 테라피와 다크서클과 노화 방지에 좋은 Restorative Facial With Rejuvenationg Eye Treatment, 얼굴부터 발끝까지 타이 자스민을 사용해 관리 받는 케어 Jasmine Purifying Ritual 등이 있다.

🏠 27 South Sathorn Road, Tungmahammek Sathorn Bangkok
📞 02-344-8900
🕐 09:00~22:00
🚶 BTS 살라댕 역 혹은 MRT 룸피니 역, 수코타이 호텔 내에 있다. 룸피니 역에서 더 가까우며 도보 약 10분.
📶 www.sukhothai.com

- 스파 예약 시간 **30분** 전에는 반드시 도착하여 테라피스트에게 개인의 몸 상태와 취향 등을 체크 받자.
- 페이셜의 경우 판퓨리 트리트먼트와 아로마 테라피 트리트먼트 메뉴가 구분되어 있으며 가격 또한 차이가 있다.

코모 샴발라 Como Shambhala

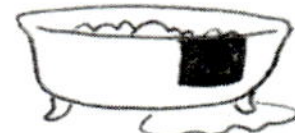

Bling & Bling
♛ ♛ ♛

WHAT 스파
WHERE 사톤 map. 491-D
PRICE 1인 2,400B~

극한 행복이 기다리는
성스러운 장소로의 초대

최고 수준의 서비스와 품격으로 세계적으로 명성을 얻은 코모 계열 호텔의 시그니처 스파다. 2000년 첫 오픈 이래 발리, 몰디브, 부탄, 방콕, 런던, 싱가포르 등으로 확장해 큰 사랑을 받아오고 있다.

불교 문헌에 따르면 샴발라Shambhala는 극한 행복을 맛볼 수 있는 성스러운 곳을 이르는 말. 코모 그룹은 명상과 스파를 통해 고객이 큰 행복감을 느껴 코모 샴발라 자체가 고객들의 '샴발라'가 될 수 있도록 하는 것을 지향한다.

동양의 전통 테크닉과 최첨단 기술이 조합된 다양한 트리트먼트와 페이셜 케어, 아유르베다 프로그램 등을 즐길 수 있는데 전문 컨설턴트가 고객의 몸 상태와 취향에 맞추어 코스(림프 순환 마사지, 근육 통증 완화, 체중 감량, 노화 방지 등)를 추천해준다. 고도로 훈련된 페이셜리스트, 요가 강사, 편리한 시설 등이 코모 샴발라의 인기 요인이다.

🏠 27 South Sathorn Road, Tungmahammek Sathorn Bangkok
📞 02-625-3355
🕘 09:00~21:30
🚶 MRT 룸피니 역에서 하차, 사톤 로드를 따라 직진한다. 반얀트리 호텔 옆, 메트로폴리탄 호텔 내에 있다. 역에서 도보 약 10분.
📶 www.comoshambhala.bz

메트로폴리탄 호텔과 코모 샴발라 스파에서 사용하는 용품들은 각종 약초와 꽃, 과일에서 추출한 최고급 퓨어 에센스 및 오일이다. 유해한 성분(쇠움, 파라빈, 실리콘, 인공색소 및 인공 향 등의 합성 물질 등)은 전혀 사용하지 않는 프리미엄급 제품들로 선물용으로도 좋다.

W 방콕 W Bangkok

Bling & Bling

♛ ♛ ♛

WHAT 체인 호텔
WHERE 사톤 map. 490-D
PRICE 1박 US$ 250~

방콕의 트렌드세터들을 위해

스타우드 체인 중에서도 가장 트렌디한 브랜드로 정평이 나 있는 W가 방콕에 드디어 입성했다. W 방콕은 오픈 전부터 트렌드세터들의 비상한 주목을 받으며 2012년 12월 오픈했다.

로비는 보랏빛으로 화려하게 장식했고 로비 옆에는 W의 상징적인 Woo-Bar가 자리 잡고 있다. 늦은 밤이면 디제이가 믹싱하는 음악을 들으며 한 잔 하려는 선남선녀들이 모이는 장소이기도 하다. 25층의 건물에 총 407개의 객실을 보유하고 있다.

가장 일반적인 객실은 원더풀 룸Wonderful Room으로 블랙 & 화이트를 콘셉트로 군데군데 보랏빛으로 포인트를 줬다. 스펙타큘러 룸Spectacular Guest Room은 기존의 원더풀 룸보다 약간 더 넓고 전망이 더 좋다.

트윈 베드 객실은 스펙타큘러 룸에는 없고 원더풀 룸만 가능하다. 기하학적인 구조의 아담한 수영장은 6층에 있는데 24시간 이용 가능하다.

🏠 106 North Sathorn Road, Silom, Bangrak Bangkok
📞 02-344-4000
🚶 BTS 총논씨 역 1번 출구에서 도보 약 3~4분 가면 있다.
📶 www.starwoodhotels.com

- 체크인은 15:00, 체크아웃은 12:00이다.
- 전 객실에서 와이파이를 무료로 이용할 수 있다.

차이나 하우스 China House

Bling & Bling

♛ ♛ ♛

WHAT 차이니즈 퓨전 레스토랑
WHERE 리버사이드 **map. 492-D**
PRICE 1인 1,000B~ (Tax & SC 17%)

1930년대 상하이로 들어가 즐기는 이국적인 요리

2006년 리노베이션을 거쳐 1930년대 상하이 스타일을 완벽 재현해 낸 차이나 하우스. 방콕내 에서도 분위기, 서비스, 맛, 모든 면에서 최고 클래스로 손꼽혀 태국의 셀러브리티나 하이쏘의 만찬 장소로 많이 활용된다. 리노베이션 전에는 콜로니얼풍 외관 뿐이었던 곳이 지금은 외관은 콜로니얼풍으로, 내부는 완벽한 올드 상하이 스타일로 꾸며졌다. 이국적인 내부에 들어서면 치파오를 입은 친절한 스태프들이 환한 미소로 손님을 맞는다. 낮에만 주문할 수 있는 딤섬 메뉴는 누구나 무난하게 즐길 수 있는 아이템. 딤섬을 뷔페로 즐길 수도 있다.

디너는 코스 메뉴와 단품 메뉴로 취향에 따라 즐길 수 있는데 로브스터를 넣어 고급스러움을 더한 차이나 하우스 핫 앤 사워 스프China House Hot & Souy Soup(960B)로 식사를 시작할 것을 추천한다. 매콤하면서 새콤한 이국적인 스프는 몸을 따뜻하게 만들고 소화를 돕고 식욕을 돋운다. 메인 메뉴로는 블랙 페퍼 비프 텐더로인Black Pepper Beef Tenderoin(650B)을 빼놓을 수 없는데 간은 약간 센 편이지만 알싸한 페퍼향과 부드러운 고기의 식감이 잘 어우러져 탄성이 절로 나온다.

🏠 The Oriental Bangkok, 48 Oriental Avenue, Bangkok
📞 02-659-9000
🕐 11:30~14:30, 18:00~22:30
🚶 (월요일 휴무, 일요일은 선데이 브런치 제공)
　 BTS 사판 탁신 역에서 내려 호텔 셔틀 보트를 이용한다.
🛜 www.mandarinoriental.com

일요일에 제공되는 선데이 브런치가 인기다. 애피타이저는 뷔페 형태로 메인은 무제한 주문 형식으로 즐길 수 있다. 차가 포함되는 경우 980B~, 차와 와인이 포함되는 경우 1380B~이다.

샹그릴라 Shangri-la

Bling & Bling
♛ ♛ ♛

WHAT 체인 호텔
WHERE 리버사이드 **map. 492-D**
PRICE 1박 US$200~

마치 오랜 친구 집처럼 포근

고급스럽고 럭셔리하지만 마치 친구의 집에 놀러 온 것 같은 편안함을 주는 숙소. 그것이 샹그릴라 방콕의 가장 큰 매력이다. 기존의 고풍스러운 모습에 최근 리노베이션을 거쳐 모던한 감각이 더해지면서 새로운 샹그릴라를 만나볼 수 있어 더욱 즐겁다.

799개의 객실이 있는 방콕의 샹그릴라는 메인 윙과 끄룽텝 윙의 두 개의 건물로 나뉘어 있다. 이 두 개의 건물은 단순한 윙의 개념을 벗어나 독립된 호텔 같은 느낌이 강하다.

강 위에 떠있는 것처럼 만들어진 타이 식당 살라팁Salathip과 세련된 분위기의 이탈리안 식당 안젤리니Angelini가 유명하다. 매일 저녁 뷔페가 열리는 넥스트2Next2도 이 호텔의 가치를 더욱 높여준다.

아침 식사도 메뉴가 상당히 다양하고 풍성하다. 강변의 전망이 멋지니 가급적 리버뷰 객실을 이용하길 추천한다. 호텔 전체에서 와이파이를 무료로 이용할 수 있다.

🏠 89 Soi Wat Suan Plu New Road, Bangrak Bangkok
📞 02-236-7777
🚶 BTS 사판 탁신 역 1번 출구로 나오면 우측에 보인다.
📶 www.shangri-la.com

- 샹그릴라의 최대 장점은 직원들의 친절함이다. 객실에서 전화를 하면 마치 오래전부터 잘 아는 사람처럼 전혀 기다림 없이 "헬로우 미스 ***"라고 이름을 불러준다.
- 크룽텝 윙을 통해 가면 바로 BTS 사판 탁신 역까지 편리하게 갈 수 있다.
- 호텔 내 선착장에서 리버 시티나 아시아티크로 가는 무료 셔틀 보트를 이용할 수 있다.

살라팁 Salathip

Bling & Bling
👑 👑 👑

WHAT 타이 레스토랑
WHERE 리버사이드 **map. 492-D**
PRICE 1인 1,500B~ (Tax & SC 17%)

맛과 멋이 어우러진
로맨틱 디너를 원한다면

샹그릴라 리조트의 정원에 위치한 태국 레스토랑으로 타이 전통 스타일의 파빌리온 건물과 짜오프라야강을 옆에 낀 로맨틱한 야외 다이닝 공간에서 여유로운 식사를 즐길 수 있다. 식사를 하는 도중에 아름다운 무희들이 펼치는 태국 전통 댄스 공연도 즐길 수 있어 일석이조다.

살라팁의 셰프 투사니Tussanee는 15년간 프랑스와 태국의 5성급 호텔 주방에서 요리했고 2004년부터 샹그릴라의 주방을 책임지고 있는 인물이다. 그녀는 시골의 작은 마을에서 태어났는데 어린 시절부터 어머니가 요리하는 것을 보며 허브와 양념의 사용법과 태국 가정의 전통 음식을 배울 수 있었다고 한다.

살라팁에서는 2종류의 세트 메뉴 중 하나를 선택할 수 있는데 세트 메뉴 주문 후 단품으로 추가 주문도 가능하다. 세트 메뉴는 그릴드 비프, 포멜로 샐러드, 그린 커리, 캐슈넛, 치킨 프라이, 스티키 망고 라이스 등 태국을 대표하는 요리를 다양하게 조합해 놓았다. 시원한 실내석도 좋지만 강변의 낭만을 즐기기에는 야외석이 제격이다.

🏠 89 Soi Wat Suan Plu, New Road, Bangrak, Bangkok
📞 02-236-9952
🕐 18:30~22:30
🚶 BTS 사판 탁신 역 1번 출구로 나오면 샹그릴라 호텔이 보인다.
📶 www.shangri-la.com

- 타이 댄스 공연은 19:45에 시작되며 손님들의 테이블 주변으로 이동하며 펼쳐지기 때문에 어느 좌석에 앉든 제대로 즐길 수 있다.
- 채식주의자인 경우 베지테리언 세트 메뉴도 주문이 가능하다. 가격은 1,200B.

더 시암 The Siam

Bling & Bling
♛ ♛ ♛

WHAT 디자인 호텔
WHERE 리버사이드 **map. 492-A**
PRICE 1박 US$300~

지금까지 당신이 경험한 럭셔리 호텔은 잊어라!

지금까지의 럭셔리한 숙소들과 차별화 된 것을 원한다면 더 시암으로 가자. 더 시암의 디자인에 참여한 빌 벤슬리Bill Bensley(태국 치앙라이의 포시즌스 텐티드 캠프와 아난타라, 푸껫의 인디고 펄, 코사무이의 포시즌스 등을 디자인한 세계적인 건축가) 조차 스스로 "우리 팀이 참여한 전 세계 150개 이상의 호텔과 리조트들 중 더 시암을 최고로 생각한다"고 이야기 했을 정도로 더 시암의 존재는 각별하다.

시암 베이쇼어 파타야Siam Bayshore Pattaya 등 태국의 굴지 리조트들을 보유한 카말라 수코솔Kamala Sukosol 일가가 만들어낸 하나의 작품 같은 숙소이다. 총 28개의 객실은 태국의 가장 번성했던 시기인 라마 5세 시대를 모티브로 지난 100년간 태국의 삶을 그대로 담고 있다. 일반 스위트 객실부터 풀빌라까지 갖추고 있다. 물론 숙박비용은 만만치 않지만, 이런 호사는 방콕에서만 누릴 수 있는 특권이다.

🏠 3/2 Thanon Khao, Vachirapayabal, Dusit, Bangkok
📞 02-206-6999
🚶 BTS 사판 탁신 역, 사톤 선착장에서 호텔 셔틀 보트로 30분 가면 있다. (전화 예약 필수)
📶 www.thesiamhotel.com

- 각 객실에는 전담 버틀러가 있어 최고급 밀착 서비스를 받을 수 있다.
- 이 숙소가 위치한 지역은 두짓 지역이다. 가장 쉽게 찾아갈 수 있는 방법은, BTS 사판 탁신 Saphan Taksin 역 사톤 Sathorn 선착장에서 호텔 셔틀 보트를 탑승하는 것. 호텔 셔틀 보트 시간은 10:40, 12:00, 13:20, 14:40, 16:00, 17:20, 18:40이다. 투숙객이 아닌데 레스토랑 예약 없이 가는 경우, 셔틀 보트 탑승 자체가 거부되는 경우가 있으니 레스토랑은 미리 예약을 하는 것이 좋다.
- 모엣 샹동이 제공되는 샴페인 애프터눈 티 세트도 추천할 만하다. 1인 1,450B.

아난타라 방콕 리버사이드 리조트

Anantara Bangkok Riverside Resort and Spa

Bling & Bling
♛ ♛

WHAT 체인 호텔
WHERE 리버사이드 map. 492-C
PRICE 1박 US$150~

전체가 하나의 공원 같은
도심 속 오아시스

도시의 편리함과 휴양지의 편안함을 모두 즐기고 싶다면 이곳, 아난타라 방콕 리버사이드 리조트가 정답이다. 방콕에서 가장 리조트다운 분위기의 숙소로 총 45,000㎡에 달하는 넓은 부지에 3개의 동과 12개의 레스토랑, 쇼핑몰이 있다.

숙소 전체가 아름다운 정원으로 꾸며져 있어 마치 공원같다. 타이 모던 스타일로 꾸며진 호텔은 태국의 정취를 느끼기에도 그만이다. 낮에는 숙소의 수영장에서 여유를 부리고, 저녁이면 도심으로 나가 쇼핑과 스파, 식도락을 즐기고자 하는 공주들에게도 안성맞춤이다. 아침 식사도 상당히 잘 나오니 여유 있게 즐겨보자.

리조트 자체로는 나무랄 데가 없지만 외부 스케줄이 많은 경우 다소 불편할 수 있다. 호텔 측에서 무료 보트를 운행하고 있지만 선착장에서 15~20분 정도 걸리는 데다 가까운 밀레니엄 힐튼이나 만다린 오리엔탈처럼 보트가 자주 있진 않다. 이곳에 머무를 경우에는 리조트 내 휴양을 위주로 하고 하루 정도 아시아티크에서 쇼핑과 다이닝을 계획한다면 완벽하겠다.

🏠 257/1-3 Charoennakorn Road Thonburi, Bangkok
📞 02-476-0022
🚶 짜오프라야 강변, 사톤 선착장에서 호텔 셔틀 보트로 15분 가면 있다.
📶 bangkok-riverside.anantara.com

- 호텔과 연결된 로열가든 플라자 쇼핑몰에는 시즐러, 스타벅스, 맥도널드, 기념품 숍이 있어 편리하게 이용 가능하다.
- 호텔에서 사톤 선착장을 오가는 셔틀 보트는 07:15~24:00 사이에 운영된다.

Riverside | Anantara Bangkok Riverside Resort and Spa

미드나잇 인 방콕

여행을 할 때마다 절감하는 사실은, 우리의 인생은 밤이 있어 더욱 아름답다는 것. 해가 지고 어둠이 찾아와야 비로소 충만해지는 밤의 감성과 무드 그리고 로맨스. 부디 방콕에서 오롯이 만끽해 보시라. 어디서든 좋다. 화려한 불빛이 일렁이는 바와 클럽이든, 바람이 살랑이는 밤의 거리든, 잘 건조돼 바삭바삭 폭신폭신한 호텔 침구에 파묻혀서든. 잊지 않고 내내 추억할 수 있는 자신만의 '미드나잇 인 방콕'을 꼭 기록해 놓도록.

방콕 최고의 전망

버티고 & 문 바
Vertigo & Moon Bar

관광객에게 너무 노출되어 이제는 조금 식상한 느낌이 드는 곳이지만 방콕 최고의 전망을 가졌다는 데는 이의를 제기할 수 없다. 이곳의 절반은 레스토랑으로, 절반은 바로 활용된다.
편안한 분위기에서 마음껏 사진 찍으며 시간을 보낼 수 있다는 건 좋은데, 왔다갔다 사진 찍는 사람이 많고 다닥다닥 붙은 테이블 배열이 다소 정신없다는 건 단점. 우아하고 로맨틱한 분위기를 좋아하는 여성들이 특히 많이 찾는다.

🏠 21/100 Banyan Tree Hotel, South Sathon Road, Sathon Bangkok
📞 02-679-1200
🕐 버티고 18:00~22:00, 문 바 17:00~01:00
🚶 MRT 룸피니 역 2번 출구, 반얀트리 호텔 61층에 있다.

루프톱 바의 양대산맥

시로코 & 스카이 바
Sirocco & Sky Bar

버티고 & 문 바와 함께 방콕 루프톱 바의 양대산맥으로 꼽히는 곳. 시로코 레스토랑과 스카이 바로 구분된다. 역시나 관광객들에게 널리 알려져 방콕 초보 여행자의 필수 코스로 꼽히는 곳이다. 무엇보다 이곳의 가장 큰 매력은 황금색 돔. 마치 동화 속의 신데렐라가 된 듯한 기분이 든다. 세련되고 스타일리시한 분위기는 좋지만 사진 촬영이 엄격하게 금지되어 있으며, 바의 경우 좌석이 없어 일어서서 칵테일을 마시고 야경을 즐겨야 한다.

🏠 The Dome at lebua 63F, 1055/42 Silom Road, Bangrak, Bangkok
📞 02-624-9555 🕐 18:00~01:00
📶 www.lebua.com/sirocco
🚶 BTS 사판 탁신 역, South Charoen Krung Road로 진입해 직진하면 왼편에 르 부아 Le Bua at State Tower가 보인다. 그 건물 63층에 있다.

환상야경!
전망 좋은 루프톱 바

분위기 있는 밤을 즐길 수 있는 것은 물론이고, 방콕의 야경을 감상하는 뷰포인트로 손색이 없는 루프톱 바를 소개한다. 사방으로 탁 트인 스카이라인과 몽환적인 음악에 둘러싸여 앉아 있으면, 어느 이름 모를 나라의 퍼스트레이디가 된 것만 같은 기분이 드는 건 자연스러운 일이다.

떠오르는 뉴 페이스

레드 스카이
Red Sky

버티고와 시로코로 대변되는 방콕 루푸톱 바의 뉴 페이스로 두 곳의 장점만을 살린 느낌이다. 확 트인 전망이야 우열을 가리기 힘들지만 시로코만큼 세련되고 럭셔리한 분위기에 버티고의 편안함을 더해 최고의 핫 플레이스로 자리 잡았다.

🚶 BTS 칫롬 역, 센타라 그랜드 호텔 55~56층에 있다.

방콕 셀럽들의 핫 플레이스

어보브 일레븐
Above eleven

소박한 뷰를 가지고 있지만 최근 방콕의 셀럽들과 외국인들이 많이 찾는 핫 플레이스다. 어지간한 비용으로는 어림도 없었던 버티고와 시로코의 레스토랑과는 달리 이곳에서는 비교적 합리적인 가격에 식사도 해결할 수 있다.

🚶 BTS 나나 역, 쏘이11을 따라 직진, 우측 프레이저 스윗 건물 뒤편에 입구가 따로 있다.

클럽 가고 싶을 땐 쏘이10, 쏘이11

물 좋은 클럽에 가고 싶을 때 주저 없이 텅러로 향하자. 텅러 메인 로드를 따라 블링블링 유명 클럽들이 줄지어 늘어서 있는데 특히 쏘이10 주변에 하이쏘들이 열광하는 핫한 클럽들이 모여 있다. BTS 텅러 역에서 내리면 도보로 충분히 걸을 수 있는 거리이긴 하지만 하이힐에 한껏 차려입은 차림새로 걷기엔 다소 무리가 될 수도 있다. 출발지에서 처음부터 택시를 타거나 BTS 텅러 역에 내려 택시를 타는 것이 좋겠다. 스쿰빗 쏘이11 또한 밤에 더 반짝이는 거리! BTS 나나 역에 내려 쏘이11로 진입하면 바쉬, 베드서퍼클럽, 레벨스 클럽, 큐 바 등 신상 클럽부터 이 골목에서 잔뼈가 굵은 스테디 클럽까지 길을 따라 자리잡고 있다.
* 클럽 거리 map. 486 - B 참조.

내 집 같은
편안한 밤을 보내려면
서비스 아파트먼트

방콕에는 호텔 외에도 '서비스 아파트먼트Serviced Apartment' 형태의 숙소가 많다. 서비스 아파트먼트는 아파트 스타일의 숙소로, 보통 호텔보다 객실이 넓고 저렴한 편이다. 한 달 이상의 장기 체류자뿐 아니라 단기 여행자도 이용할 수 있다. 대부분 주방 시설을 갖추고 있어서 내 집처럼 편안한 숙소를 원하는 여행자들에게 큰 환영을 받고 있다. 단, 부대시설이 미비하고 호텔급의 서비스를 기대하긴 어렵다. 부대시설을 별로 이용할 일이 없고 객실에서 보내는 시간이 많은 여행자에게 적합하다.

매리어트 이그제큐티브
아파트먼트 스쿰빗 파크
Marriott Executive Apartments Sukhumvit Park 24

스쿰빗 쏘이24 중간에 위치한 서비스 아파트먼트로 장점이 많은 숙소이다. 객실에 서비스 아파트먼트가 갖춰야하는 모든 사양을 갖추고 있고 호텔식의 충분한 부대시설과 친절한 서비스도 제공된다.

🛜 www.marriott.com
🚶 프롬퐁 역에서 도보로 15분. 리프레시 스파 바로 맞은편에 있다.

그랑데 센터포인트 -터미널 21
Grande Centre Point Hotel & Residence

방콕의 대표 서비스 아파트먼트 체인 중 하나인 센터포인트 Centre Point의 숙소이다. 숙소에서 BTS 아쏙 역, MRT 스쿰빗 역과 바로 연결되기 때문에 위치만큼은 둘째가라면 서러울 정도로 좋다. 다른 주방 시설 없이 간단한 개수대와 전자레인지 정도만 갖추고 있다.

🛜 www.centrepoint.com
🚶 아쏙 역에서 도보로 2분. 호텔 로비와 아쏙 역이 바로 연결된다.

오크우드 레지던스 스쿰빗24
Oakwood Residence Sukhumvit24

오크우드 레지던스 스쿰빗 24는 프롬퐁 역에서 도보로 단 5분 거리에 있어 위치의 장점이 단연 돋보인다. 편리한 위치와 넓은 객실을 중요하게 여기는 여행자들은 이 숙소의 이름을 잘 기억해두면 좋다.

🛜 www.oakwood.com
🚶 스쿰빗 쏘이24 초입. 프롬퐁 역에서 도보로 5분 걸린다.

아난타라 반 라즈프라송
Anantara Baan Rajprasong Serviced Suites

방콕에 최초로 오픈한 아난타라 반 라즈프라송은 기존의 아난타라가 갖고 있는 전통적인 아름다움 대신 모던한 스타일로 꾸며졌다. 수영장 등 부대시설도 레지던스 형 숙소답지 않게 매우 충실한 편이다.

🛜 http://rajprasong-bangkok.anantara.com
🚶 BTS 랏차담리 역에서 도보로 10분 걸린다.

메이페어 매리어트
Mayfair Marriott Bangkok

랑수언 로드의 터줏대감 같은 숙소로 세계적인 체인 호텔인 매리어트에서 운영하는 고급 서비스 아파트먼트이다. 25층의 건물에 총 164개의 객실이 있고 침실 수에 따라 1베드룸, 2베드룸, 3베드룸이 있다. 편안한 거실과 완벽한 주방 시설, 친절한 서비스가 내 집 같은 편안함을 느끼게 해준다.

🛜 www.marriott.com
🚶 랑수언 로드의 중간. BTS 칫롬 역과 10분 거리이다.

프레이저 랑수언
Fraser Langsuan

밝고 경쾌한 분위기의 서비스 아파트먼트. 아기자기하고 깔끔한 인테리어에 세심한 서비스로 여성 여행자들의 선호도가 높다. 수영장이 33층에 위치해 있어 수영장에서 보는 전망이 탁월하다.

🛜 www.frasershospitality.com
🚶 랑수안 로드. 쏘이1 직전에 있다.

방콕에서 방콕
방콕 호텔 놀이

10만 원 미만의 알짜배기 부티크 호텔부
터 30만 원을 훌쩍 넘는 초호화 호텔까지
선택의 폭이 넓어 행복한 비명을 지르게
만드는 방콕의 호텔들. 사실 다른 데 안 돌
아다니고 호텔에 콕 처박혀 노는 것도 충
분히 재밌다.

How to Choose 호텔, 어떤 곳을 고를까?

부티크 호텔

독특한 개성과 콘셉트를 무기로 내세운 부티크 호텔은 합리적인 가격에 그 어느 곳에서도 경험해볼 수 없
는 특별한 추억을 가질 수 있다는 것이 가장 큰 장점. 부티크라는 이름에 걸맞게 걸출한 디자인과 세심한
서비스를 갖춘 곳도 많은 반면 규모가 대부분 작다 보니 변변한 부대시설도 갖추어지지 않고 디자인에 가
려 편의성이 떨어지는 곳도 많아 호불호가 크게 갈리는 편이다.

체인 호텔

하얏트, 힐튼, 노보텔 등 방콕 역시 세계적으로 많은 호텔을 보유하고 있는 체인 호텔이 많이 들어서 있다.
이들 체인 호텔의 가장 큰 장점은 브랜드가 주는 신뢰감. 다른 지역에서 경험해본 것만으로 이미 비슷한 수
준의 서비스와 시설을 짐작할 수 있으므로 선택하는데 많은 도움이 된다. 단, 어느 곳의 체인이나 대동소이
한 모습이기 때문에 색다른 분위기를 느끼지는 못한다는 것이 단점.

대형 리조트

주로 방콕의 짜오프라야 강변이나 파타야, 후아힌 등지에서 볼 수 있는 대형 리조트의 가장 큰 특징이자 장
점은 넓은 부지를 이용한 다양한 부대시설이다. 도심의 비즈니스 호텔에서는 느끼지 못하는 여유로움과
트로피컬한 분위기를 제대로 만끽할 수 있어 신혼여행객이나 가족여행자들에게 특히나 인기가 많다. 객실
료가 비싼 편이므로 외부 활동이 많은 여행자보다는 호텔에서 많은 시간을 보낼 여행자에게 적합하다.

How to Enjoy 야무지게 호텔에서 노는 방법

7AM

최신식 시설이 갖추어져 있는 호텔 피트니스 센터, 이용하지 않을 수 없다. 평소엔 거들떠 보지도 않는 러닝 머신에서 땀 흘리며 운동도 해 보고 바로 옆 스팀룸과 사우나에서 시원하게 땀도 빼본다.

9AM

호텔 조식을 먹으며 여유롭게 아침을 맞는 건 상상만 해도 기분이 좋아진다. 느긋하게 일어나 모닝커피 한 잔 앞에 두고 우아하게 아침식사를 즐겨보자.

11AM

오늘을 위해 준비한 화려한 비키니를 자신 있게 걸치고 수영장으로 Go! Go! 선베드에 누워 음악도 듣고 책도 읽고 시간을 보내다 더워지면 풀 바에서 상큼한 모히토 한 잔 주문해 마시고 물에 첨벙 뛰어들기만 하면 리프레시 완료!

1PM

객실 내 비치되어 있는 호텔 안내 책자에서 원하는 레스토랑을 골라 점심식사를 한다. 합리적인 가격의 런치 세트나 런치 뷔페를 즐겨도 좋다. 별로 배가 고프지 않다면 조금 늦게 호텔 로비 라운지에서 애프터눈 티 세트를 즐겨도 좋다.

4PM

오늘은 온전히 나를 위해 투자하는 날. 평소엔 엄두조차 못내던 고급 스파에서 몸과 마음의 피로를 말끔히 씻어버리자. 호텔 내 레스토랑, 스파 등을 이용할 때면 따로 지갑을 챙겨가지 않아도 객실 번호와 사인 하나면 모두 OK. 호텔 내 요가 클래스나 쿠킹 클래스가 있다면 꼭 참석해 보자.

7PM

호텔의 시그니처 레스토랑에서 정찬을 즐겨보자. 컨시어지를 통해 미리 좋은 자리로 예약을 해 두면 더욱 좋다. 레스토랑에 가기 전 평소보다 조금 화려하고 럭셔리하게 차려입고 가는 걸 잊지 말자. 다소 불편한 옷과 하이힐도 호텔 내에서 이동하는 것이니 문제 없다.

10PM

호텔 내의 루프톱 바나 라운지에서 우아하게 칵테일로 하루를 마무리! 트로피컬한 느낌 가득한 피나 콜라다도 좋고 시크한 도시 느낌의 메트로폴리탄도, 깔끔한 모히토도 마음껏 즐기자. 방이 바로 코앞이니 오늘은 진~하게 취해 봐도 좋을 듯.

W
DID
dine in the dark
TWG
FENDI
W

Bling
&
Bling
Bangkok

파타야로 가거나 후아힌으로 가거나

"방콕은 다 좋은데 바다가 없잖아? 진정한 휴가엔 바다가 있어야 해. 그래야 완벽해." 모르시는 말씀. 방콕 근교로 조금만 이동하면 얼마든지 바다를 즐길 수 있다. 온갖 해양 액티비티는 물론이고 럭셔리한 캠핑과 생각지도 못한 와이너리 투어까지! 도시와 자연을 아우르는 완벽한 휴가를 원한다면 자, 파타야로 가거나 후아힌으로 가거나.

Outside
Special

Let's go to Pattaya & Hua Hin!

쇼핑과 다이닝을 즐기자니 도시를 여행지로 정해야할 것 같고, 한편으론 지친 몸과 마음을 충분히 힐링해 줄 휴양지가 아쉽기도 하다. 방콕을 여행지로 정했다면 이런 걱정은 붙들어 매자. 방콕 근교로 가면 방콕과는 전혀 다른 매력의 휴양지를 만날 수 있으니!

세련된 시티 투어와 자연 속 완벽한 휴양을 한 번에 즐길 수 있는 여행 속의 여행을 떠나보자. 방콕에서 접근성이 가장 좋은 휴양지로는 파타야Pattaya와 후아힌Hua Hin을 들 수 있다.

사실 파타야는 저렴한 패키지 여행 상품에 단골로 등장해 편견이 많은 지역이기도 하다. 붉은 조명 아래서 야시시한 차림을 하고 춤을 추며 남성을 유혹하는 '언니(?)'들의 모습이 파타야의 대표적인 이미지로 꼽히고 있는 것도 사실이다.

하지만 색안경을 살짝 벗고 파타야에 일단 발을 들이면, 방콕과는 또 다른 매력을 가진 파타야에 흠뻑 빠지고 말 것이다. 바다를 따라 늘어서 있는 스타일리시한 호텔과 리조트, 화려한 쇼핑몰, 그와 상반되는 골목골목의 소박한 식당들, 말쑥하게 차려 입고 정찬을 즐기는 사람들과 맥주 한 병 놓고 여유롭게 바다를 즐기는 사람들이 공존하는 곳. 파타야는 팔색조 같은 매력을 지닌 휴양지다.

후아힌은 옛 왕족들의 휴양지였던 만큼 파타야보다 평화롭고 조용한 분위기다. 작은 규모의 쇼핑 센터와 골목골목 점잖아 보이는 작은 식당들, 해변 구석구석 숨어 있는 동화 같은 느낌의 카페들까지… 짧은 은둔과 힐링을 테마로 한다면 이보다 완벽한 곳은 없지 않을까 싶다.

파타야 수상시장 Pattaya Floating Market

Outside Special

WHAT 수상시장
WHERE 파타야 **map. 496-D**
PRICE 입장료 1인 200B(배 이용 시 300B)

시간 가는 줄 모르는
흥미로운 놀이터

태국을 홍보하는 사진이나 관광책자에서 꼭 한 번쯤은 본 적이 있을 정도로 파타야 수상시장은 태국을 대표하는 관광지 중 하나다. 방콕 시내에서 많이 찾는 담넌싸두억 수상시장이 주거생활을 통해 자연스럽게 만들어진 수상시장이라면 이곳은 인공적으로 저수지에 수상 가옥을 짓고 상점을 입점시킨 형태다. 타이 전통 티크우드로 만들어진 100여 채의 가옥으로 이루어져 있으며 1,000여 가지의 아이템을 접할 수 있는 최고의 쇼핑 포인트이자 관광지, 문화체험의 장이라고도 할 수 있다.

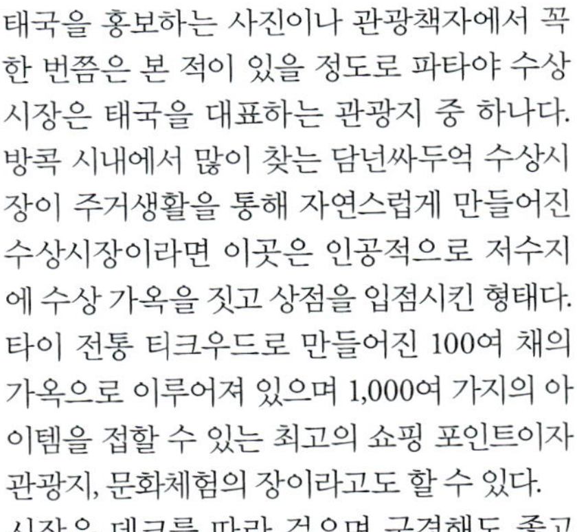

시장은 데크를 따라 걸으며 구경해도 좋고 보트를 타고 둘러보아도 좋은데 보트는 따로 추가요금을 내야하며 돌아보는 데 30분 정도 소요된다. 태국 전통 공예품과 기념품, 의류, 액세서리 등 다양한 용품을 구매할 수 있으며 중간 중간 전통 먹거리들도 많이 팔고 있어서 군것질을 즐기며 느긋하게 돌아보는 즐거움도 느낄 수 있다. 곳곳에 마사지숍, 사원 등이 있으며 타이 복싱, 댄스 공연 등 수상시장측에서 마련한 상설 공연도 열린다. 레펠, 워터볼, 마술쇼 등 다양한 액티비티를 즐길 수 있는 공간도 마련되어 있다.

🏠 451/304 Moo 12, Sukhumvi-Road Pattaya Nongprue, Banglamung, Chonburi
📞 038-706-340
🕐 10:00~22:00(업소마다 다름)
🚶 파타야 외곽 방사레이Bang Saray와 사타힙Sattahip 방향 수쿰비 로드 Sukhumvi Road에 있다.
📶 www.pattayafloatingmarket.com

- 입장료는 1인당 200B, 배를 타는 경우에는 300B를 내면 된다.
- 전 장소는 금연으로 적발 시 2,000B의 벌금을 내야한다.

힐튼 파타야 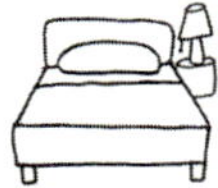 Hilton Pattaya Hotel

Outside Special
♔ ♔

WHAT 체인 호텔
WHERE 파타야 map. 496-D
PRICE 1박 4,200B~

파타야 비치를 한 품에 안은
파타야의 랜드마크

힐튼이라고 다 같은 힐튼이 아니다. 기존의 힐튼이 비즈니스 호텔의 성격이 짙어 컴팩트하고 편리성은 있으나 좀처럼 감동은 찾기 힘들었다면 힐튼의 파타야 버전은 취향 까다로운 젊은 여성들부터 가족을 동반한 여행객들까지 다양한 연령대와 성별을 두루 만족시키는 장점들을 고루 갖추고 있다.

힐튼 파타야의 가장 큰 장점이라면 뭐니뭐니해도 최적의 위치조건을 꼽지 않을 수 없다. 참새 방앗간 드나들듯 해도 전혀 부담스럽지 않은 지척에 파타야 최고 쇼핑몰 센트럴 페스티벌이 있고 파타야 비치 로드의 딱 절반의 위치에 있기에 이리저리로 움직이기 편한 점 또한 큰 장점이다.

스타일은 또 어떠한가? 전체적으로 바다를 콘셉트로 했다고 하는데 16층 로비에 들어서자마자 눈에 띄는 천정의 구조물들은 파도를 형상화한 것으로 마치 바다 속에 들어와 있는 듯한 느낌을 준다. 같은층에 위치한 스타일리시한 수영장은 힐튼 파타야의 감각의 끝을 보여준다. 파타야 비치 앞으로 확 트인 수영장 '인피니티 풀'은 보는 것만으로 가슴이 확 트인다.

🏠 333/101 Moo 9, Nong Prue, Banglamung, Pattaya
📞 038-253-000
🚶 파타야 비치 로드, 센트럴 페스티벌과 함께 있다.
📶 www.pattaya.hilton.com

- 센트럴 페스티벌 5층에서 힐튼 파타야 15층으로 연결된다(구조상 층수의 차이가 있으니 유의할 것).
- 스타일리시한 바(Bar) 호라이즌, 알찬 뷔페로 추천할 만한 디 엣지 등 레스토랑과 바도 훌륭하니 투숙기간 내에 이용해 보자.

drift

림파 라뺑 Rimpa Lapin

Outside Special ♛♛

WHAT 인터내셔널 레스토랑
WHERE 파타야 map. 496-D
PRICE 1인 300B~

절벽 아래로 펼쳐지는 로맨틱한 풍경

태국 현지의 젊은 커플들이 데이트 장소로 많이 찾는 곳이다. 림파 라뺑은 연예인인 린다와 그의 남편 옷이 함께 오픈한 레스토랑이다. 린다와 옷은 연애 시절 바쁜 스케줄 중에도 짬을 내어 이곳 바닷가를 내려다보며 데이트를 하곤 했는데 그러면서 자연스레 이곳에 멋진 레스토랑을 열 것을 약속했다고 한다.

그들의 아름다운 사랑만큼이나 레스토랑도 로맨틱한 분위기가 넘치는데, 특히 레스토랑 안쪽의 절벽을 따라 내려가며 배치되어 있는 테이블은 정말 압권이다. 아름다운 바다가 한눈에 들어오는데다가 아슬아슬한 절벽 아래서 즐기는 멋진 식사는 잊지 못할 추억을 남겨준다.

림파 라뺑은 태국 음식뿐 아니라 웨스턴 메뉴와 칵테일 등 다양한 음식을 취급하는데 아무래도 태국 음식이 더 인기가 있는 편이다. 태국식 게 요리인 뿌팟퐁 커리와 태국식 굴전, 어쑤언, 당면과 해산물을 넣은 매콤새콤한 샐러드, 얌운센 등이 추천할 만하다.

🏠 152/2 M.3, Soi Najomtien 36, Sattahip, Pattaya Chonburi
📞 038-235-515, 084-451-5686
🕐 월~금 17:00~24:00, 토 · 일요일 14:00~24:00
🚶 반 암포 비치 Baan Amphoe Beach, 파타야 시내에서 차로 30분 거리에 있다.
📶 www.rimpa-lapin.com

- 림파 라뺑은 파타야 시내에서 조금 떨어진 외곽에 있다. 왕복으로 썽태우를 대절해 이동하는 것이 좋은데 식사 시간 1시간 내외를 포함해 왕복 700~800B 선이 적당하다.
- 좋은 자리는 경쟁이 치열하니 반드시 방문 전 예약을 하는 것이 좋다(주말은 예약불가).

만트라 Mantra

Outside Special ♛ ♛ ♛	**WHAT** 인터내셔널 레스토랑 **WHERE** 파타야 map. 496-A **PRICE** 1인 1,500B~ (Tax 7%)

Dynamic, Stylish & Seriously Cool!

방콕 도심에 두어도 뒤지지 않는 럭셔리하고 스타일리시한 레스토랑 겸 바이다. 아마리 오키드 리조트에서 운영하는 곳으로 리조트 건물과 떨어진 곳에 독립적으로 자리하고 있다.

안쪽으로 들어서면 우선 이국적이고 화려한 바 공간이 나타나는데 편안하고 자유로우면서도 격식을 차린 사교계의 느낌을 잘 담아냈다.

1, 2층으로 나뉘어진 다이닝 홀은 정중앙의 메인 다이닝 시어터Main Dining Theatre를 중심으로 테이블과 오픈 키친이 배치되어 있어 마치 메인 다이닝 시어터의 셰프가 모든 코너를 지휘하는 오케스트라 분위기가 느껴진다.

태국, 일본, 인디아, 중국 등 아시안 코너와 그릴, 지중해식, 시푸드까지 총 7개의 다양한 섹션이 있다. 취향이 다른 사람들이 가더라도 선택의 폭이 넓어 다채로운 경험을 할 수 있으며 각 스테이지에는 전문 셰프들이 음식들의 퀄리티를 철저하게 관리한다.

🏠 152/2 M.3, Soi Najomtien 36, Sattahip, Pattaya Chonburi
📞 038-429-591
🕐 바 17:00~01:00, 레스토랑 18:00~01:00
(일요일 브런치 11:00~15:00, 디너 없음)
🚶 아마리 오키드 리조트 가든 윙 쪽에 있다.
📶 www.mantra-pattaya.com

- 일요일 오전 11시부터 오후 3시까지는 만트라의 특별한 선데이 브런치를 즐길 수 있다. 1인 1,6090B+이며 무제한 와인을 즐기고 싶다면 1,250B+를 추가하면 된다.
- 인디안 섹션의 난과 탄두리는 수준급의 맛을 자랑하며 담백한 생선 요리 Snow Fish With XO Sauce, 만트라의 특별한 소스를 곁들인 새우 요리 Deep Fried Prawns With Sweet Horseradish Sauce도 훌륭하다.

센타라 그랜드 미라지 비치 리조트

Centara Grand Mirage Beach Resort

Outside Special
♛ ♛

WHAT 리조트
WHERE 파타야 map. 496-A
PRICE 1박 3,900B~

이렇게 재미있는 리조트 봤어?

센타라 그랜드 미라지 비치 리조트는 태국에 세워진 최초의 테마 리조트로 어마어마한 규모와 무한한 즐길거리로 오픈 당시부터 큰 이슈를 불러일으켰다. 나끌루아 비치를 향해 난 18층의 거대한 건물은 무려 555개의 객실과 부대시설을 포함하고 있다.

파타야에서는 유일하게 555개의 모든 객실이 바다를 향해 난 오션 뷰 객실로 구성되어 있다. 전체 리조트는 영화로 큰 사랑을 받았던 '잃어버린 세계 Lost World'를 콘셉트로 제작되었으며 리조트 입구의 돌출된 커다란 형태의 독특한 구조물도 노아의 방주를 콘셉트로 해 제작되었다고 한다.

거대한 리조트 건물 앞쪽으로는 수영장과 레스토랑, 해변이 그림같이 펼쳐지는데 이곳이 테마파크인지 리조트인지 분간이 가지 않을 정도로 압도적인 느낌이 든다. 유선형의 풀과 수많은 선베드, 230m에 이르는 비치에서 시간을 보내다 보면 리조트의 콘셉트처럼 현실과 분리된 또 다른 세계에 뛰어든 느낌이 든다.

🏠 277 Moo 5, Naklua, Banglamung, Pattaya
📞 038-301-234
🚶 파타야 북부, 나끌루아 비치에 있다.
📶 www.centarahotelsresorts.com

- 센트럴 페스티벌까지 유료로 운행하는 셔틀이 있으며 미리 예약해야 한다.
- 센타라 그랜드 미라지 리조트 내에 위치한 스파 센와리는 실력과 시설 면에서 훌륭한 평가를 받고 있으니 시도해보자.

호라이즌 Horizon

WHAT 루프톱 바&레스토랑
WHERE 파타야 map. 496-D
PRICE 1인 1,000B~

파타야 비치를 품에 안은 시크한 바

파타야에 이렇게 훌륭한 전망을 가진, 스타일리시한 바가 또 있을까? 방콕에선 흔하디흔한 루프톱 바 겸 레스토랑이지만 사실 파타야라는 지역적 특성을 고려한다면 이렇듯 시크하고 멋진 곳은 기대하기 힘들다.

호라이즌은 파타야의 중심이자 파타야 내 최고의 호텔로 꼽을 수 있는 힐튼 34층에 위치한 루프톱 바 겸 레스토랑이다. 절제된 조명과 모던한 인테리어로 꾸며져 있고, 실내는 본격 다이닝 공간으로 야외석은 바를 주변으로 칵테일과 와인을 편안하게 즐길 수 있도록 꾸며져 있다.

가볍게 술 한잔 하기에 제격인 메뉴로는 신선하고 오동통한 오이스터가 있다. 오이스터에 호라이즌 특제 칠리소스를 곁들이면 와인과 함께 입안을 깔끔하게 정리해주는 느낌이다. 식사가 될 만한 메뉴 중에는 일본산 흑돼지 요리 쿠로부타 포크 텐더로인Kurobuta Pork Tenderloin(950B)를 추천할 만하다.

🏠 34F, Hilton Pattaya, 333/101 Moo 9, Nong Prue, Banglamung, Pattaya
📞 038-253-077
🕐 17:00~01:00
🚶 힐튼 파타야 34층에 있다.

일행이 여럿이라면 호라이즌의 시그니처 칵테일 Horizon 8 Shot Tower(1,100B)를 놓치지 말자. 여럿이 나누어 먹기에도 좋고 하나씩 뽑아 먹기도 재미있다.

화이트 로투스 White Lotus

Outside Special ♔ ♔

WHAT 차이니즈 레스토랑 & 바
WHERE 후아힌 map. 497-D
PRICE 1인 500B~ (Tax & SC 17%)

멋진 풍경을 담은 칸토니즈 퀴진

힐튼 호텔 17층에 자리한 화이트 로투스. 정통 칸토니즈 레스토랑 '화이트 로투스'와 시크하기 그지없는 '로투스 스카이 바'가 결합된 묘한 분위기를 지닌 곳이다. 우선 후아힌에서는 드물게 정통 칸토니즈 메뉴를 맛볼 수 있다는 점이 눈길을 끈다. 후아힌 전경이 한 눈에 들어오는 멋진 전망과 자칫 촌스러울 수 있는 붉은 색을 테마로 고급스럽게 꾸며놓은 실내, 로투스 스카이 바의 스타일리시한 인테리어도 마음을 사로잡는다.

화이트 로투스의 대표 메뉴는 페킹 덕Peeking Duck이다. 3~4명이 충분히 먹을 수 있는 푸짐한 양으로, 바삭한 껍질은 밀전병과 춘장, 파 등을 곁들여 쌈으로 즐기고 나머지 살코기는 손님이 선택한 1~2가지의 요리법으로 다양하게 조리되어 서브된다. 식사 후에는 바로 옆에 위치한 로투스 스카이 바에서 멋진 전망과 함께 칵테일 한 잔 즐기는 것도 잊지 말자.

🏠 Add 33 Naresdamri Rd Hua Hin
📞 032-538-999
🕐 18:00~22:30 (월요일 휴무)
🚶 힐튼 후아힌 17층에 위치
📶 www.hilton.com

주말과 공휴일에는 11시 30분부터 14시 30분까지 딤섬 뷔페를 즐길 수 있으며 1인 1인 449B이다.

플런완 Plearnwan

Play & Learn!!!

플런완Plearnwan은 Play(놀다)와 Learn(배우다)의 합성어인 플런Plearn과 태국어로 과거, 어제(Yesterday)를 뜻하는 완Wan을 합친 말이다. 이름처럼 플런완은 30~40년 전 후아힌의 실제 재래시장의 모습을 콘셉트로 꾸며, 공간 안에서 자연스레 쇼핑과 먹거리를 즐기며 과거의 후아힌을 체험하고 배우는 장으로서의 역할을 톡톡히 하고 있다.

안쪽으로 들어서면 복층 구조의 'ㅁ'자 형태의 공간이 자리하고 있는데 영화에서 툭 튀어나온 듯한 오래된 자전거숍과 학교 앞에서 보았을 법한 불량식품 가게, 태국의 젊은이들이 독특한 아이디어를 들고 나온 소점포들이 다닥다닥 붙어 있다. 또, 플런완 곳곳에는 후아힌과 후아힌에서 살아가는 사람들을 테마로 한 미술 작품들도 배치해 놓았다.

플런완 2층에는 피만 플런완Piman Plearnwan이라는 20개의 숙소를 운영하고 있다. 각각의 스타일이 모두 다른 이 20개의 레트로 클래식 룸들은 전통 스타일 욕조, 스팀 방식, 아침식사 등 모든 과정이 철저하게 옛 방식대로 운영되어 투숙하는 동안 마치 박물관에서 하룻밤을 지내는 듯한 느낌을 준다.

🏠 Soi Hua Hin 38-40 Phet Kasem Road | Hua Hin Subdistrict, Hua Hin
📞 032-520-311
🕐 월~목 10:00~22:00, 금 10:00~24:00, 토 09:00~24:00, 일 09:00~22:00
🚶 펫차카셈 로드, 쏘이38과 40 사이에 위치
📶 www.Plearnwan.com

매주 금 · 토요일 오후 7시 30분부터 야외에서 영화도 상영한다(변동 가능).

후아힌 기차역 Hua Hin Railway Station

Outside Special ♛	WHAT 관광지 WHERE 후아힌 map. 497-C PRICE 없음

과거로 가는 기차역

후아힌을 대표하는 이미지로 등장하는 후아힌 기차역은 태국에서 100년을 훌쩍 넘긴 가장 오래된 기차역이다. 원래 1920년대 라마 4세가 여름 휴양을 위해 후아힌에 클라이 캉원 펠리스 Klai Kangwon Palace를 짓고 방콕과 후아힌을 왕래하기 위해 이 기차역을 개통했다고 한다.

기차역 내부에는 국왕 내외가 후아힌을 찾을 때마다 영접을 하던 공간인 로열 웨이팅룸 The Royal Waiting Room과 실제로 1920년대 다녔던 증기 기관차 등도 자리하고 있다.

기차역은 마룩카사야완 궁 Maruekkhatth--ayawan Palace과 비슷한 형태로 디자인되었다고 하는데 빨간색 테두리의 이 앙증맞은 기차역엔 언제나 기념사진을 찍기 위한 관광객들의 발길이 끊이지 않는다.

기차역 한편에는 커피와 간단한 다과를 즐기며 쉴 수 있는 커피 스테이션도 있으니 한번 들러보자. 이곳에서는 후아힌 기차역을 꼭 닮은 기념품도 구입할 수 있다.

🡡 Damnoern Kasem Road, Hua Hin
🚶 담넌카셈 로드 끝자락에 있다.

후아힌역 내에 있는 커피 스테이션에는 직접 엽서를 보낼 수 있는 우체통도 마련되어 있다. 즉석에서 엽서를 작성해 친구에게 보내는 것도 센스 있는 선물이 될 것이다.

시카다 마켓 Cicada Market

문화예술의 장으로 거듭난
나이트 마켓

시카다Cicada는 Community of Identity Culture Arts & Dynamic Activities의 약자로 시카다 마켓은 로컬 디자이너, 아티스트, 영세 상인들과 여행자, 주민들과의 교감을 위해 조성된 야시장이다.

주말에만 열리는 시카다 마켓은 후아힌의 다른 야시장과 비교해 문화예술적인 면이 강조된다. 판매되는 아이템의 가격대는 상대적으로 높지만 로컬 디자이너의 작품이거나 품질이 우수한 영세 상인들의 물건이 대부분이니 쇼핑 자체만으로도 충분히 집중할 만한 가치가 있다. 문화예술의 장답게 마켓 내부에는 예술 공연과 전시회 등을 꾸준히 개최하고 있다.

시카다 마켓의 내부는 크게 Art A La Mode, Cicada Art Factory, Amphitheatre, Cicada Cuisine의 4개 구역으로 구분된다. Art A La Mode는 예술품이나 공예품, 기념품, 패션, 액세서리, 핸드메이드 백 등이 주를 이루어 여행자들이 가장 눈여겨보아야 할 구역이다. 센터에 있는 두 개의 빌딩은 Cicada Art Factory라 부르는데 이 공간에 아트 갤러리가 자리하고 있다. Amphitheatre에서는 재능있는 비주류 뮤지션들의 공연을 관람할 수 있으며 Cicada Cuisine에서는 시푸드부터 길거리 음식, 태국 음식뿐 아니라 서양 음식, 코리안 바비큐까지 다양한 음식을 맛볼 수 있다.

🏠 Khao Takieb-Hua Hin Road, Hua Hin
📞 032-536-606
🕐 금~토 16:00~22:00, 일 16:00~23:00
🚶 펫카셈 로드 남쪽 끝, 하얏트 리젠시 근처에 있다.
📶 www.cicadamarket.com

홈페이지에서 공연과 전시 일정 및 주변의 호텔 정보 등 다양한 정보를 얻을 수 있다.

리빙룸 Living Room Bistro

Outside Special ♛ ♛

WHAT 퓨전 레스토랑
WHERE 후아힌 **map. 497-B**
PRICE 1인 500B~

왕족의 별장에서 즐기는
여유로운 다이닝

리빙룸은 바닷가 앞 한적하고 아담한 숙소인 그린 갤러리와 함께 자리하고 있다. 동화 속에서나 나올 법한 아기자기하게 꾸며진 조그만 리셉션을 지나 안쪽으로 들어서면, 바다 앞에는 테이블이 자유로운 배열로 놓여 있고 건물 안에는 실내석이 정갈하게 세팅되어 있다.

분위기가 좋고 멋진 이곳은 원래 태국의 왕자와 공주들의 여름 휴양 별장으로 사용되던 곳이라고 한다. 그래서인지 태국 전통 방식으로 고풍스럽게 지어진 건물에서는 더욱 멋스러운 분위기가 느껴진다.

태국 스타일이 가미된 유럽피안 퓨전 요리가 대부분인데 맛은 기대 이상으로 수준급이다. 특히 고소하고 부드러운 맛이 일품인 뇨끼 인 고르곤졸라 소스Gnocchi in Gorgonzola Sauce(260B)와 크랩 케이크Crab Cakes(220B)는 최고의 추천 메뉴이다.

🏠 3 Damrongrat Road, Hua Hin Soi 51, Petchkasem Road
Prachuabkirikhan, Hua Hin
📞 032-530-487
🕐 월~금 11:30~23:00, 토, 일 17:00~23:00
🚶 그린 갤러리 내 바닷가쪽에 있다.
📶 www.livingroomhuahin.com

- 주말 저녁 시간에는 라이브 공연도 즐길 수 있어 더욱 분위기가 좋다.
- 오전 7시부터 10시까지 아침식사도 판매하니 주변에 묵는다면 시도해보자.

오션사이드 레스토랑 Oceanside Beach Club & Restaurant

Outside Special ♔ ♔

WHAT 퓨전 레스토랑
WHERE 후아힌 **map. 497-A**
PRICE 1인 500B~

후아힌의 새로운 힙플레이스

방콕 도심에서라면 상상도 하지 못할, 여유로우면서도 스타일을 잃지 않는 후아힌의 새로운 힙플레이스다. 푸타락사 리조트의 부속 레스토랑이기도 한 이곳은 앞으로는 바다가 펼쳐져 있고 중앙에는 수영장이 배치되어 있어 시원스럽고 평화로운 분위기가 느껴진다.

수영장 주변으로는 편안하게 시간을 보낼 수 있는 대형 쿠션과 좌식 테이블이 마련되어 있고 사이드에는 독특한 조명으로 이루어진 의자와 테이블, 심플한 좌석이 고르게 배치되어 있다.

깔끔한 지중해식 요리와 유러피안 푸드가 주를 이루는데 특히 신선한 참치 타다키인 프레시 튜나Fresh Tuna(250B)와 풍부한 식감의 게살과 신선한 아보카도를 믹스한 샐러드 크랩미트 & 아보카도Crabmeat & Avocado(350B)는 와인 한잔과 가볍게 즐기기에 최상의 메뉴이다.

🏠 22/65 Naeb Kaehat Road Hua Hin
📞 032-531-470
🕐 11:00~23:00
🚶 푸타락사 리조트 내 바다 앞에 있다.
📶 www.oceansidebeachclub.com

일요일 오전 11시 30분부터 오후 3시 30분까지 선데이 비비큐를 즐길 수 있다. 포함되는 음료의 종류에 따라 가격대는 1인당 750~1,200B 선이다.

렛츠 시 Let's Sea

Outside Special
♔ ♔

WHAT 부티크 호텔
WHERE 후아힌 **map. 497-D**
PRICE 1박 3,999B~

이보다 로맨틱할 수 없다!

오로지 후아힌, 이곳에서만 만날 수 있는 리조트이기에 더욱 로맨틱하게 느껴지는 렛츠 시.
렛츠 시는 세계적으로 유명한 호텔에서 일을 하며 실력과 경력을 쌓아 온 오너가 자신의 경험을 살려 하나하나 고쳐가며 운영하고 있는 곳이다.
렛츠 시가 강렬한 인상을 남기는 이유 중 하나는 객실을 따라 유유히 펼쳐지는 아름다운 수영장에 있다. 압권이라고밖에 표현할 수 없는 이 모습은 밤이 되면 더욱 낭만적인 분위기를 자아낸다.

수영장을 따라 죽 늘어선 객실은 2층 건물로 1층 스튜디오 피어 풀엑세스 Studio Pier Pool Access와 2층 문덱 듀플렉스 스위트 Moon Deck Duplex Suite로 구분되어 운영된다. 1층은 테라스에서 바로 수영장과 연결된다는 매리트가 있고 2층은 복층 구조로 위층에 리조트 전경이 한 눈에 들어오는 아름다운 테라스가 있다는 점이 장점이다. 렛츠 시에서 운영하는 스파도 최근 단장을 끝내고 새롭게 문을 열었다. 이곳에 묵는 동안 한 번 쯤 받아보는 것도 좋겠다.

🏠 83/188 Soi Talay 12, Khaotakieb-Hua Hin Road, Hua Hin
📞 032-536-888
🚶 후아힌 시내 마켓 빌리지에서 남쪽 방향, 차로 약 10분 정도 걸린다.
📶 huahin.intercontinental.com

시내까지 무료로 셔틀을 운행하고 있다.

렛츠 시 레스토랑 Let's Sea Beach Restuarant

Outside Special ♛ ♛

WHAT 퓨전 레스토랑
WHERE 후아힌 **map. 497-D**
PRICE 1인 500B~

삼박자를 고루 갖춘 팔방미인 레스토랑

렛츠 시 내에 있는 부속 레스토랑임에도 이 레스토랑이 갖는 의미는 특별하다. 사실 렛츠 시 레스토랑은 지금의 숙소 건물이 있기 전에 먼저 생겨 사람들에게 큰 사랑을 받으며 지금의 렛츠 시의 성공을 이끌었던 곳이기 때문이다. 숙소 리셉션을 통과해 들어가면 나오는 긴 수영장과 객실동을 지나 입구에서 가장 먼 쪽, 반대로 말하자면 바닷가에서 가장 가까운 쪽에 자리한 레스토랑은 분위기, 서비스, 음식 등 기본 3박자를 고루 갖춘 곳이다.

정갈하고 심플하게 꾸며진 실내석은 차분한 분위기로 저녁이면 파인 다이닝을 즐기기에 손색이 없다. 앞쪽으로 펼쳐진 푸르고 넓은 잔디밭 너머로 파도가 넘실대고 편하게 널브러져 음료를 즐기기에 좋은 쿠션과 평상 자리가 있다. 이곳에서 몇 시간이고 식사와 술을 즐기고 별을 세며 파도 소리에 귀를 기울여도 좋겠다.

태국 요리뿐 아니라 피자나 파스타를 기본으로 한 웨스턴 메뉴 또한 대부분 훌륭한 편. 특히 매콤한 태국식 옐로 커리를 얹은 게살 요리인 Sauteed Crabmeat Curry With Yellow Powder(390B)는 밥과 함께 먹기에도 그만이다.

🏠 83/188 Soi Talay 12, Khaotakieb-Hua Hin Road, Hua Hin
☎ 032-536-888
🕐 11:00~22:30
🚶 후아힌 시내에서 카오타키압 방면, 렛츠 시 리조트 내, 바닷가에 있다.
📶 www.letussea.com

영업시간은 오전 11시부터 밤 10시 30분까지이지만 상식적인 런치, 디너 타임을 제외한 시간에 방문하면 주문 가능한 메뉴의 종류가 제한적일 수 있다.

인터컨티넨탈 후아힌 Intercontinental Huahin

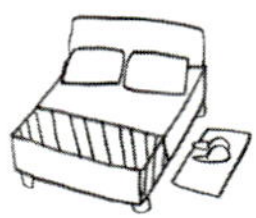

Outside Special
♛ ♛ ♛

WHAT 체인 호텔
WHERE 후아힌 map. 497-C
PRICE 1박 5,800B~

후아힌을 빛내는
아름다운 호텔

후아힌의 메인 로드라 할 수 있는 펫차카셈 로드를 지나다 보면 자연스레 돌아보게 만드는 독특한 형태의 호텔이 있다. 목재로 꾸며진 창틀과 유선형으로 휘어진 건물은 콜로니얼 스타일의 히스토릭한 분위기도 내면서 어쩐지 고급스러운 기품을 뿜어내는 독특한 느낌의 호텔이다.

인터컨티넨탈은 세계적으로 유명한 호텔 체인이지만 지역마다 그 지역이 가지는 환경적인 특색을 가미해 전혀 다른 매력의 호텔로 재탄생시키기로 유명한데 후아힌의 인터컨티넨탈은 차분하고 고급스러우면서도 안쪽으로 바다를 향해 펼쳐진 아름다운 수영장과 수영장 주변으로 자리한 객실건물은 휴양지의 아름다운 별장인 양 느껴진다. 119개의 객실을 보유하고 있는데 그 중 3개는 프라이빗 풀을 갖춘 오션 프론트 풀빌라로 허니무너들에게 인기가 많다고 한다. 리셉션 앞쪽으로 자리한 두 개의 레스토랑에서 동시에 아침식사를 제공하는데 객실수에 비해 좌석이나 공간이 협소한 편이므로 붐비는 시간대는 가급적 피하자.

🏠 33/33, Petchkasem Road, Prachuabkhirikhan, Hua Hin
📞 032-616-999
🚶 펫차카셈 로드 Petchakasem Road 선상에 있다.
📶 huahin.intercontinental.com

- 전 객실에서 무료로 무선 인터넷을 사용할 수 있다.
- 클럽룸과 스위트룸 객실의 투숙객들은 클럽 라운지에서 무료 애프터눈 티를 비롯해 다양한 혜택을 누릴 수 있다.

더 바라이 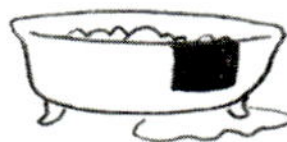 The Barai

Outside Special
♛ ♛ ♛

WHAT 스파 & 호텔
WHERE 후아힌 **map. 497-D**
PRICE 1인 2,500B~

VVIP가 되어 누리는
차별화된 호사스러움

더 바라이는 태국에서도 최고로 꼽히는 시설과 서비스를 자랑하는 스파 겸 호텔이다. 무려 5,500평 이상인 바닷가 앞 대지 위에 독립적으로 자리하고 있는데 18개의 스파 트리트먼트룸과 8개의 스파 스위트를 운영하고 있다. 더 바라이의 건물은 세계적인 건축가 렉분낙Lek Bunnag이 디자인한 것으로 스파에 들어서는 입구부터 소리와 공기, 빛을 이용해 힐링이 되도록 설계했다고 한다.

더 바라이의 트리트먼트는 물(스트레스 해소), 흙(발란스 복구), 공기(아름다움), 불(에너지 강화)의 4가지 원소의 조화에 초점을 맞추고 있는데 시그니처 스파로는 The Barai Blend Massage (3,900B, 90분)가 있다.

또한, 더 바라이에는 스파 트리트먼트와 숙박을 동시에 할 수 있는 스위트를 운영한다.

🏠 91 Hua Hin-Khao Takiap Rd, Hua Hin, Prachuap Khiri Khan
📞 032-511-234
🕐 10:00~21:00
🚶 하얏트 리젠시 내에 있다.
📶 www.thebarai.com

- 더 바라이에서 사용하는 스파 제품은 최고급 자연재료를 원료로 해서 만든 커스틴 플로리안Kerstin Florian International 제품으로 이 제품은 태국 내에서 오직 더 바라이 부티크에서만 구입 가능하다.
- 트리트먼트 전후로 모든 고객은 130평에 이르는 데이 스파 시설을 모두 마음껏 이용할 수 있다. 데이 스파 시설로는 건사우나, 스팀룸, 라운지(아이스티, 견과, 쿠키, 티 포함), 락커, 화장대와 샤워시설 등이 있다.

Hua Hin | The Barai

방콕 근교에서 즐기는
아웃도어 프로그램

아직도 방콕 근교에서 즐길 수 있는 액티비티는 코끼리 타고 사진 찍는 게 전부인 줄 알고 있는 사람들이 많다. 혹은 야시시한 언니들의 초민망한 쇼를 떠올리거나. 하지만 방콕 근교의 진짜 묘미는 따로 있다. 숙녀들에게 딱 어울리는 아웃도어 프로그램을 소개한다. 아직 외부에 많이 알려지지 않아 더욱 매력적이라는 사실!

캠핑 스케줄(1박2일)

DAY 1
11:00 체크인
12:00 점심식사
13:00~15:00 농장 투어
16:00~17:00 아이스크림 워크 숍
18:00~20:00 바비큐 저녁식사

DAY 2
06:00 기상
07:00~09:00 아침식사
10:00 체크아웃

숙녀를 위한
럭셔리 캠핑

촉차이 팜 캠프 Chokchai Farm Camp

"태국에서 웬 캠핑?" 하는 의문이 들 수 있겠지만 고급 리조트일수록 주변 환경을 중요하게 고려한다는 것을 안다면, 자연과 교감하는 캠핑이야말로 럭셔리한 여행 방법이라고 할 수 있다.

촉차이 팜 캠프는 낙농으로 오랜 역사를 갖고 있는 촉차이 농장에서 운영하는 텐트식 숙소로 50여 개의 텐트와 바비큐 식사 장소, 화장실과 욕실 등을 수용하는 캠핑장이 자리하고 있다. 텐트 안에는 2개의 침대와 책상, 옷장, 에어컨까지 갖춰져 있다. 또 단순히 잠자리만 제공하는 것이 아니라 오전 11시 체크인부터 다음날 10시 체크아웃할 때까지 모든 식사가 포함되어 있으며 농장 투어와 아이스크림 워크숍 등의 액티비티가 준비되어 있다.

아침 6시가 되면 직원들이 각 텐트를 돌며 종을 울린다. 그것이 바로 촉차이 캠프의 모닝콜! 전용 차량을 타고 해바라기 밭을 지나 농장이 한눈에 보이는 작은 동산을 걷는 간단한 트레킹을 한 후 초원에 마련된 간이 텐트와 좌석에서 상쾌한 아침식사를 한다.

아침식사로는 갓 짠 신선한 우유와 샌드위치, 주스, 과일 등이 들어 있는 피크닉 박스를 제공한다. 촉차이 캠프의 하이라이트 중 하나라 할 수 있는 특별한 아침식사다.

텐트 내에서 전기를 사용할 수 있고 노트북이 있을 경우 무선 인터넷을 무료로 사용할 수 있다. 기온이 연중 최저치를 기록하는 11월부터 2월 사이는 밤 온도가 10도 정도까지 떨어져 춥게 느껴지기도 하니 따뜻한 긴팔 옷과 긴 바지, 점퍼 등을 준비하자.

🏠 159-160 Moo 2, Nong Nam Daeng, Pak Chong, Nakhon Ratchasima

📞 044-328-485

🏃 카오야이 국립공원 북쪽 입구에서 약 30km 떨어진 팍총Pak Chong에 위치한다. 방콕에서 차로 2시간.

₩ 성인 1인 기준 1박 2일 프로그램 US$ 200

📶 www.farmchokchai.com

후아힌 힐스 빈야드 Hua Hin Hills Vineyard

후아힌 힐스 빈야드가 있던 자리는 원래 코끼리 농장이 있던 거칠고 볼품없는 곳이었다. 후아힌 중심에 리조트가 속속 생겨나고 후아힌을 찾는 여행자들의 수준이 높아지면서 시암 와이너리에서는 이곳이 발전 가능성이 있다고 생각하고 후아힌 힐스 빈야드를 개발하기 시작했다고 한다. 총 560에어커나 되는 방대한 부지에 쇼비뇽 블랑, 모스카토, 카베르네 쇼비뇽 등과 식용 포도까지 약 20여 종의 포도를 수확하고 있는데 수확 시기는 2월 중순부터 3월까지이다.

후아힌 힐스 빈야드 내에는 더 살라The Sala라는 와인 바 겸 비스트로가 자리하고 있는데 이곳에서 재배된 포도로 만든 와인을 시음할 수 있고 와인과 어울리는 음식을 즐길 수도 있다. 또 와인뿐 아니라 포도 잼, 포도 쿠키, 와인 잔 등 관련 상품들도 전시·판매하고 있으니 들러볼 만하다. 빈야드 Vineyard 투어는 낮 1시와 4시에는 무료로 참여가 가능하며 그 외 시간에 요청하면 500B를 지불해야 한다.

특별한 기념품을 남기고 싶다면 나만의 와인 라벨 제작해 보자. 와인 병과 스티커 라벨을, 브러시, 팔레트, 수성 물감 등이 포함된 와인 라벨 제작 세트를 한 세트당 300B에 대여할 수 있다.

🏠 1 Moo 9, Baan Khork Chang Pattana, Nong Plub, Hua Hin, Prachuap Khiri Khan
📞 081-701-8874~5
🕐 10:00~18:00
🚶 후아힌 시내 중심, 마켓 빌리지 와인셀러(스타벅스 옆, G층)에서 무료 셔틀버스를 타면 된다(10:30AM, 3PM).
₩ 13시·16시 무료, 그 외 시간에 요청 시 500B
📶 www.huahinhills.com

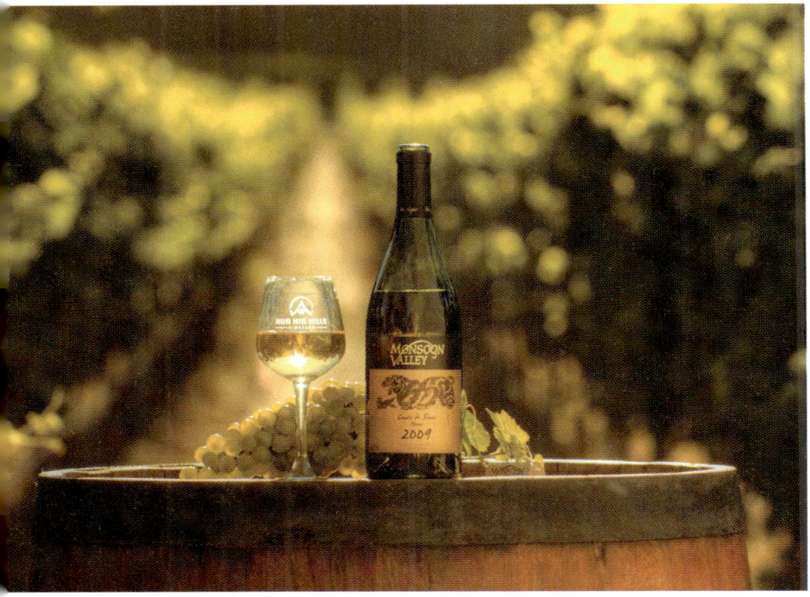
MONSOON
VALLEY
2009

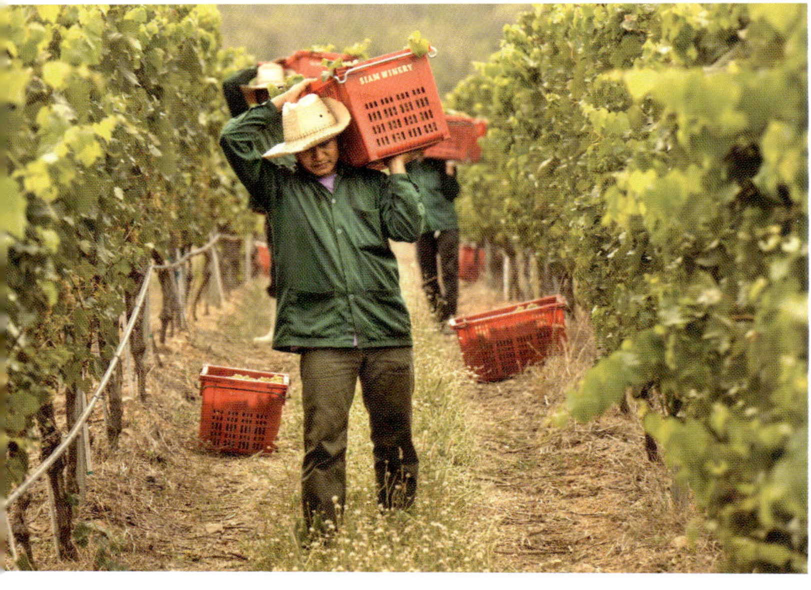
SIAM WINERY

바캉스에서 비치가 빠질 수 없지!

많은 사람들이 방콕 여행에서 아쉬움을 토로하는 것이 있으니 바로 비치. 하지만 걱정 마시라. 방콕 근교에서 얼마든지 비치를 만끽할 수 있으니 조금만 시간 여유가 있다면 시티와 비치를 모두 섭렵할 수 있다. 파타야와 후아힌에서 신나는 비치 액티비티를 유감 없이 즐겨 보자.

산호섬 투어

산호섬으로 더 유명한 코 란Koh Ran은 파타야에서 약 8km 떨어진 곳에 위치한 아름다운 섬으로 하얗고 고운 모래밭과 아름다운 물빛으로 유명하다.

여행사의 투어를 이용해 가는 것이 일반적이며 투어는 종일 투어와 반일 투어, 해양 스포츠 옵션 유무, 점심식사 유무에 따라 가격이 달라진다. 일반적인 종일 투어의 경우 숙소 픽업, 점심식사, 보트비까지 포함하여 보통 1인 500B 선이며 오전 9시경에 출발해 오후 4~5시에 숙소로 돌아오는 일정이다.

워킹 스트리트 남쪽에 위치한 선착장에서 개인적으로 표를 끊고 들어갈 수 있으며 여러 개의 노선 중 타웬 비치 쪽으로 가는 것이 가장 편리하다.

해양 스포츠

우리가 '휴양지' 하면 떠올리는 풍경은 바로 해양 스포츠를 즐기는 모습. 물론 방콕 여행에서도 가능하다. 생동감 있는 패러세일링Parasailing, 스릴 만점 바나나 보트Banana Boat, 제트 스키 Jet Ski, 시 워킹Sea Waking 등을 취향 따라 마음껏 선택해 보자.
현지 여행사를 통해 직접 신청을 해도 좋은데 업체에 따라 가격은 천차만별이다. 각 종목의 1인당 가격을 400~800B 선에서 절충하면 된다.

해변 승마

옛 왕족들의 휴양지로 알려진 후아힌. 그에 걸맞게 해변에서도 우아한 승마를 즐길 수 있다. 대형 리조트 앞 해변에서 말과 함께 대기하고 있는 사람에게 직접 신청해 타면 되고 30분 승마 시 요금은 300B 선.

Outside
Special

CALF FEEDING

Basic Guide

방콕 여행을 위한
기본 정보 A to Z

Ready 방콕 여행 준비

♛ Step 1 여권과 비자

여권은 유효기간이 6개월 이상 남아 있어야 하며 90일까지 무비자로 체류할 수 있다.

♛ Step 2 항공권 예약

인천에서 방콕까지는 약 5시간 30분~6시간이 소요되며 직항 노선을 운항하는 항공사로는 대한항공, 아시아나항공, 타이항공, 제주항공, 진 에어, 티웨이항공 등이 있다.
일부 저가 항공편이나 프로모션으로 나온 저렴한 항공권의 경우 출발·도착일이 변경되지 않거나 취소가 불가한 경우, 수하물 제한이 있는 경우 등이 있으니 예약 시에 반드시 꼼꼼하게 세부사항을 확인해야 한다.
항공권 예약은 항공사 홈페이지나 여행사를 통해 예약할 수 있으며 아래와 같은 웹사이트를 참조하면 된다.

📶 항공사 웹사이트
대한항공 www.koreanair.co.kr
아시아나항공 www.flyasiana.com
타이항공 www.thaiair.co.kr
제주항공 www.jejuair.net
진 에어 www.jinair.com

📶 항공권 비교, 예약 사이트
투어 캐빈 www.tourcabin.co.kr
투어 익스프레스 www.tourexpress.com
온라인 투어 www.onlinetour.co.kr
와이페이모어 www.whypaymore.co.kr
인터파크 투어 tour.interpark.com

♛ Step 3 호텔 예약

호텔 예약은 보통 여행사를 통해 하는 것이 가격 면에서 유리하다. 하지만 종종 호텔 홈페이지에서 프로모션으로 환상적인 패키지를 내놓는 경우도 있으니 몇 개의 사이트를 확인하고 취향에 맞는 곳을 선택해 예약하면 된다.

📶 호텔 예약 사이트
아고다 www.agoda.com
아시아룸스 www.asiarooms.com
타이호텔뱅크 www.thaihotelbank.com
몽키트래블 www.monkeytravel.com
타이나라 www.thainara.net
타이호텔 www.thai-hotel.co.kr

♛ Step 4 여행 정보 수집

아는 만큼 보인다는 말이 있듯이, 출발 전 먼저 다녀온 사람들의 후기를 읽거나 가이드북이나 잡지를 통해 방콕에 대한 전반적인 이해를 하고 떠나자. 여행의 질과 만족도를 높이는 데 상당한 기여를 한다.

📶 여행 정보를 얻을 수 있는 사이트

태국 관광청 www.visitthailand.co.kr
태사랑 www.thailove.net
태초의 태국 정보 www.cafe.naver.com/thaiinfo
윙버스 www.wingbus.co.kr
고 아시아 www.cafe.naver.com/goasiatravel

♛ Step 5 환전 & 여행자보험 들기

환전은 현지나 공항에서 하는 것보다 시중 은행에서 미리 해두는 것이 이익이다. 환율이 공항보다 좋고 여러 가지 부가 서비스도 받을 수 있다.
여행 일정이 짧다고 해도 가능한 여행자보험을 들도록 하자. 요즘엔 일정 금액 이상 환전하면 은행에서 무료로 여행자보험을 들어주기도 한다. 공항에서도 여행자보험에 가입할 수 있으니 출국 전 잊지 말고 체크할 것.

♛ Step 6 면세점 쇼핑하기

출국이 확정되면 면세점 쇼핑 스타트! 비행기 편명, 출발 시각, 여권 번호를 알아야 구매 가능하다. 출입국 한 달 전부터 쇼핑 가능하며, 인터넷 쇼핑의 경우 당일 쇼핑이 가능한 품목도 있으니 확인해 보자. 오프라인 면세점이나 기내에서도 면세품을 구입할 수 있지만 온라인 면세점이 가장 저렴하다. 온라인 면세점 회원 가입을 하면 출석체크를 통한 적립금, 생일 적립금, 가입 기념 적립금 등 다양한 적립 행사와 쿠폰, 이벤트로 저렴하게 면세품을 구입할 수 있다.

📶 주요 면세점

동화 면세점	www.dutyfree24.com 02-399-3270
롯데 면세점	www.lottedfs.com 080-930-1500
롯데 코엑스 면세점	www.lottecoexdfs.com 02-3484-9888, 02-759-6327
신라 면세점	www.dfsshilla.com 02-1688-1110
신세계 면세점	www.ssgdfs.com 02-1577-0161
워커힐 면세점	www.skdutyfree.com 02-450-6363

₩ 면세 한도

인천공항에서 출국 시 면세 한도는 US$3,000이며 한국으로 입국 시 면세 한도는 US$400이다. 한도를 초과할 경우 반드시 세관에 신고해야 하며 신고 없이 적발되는 경우 면세품을 압수당할 수 있다.

Departure 인천에서 방콕으로

♛ Step 1 탑승 수속

방콕행 국제선 탑승을 위해서는 공항에 적어도 2시간 30분 전에는 도착하는 것이 좋다. 공항에 도착하면 수속게이트 안내 전광판에서 자신이 타야할 비행기와 시간을 확인한 후, 해당 게이트에서 수속을 하면 된다. 탑승 수속은 보통 2시간~ 2시간 30분 전부터 시작하는데, 탑승 수속 시에는 미리 프린트해 온 이티켓E-Ticket과 여권, 마일리지 카드(가입이 되어 있는 경우)를 제시하고, 수하물로 보낼 짐을 직원의 안내에 따라 옆 벨트에 올려놓으면 된다.

대한항공은 A, B, C, D, 아시아나항공은 K, L, M, 타이항공은 J 카운터에서 수속하면 된다. 카운터는 변경될 수 있으니 모니터에서 다시 한 번 정확히 체크하자.

♛ Step 2 출국 심사

수속이 끝났으면 부여받은 보딩패스와 수하물표, 여권을 챙겨 출국장으로 들어간다. 출국장에 들어서면 기내에 들고 탈 짐을 검사받는데 노트북은 가방에서 꺼내 바구니에 따로 넣어 엑스레이를 통과시키고 두꺼운 겉옷과 액세서리, 벨트, 핸드폰, 주머니 속 동전 등도 모두 바구니에 넣어 통과시킨다.

짐 검사가 끝나면 안쪽으로 들어가 출국 심사를 받는데 여권과 탑승권을 제시하면 간단한 확인 후 출국 도장을 찍어준다.

♛ Step 3 탑승

항공권에 표시된 게이트로 출발 시간 30~40분 전에는 도착하여야 하며 보통 30분 전에 탑승(보딩)이 시작된다. 탑승권을 제시한 후 비행기에 탑승하여 자리를 찾아 앉고 안전벨트를 매면 출발 준비 끝!

TIP 택시 미터기 반드시 확인

방콕의 택시는 비교적 안전하다. 하지만 안전과는 별개로 요금을 바가지 씌우려는 운전기사는 늘상 있는 편이다.

공항에서 택시를 탈 때 미터기가 켜져 있는지 반드시 확인하자. 미터기가 켜져 있지 않으면 단호하게 "미터 플리즈!"라고 외칠 것. 흥정을 요구한다면 즉시 내려서 공항 직원을 부르도록 한다. 하지만 퍼블릭 택시는 승객 편의를 위해 공항에서 관리하고 있으므로 흥정을 요구하는 경우는 거의 없다. 미터기를 켜지 않고 흥정을 요구하는 경우라도 당당하게 "노! 미터 플리즈!"라고 말하면 대부분 기사들은 서운해 하는 기색을 비치면서 슬며시 미터기를 켤 테니 겁먹지 말자.

교통체증을 피하기 위해 보통 고속도로Expressway를 이용하기도 하는데 추가 요금이 있긴 하지만 시간 절약을 위해 이용하는 것도 좋다. 고속도로 요금은 구간에 따라 다르며 보통 공항세(50B)까지 더해져 미터기에 표시된 금액보다 100~150B 추가된다. 그때그때 고속도로 요금을 요구하는 기사도 있고 도착 후 한꺼번에 계산하는 기사도 있다.

고속도로 요금을 내고 싶지 않다면 기사가 "Expressway?"라고 물을 때 분명하게 "No!"라고 말할 것. 하지만 밤 비행기로 도착해 1분 1초라도 빨리 호텔로 들어가 쉬고 싶다면 기사와 실랑이 벌일 것 없이 고속도로를 이용하는 게 맘 편하다.

Entrance 방콕 입국하기

♛ Step 1 입국장으로 이동하기

무빙워크가 있긴 하지만 방콕에 도착해 비행기에서 내리면 꽤 먼 거리를 걸어 입국장으로 이동해야 한다. 입국 심사Immigration 사인을 따라 이동하면 되는데 많은 사람이 함께 이동하므로 찾아가기 어렵지 않다. 입국 심사에 꽤 많은 시간이 걸리는 경우도 있으므로 되도록 빠른 걸음으로 움직이자.

♛ Step 2 입국 심사

입국 심사대는 내국인 전용과 외국인 전용으로 구분되어 있다. 외국인 전용Foreigner 카운터를 확인한 후, 줄을 서서 차례를 기다린다. 자신의 차례가 오면 출입국 신고서(기내에서 미리 작성해 두면 편리하다)와 여권을 제시하고 직원의 안내에 따라 선글라스와 안경, 모자 등을 벗은 후 앞에 설치된 카메라를 응시해 사진을 찍는다.

♛ Step 3 수화물 찾기

입국 심사를 끝낸 후 밖으로 나오면 수화물로 부친 짐을 찾을 것. 전광판을 통해 자신이 타고 온 항공편을 확인하면 짐이 어느 벨트에서 나오는지 알 수 있다.

♛ Step 4 세관 통과

짐을 찾아 세관을 통과하면 모든 수속이 끝난다. 이때 특별히 신고할 물품이 없는 경우는 'Nothing to Declare'라고 쓰인 초록색 심사대를 통과하면 되고 신고 물품이 있는 경우는 'Goods to Declare'라고 쓰인 빨간색 심사대로 나오면 된다.

♛ Step 5 시내로 이동하기

공항에서 시내로 이동할 때는 택시를 타는 것이 가장 일반적이고 편리하다. 도심으로 이동이 가능한 공항철도(05:00~24:00, www.bangkokairporttrain.com)를 운행하지만 도심에 도착해도 어차피 택시를 이용해야 하고, 방콕에 익숙하지 않은 사람에게는 적합하지 않다(밤 늦게 도착하는 경우, 호텔에 미리 픽업을 예약하는 것도 좋은 방법이다).
택시는 1층에서 탑승 가능하며(도착층은 2층) 퍼블릭 택시Public Taxi 승강장으로 이동해 줄을 서면 된다. 자신의 차례가 되면 직원에게 호텔 이름을 말하거나 호텔 주소가 적혀 있는 호텔 바우처를 보여 주면 택시 기사를 배정해 준다. 배정된 택시 기사를 따라 택시에 탑승하면 된다. 공항에서 시내까지 이동하는 택시비는 지역에 따라 다르지만 보통 300~500B 정도 예상하면 된다.

Suburbs 근교 가기

♚ 방콕에서 파타야로 이동하기

1. 방콕 공항 → 파타야

택시 | 수완나폼 공항에서 택시를 탈 경우 1,500~1,800B 정도에 파타야까지 갈 수 있다.
버스 | 수완나폼 공항 1층의 8번 게이트 앞에서 파타야행 버스(135B)를 탈 수 있다.
(07:00~22:00, 1시간 간격)
픽업 서비스 | 파타야에서 묵게 될 숙소나 한인 여행사에 픽업 서비스 신청을 해도 된다.
요금은 2,000B 내외이다.

2. 방콕 시내 → 파타야

방콕 시내의 3개 터미널(에까마이 동부터미널, 모칫 북부터미널, 남부터미널)에서 파타야
까지 갈 수 있다. 그 중 가장 접근성이 편한 터미널은 에까마이 동부터미널로, BTS 에까마이
역 바로 앞에 있다. 에까마이 동부터미널에서 파타야까지 버스를 타면 되는데 요금은 128B
이며 2시간 30분 정도 소요된다. (05:00~23:00, 30분 간격)

♚ 방콕에서 후아힌으로 이동하기

1. 방콕 공항 → 후아힌

택시 | 수완나폼 공항에서 후아힌까지 택시로 이동하는 경우 요금은 2,000~2,500B 정도.
버스 | 수완나폼 공항 1층의 8번 게이트 앞에서 후아힌행 버스를 탈 수 있다. 1일 4회
(07:30, 09:30, 13:30, 16:30, 18:30) 운행하며 요금은 310B 선이다.
픽업 서비스 | 후아인에서 묵을 숙소나 한인 여행사에 픽업 서비스를 신청해도 된다. 요금
은 2,500~3,000B 선이다.

2. 방콕 시내 → 후아힌

택시 | 택시를 타고 가격을 흥정해 후아힌으로 가는 경우 보통 2,000~2,500B 선. 여행사
픽업 서비스는 이보다 약간 비싼 편이다.
호텔 셔틀버스 | 그랜드 하얏트, 웨스틴 그랑데 등 방콕과 후아힌에 같은 계열의 호텔이 있
는 경우, 방콕에서 후아힌의 호텔까지 셔틀을 운행한다. 요금은 600~700B 선. 투숙객이
아니더라도 예약한 후 이용할 수 있다.
롯뚜 | BTS 빅토리 모뉴먼트 역 주변에서 일종의 미니버스 '롯뚜'를 타고 이동할 수도 있다.
가격은 180B 선으로 저렴하지만, 사람이 다 찰 때까지 기다리는 경우도 있고 좌석이 비좁
고 운전도 험하게 하는 편이다.
기차 | MRT 훨람퐁 역에서 기차를 타고 이동할 수도 있다. 1일 12회 정도 운행하며 후아힌
까지 약 4시간이 소요된다. 시간 많고 돈 없는 배낭 여행자가 아니라면 비추천.
버스 | 방콕의 남부터미널에서 후아힌행 버스를 탈 수 있다. 요금은 180B 선이며 방콕에서
후아힌까지 약 3시간 정도 걸린다. (04:00~22:20, 40분 간격)

Re-Departure 방콕에서 인천으로

♛ Step 1. 수완나폼 공항 도착

방콕에서 출국할 때에는 공항에 늦어도 2시간 전에는 도착하는 것이 좋다. 방콕 도심에서 공항까지는 보통 택시를 이용하게 되는데 악명 높은 방콕의 교통체증에 걸려 발을 동동 구르게 될 수도 있으니 시간을 넉넉하게 계산해서 출발하자.
택시 미터로 요금을 계산해도 되지만 이런저런 상황들을 고려해보면 출발 시 요금을 정하고 가는 게 오히려 마음 편할 수 있다. 보통 고속도로비 등을 포함해 400~500B 선에서 흥정을 하면 된다.

♛ Step 2. 출국 수속

출국 수속은 수완나폼 공항 4층에서 하면 된다. 방콕 출국 시, 공항세를 따로 낼 필요는 없으며 입국 시에 작성한 출국 카드(보통 입국 심사 시 입국 카드를 회수하고 나머지 출국 카드는 여권에 끼워 돌려준다)와 여권을 제시하면 된다. 입국할 때 받은 출국 카드를 여행하다 잊어버리지 않도록 주의한다.

♛ Step 3. 라스트 쇼핑 & 마사지

수완나폼 공항 면세점에 부츠, 판퓨리, 짐 톰슨 등 태국의 인기 매장들이 입점해 있으니 미처 구입하지 못한 것이 있다면 여기서 꼭 획득할 것! 괜히 망설이다 한국 돌아가서 내내 후회하는 수가 있다. 많이 피곤할 경우에는 4층 출국장 D구역 근처에 있는 창 마사지Chang Massage에서 발 마사지를 받자. 24시간 운영하며 가격은 45분에 700B 정도.

♛ Step 4. 탑승

출발 30분 전부터 탑승 시작. 아쉬움을 안고 그리운 집으로!

동식물 등 불법 반출 사건이 종종 발생하기 때문에 출국 심사가 상당히 까다롭다. 짐을 쌀 때 주의를 기울이도록 하자. 특히 액체나 젤 타입 제품은 반드시 부치는 가방에 넣도록 하자.

Information 태국 일반 정보

♛ 개요

방콕은 태국의 수도로 호텔 및 편의시설이 잘 갖추어져 있으며 BTS, MRT 등 교통망도 훌륭한 편으로 여행 인프라가 잘 발달되어 있다. 세계적으로도 손꼽히는 태국의 음식과 다양한 쇼핑 스폿, 역사적인 볼거리들이 풍족하고 파타야, 후아힌, 푸껫, 치앙마이, 코 사무이 등 태국 다른 지역과의 연결이 용이해 여행지로서 훌륭한 조건을 갖추고 있다.

♛ 비행

우리나라에서 직항 편으로 약 6시간 소요된다.

♛ 시차

한국보다 2시간 느리다. 예를 들어 한국이 오전 9시일 때, 방콕은 오전 7시이다.

♛ 언어

태국어를 공용어로 사용한다. 여행객이 많아 관광지나 호텔, 고급 식당 등에서는 영어도 통용된다.

♛ 기후

사계절 내내 기온이 21~33℃로 열대 기후에 해당한다. 계절은 우기와 건기로 나뉘는데 우기는 5~10월로 소나기가 많이 내리는 편이다. 건기는 11~4월로, 건기 중에서도 11~2월이 덥지 않아 여행하기 가장 좋으며 4월이 일 년 중 가장 덥다.

♛ 통화

태국 바트(Baht, THB 또는 B로 표기)를 사용한다. 1Baht=35원(2013년 08월 기준)

여권, 비자

여권은 유효기간이 6개월 이상 남아있어야 하며 90일까지 무비자로 체류할 수 있다.

Basic Guide | Information

♛ 전화

객실 내에서 전화나 공중전화를 이용할 수 있다. 현지 휴대폰을 렌탈하거나 직접 구입해 사용할 수도 있다.

방콕에서 한국(서울)으로 전화를 걸 경우

| 일반 전화 02-123-4567
→ 001(국제전화 회사)-82(국가 번호)-2(지역 번호에서 '0'을 제외)-123-4568(해당 번호)

| 핸드폰 010-123-4567
→ 001(국제전화 회사)-82(국가 번호)-10(핸드폰 번호 맨 앞 '0'을 제외)-123-4567(해당 번호)

한국에서 방콕으로 전화를 걸 경우

| 일반 전화 02-123-456
→ 001(국제전화 회사)-66(국가 번호)-2(지역 번호에서 '0'을 제외)-123-456(해당 번호)

♛ 인터넷 & 와이파이

방콕의 어지간한 호텔이나 레스토랑, 카페, 쇼핑몰 등지에서 무료로 무선 인터넷을 사용할 수 있다. 직원(쇼핑몰의 경우 컨시어지)에게 비밀번호를 물어보면 패스워드를 알려준다. 현지의 PC방을 이용할 경우 한 시간당 30~50B 정도를 받는다.

한국에서 데이터 무제한 서비스 신청하기

SKT, KT 등 국내 통신사의 데이터를 방콕에서도 무제한 이용할 수 있다. 1일 데이터 무제한 요금제를 신청하면 되는데 본인이 지정한 신청 시점을 기준으로 24시간 내에 데이터를 무제한 이용할 수 있다. 신청은 고객센터로 전화하거나 인천 공항에 자리한 각 통신사의 고객센터를 직접 방문해 신청하면 된다. 요금은 1일 기준 10,000원 안팎이다.

방콕에서 데이터 서비스 신청하기

방콕에서 유심칩을 구입해 장착하면 한국에서 쓰던 스마트폰을 이용해 인터넷을 이용할 수 있다. 유심칩은 패밀리 마트와 통신회사 서비스센터 등에서 쉽게 구입할 수 있다. 단 스마트폰의 종류에 따라 사용할 수 있는 유심칩이 달라지므로 통신회사의 서비스센터에서 구입하여 요금을 충전하고 연결 확인까지 직원에게 부탁하는 것이 편리하다.
방콕의 대표적인 통신회사로는 트루True와 에이아이에스AIS 등이 있으며 고객센터는 대형 쇼핑몰 등지에서 쉽게 찾을 수 있다. 기간과 용량에 따라 다양한 요금제가 있으며 보통 가입비, 유심칩, 충전 금액까지 포함해 150~300B 정도면 충분하다.

Transportation 태국의 교통수단

♛ 택시

교통체증이 없다면 가장 편하고 싸게 이동할 수 있는 수단. 2~3명이 일행일 경우 BTS를 타는 것보다 요금이 저렴한 경우도 있다. 요금은 기본 35B부터 시작하며 미터당 금액이 올라간다. 교통 혼잡이 심한 쇼핑몰 주변이나 관광지 주변은 미터기로 가지 않으려는 택시가 대부분이라 흥정해야 한다.

♛ BTS

방콕의 지상철. 가장 편리하고 쾌적하게 이동할 수 있는 교통수단이다. 수쿰빗과 실롬 2가지 노선이 있으며 시암 역에서 환승이 가능하다. 노선표에서 목적지까지의 금액을 확인한 후 티켓 발매기에서 표를 구매하면 되는데 5바트나 10바트 동전을 이용해야 한다. 잔돈이 없으면 창구에서 교환해 준다. BTS를 이용할 일이 많은 경우 하루 동안 무제한으로 BTS 이용이 가능한 '일일 패스(BTS One Day Pass, 120B)'를 이용하는 것도 방법이다.
ⓘ 06:00~24:00 ☏ www.bts.co.th

♛ MRT

방콕의 지하철. BTS만큼 인기가 많은 편은 아니지만 BTS만큼이나 쾌적하고 빠르게 이동할 수 있다. 총 18개의 역을 지나는 노선을 운행한다.
ⓘ 06:00~24:00 ☏ www.mrta.co.th

♛ 툭툭

툭툭Tuk Tuk은 바퀴가 3개 달린 방콕의 독특한 교통수단으로 정해진 요금 없이 목적지를 말하고 흥정하면 된다. 보통 가까운 거리는 20~50B 정도가 적정선이다. 하지만 무더운 날씨에 에어컨도 없이, 게다가 창문이 없어서 도로의 먼지를 잔뜩 마시면서 달려야 하므로 여성들에게는 비추. 먼 거리가 아니라면 경험 삼아 한 번쯤 타 볼 만하다.

👑 오토바이 택시

색깔 있는 조끼를 입고 곳곳에(보통 골목 입구) 오토바이와 함께 대기하고 있다. 목적지를 말하고 흥정하는 식으로 가격이 정해지는데 같은 골목 내의 가까운 거리를 이동할 때는 20~40B 선이지만, 목적지까지 빨리 이동할 수 있다는 이유로 택시보다 가격이 훨씬 높아질 때도 있다. 가격을 정하고 목적지에 내린 후 금액을 지불하면 된다.

👑 익스프레스 보트

리버사이드 지역, 카오산 등으로 이동할 때 편리한 교통수단으로 보트 뒤쪽에 달린 깃발의 색에 따라 종류가 구분된다. 깃발이 없는 보트의 경우 대부분의 정류장에 정차하므로 속도가 가장 느리며 파란색이 가장 빠르다. 요금은 보트에 탑승한 후 목적지를 말하고 금액을 확인해 내면 된다.
🕐 06:00~19:00
📶 www.chaophrayaboat.co.th

🈯 교통수단 이용 어드바이스

1. 가까운 거리는 택시, 먼 거리는 BTS

방콕은 엄청난 교통체증으로 악명 높은 도시이다. 방콕의 택시비가 아무리 저렴하고 목적지 바로 앞까지 이동할 수 있다 하더라도 교통체증 때문에 생각 이상으로 시간이 오래 걸리기도 하고 스트레스를 심하게 받을 수 있다. 먼 거리일 경우에는 가능하면 BTS나 MRT를 이용하는 것이 최선. 역에서 가까운 거리는 걷거나 오토바이 택시를 활용하는 것도 하나의 방법이다. 하지만 마음 편하고 편리한 게 최고라면 택시가 정답! 이렇게 마음껏 택시를 탈 수 있는 곳은 방콕 말고 또 없을 듯.

2. 흥정은 당당하고 단호하게

택시비나 툭툭 비용을 흥정할 때는 단호하고 당당한 자세를 취할 것. 미리 호텔 컨시어지나 인터넷으로 대략 가격을 알아두는 게 가장 현명하다. 내릴 때, 타기 전 흥정한 가격보다 더 많이 부르는 기사들이 있는데 이럴 때 당황하지 말고 "NO!"를 외치자. 태국의 운전기사들은 호시탐탐 바가지를 씌우는 데 혈안이 돼 있기는 하지만, 또 의외로 순박하기 때문에 단호한 자세를 취하면 금세 꼬리를 내린다.
요금을 정확히 확인하고 내는 것도 중요하지만 잔돈 몇 푼에 기분 상하는 일이 있으면 놀자고 온 여행에서 기분만 망치는 경우가 대부분이니, 너무 아등바등 흥정하지는 말 것. 얼마 되지 않는 잔돈은 운전기사의 팁이라 생각하고 편하게 마음을 먹는 것이 좋다.

3. 목적지를 분명히 알려주기

쏨분 등 유명 레스토랑으로 갈 경우, 택시기사에게 주소가 적힌 종이를 보여주는 것이 가장 안전하다. 그냥 이름만 말해주면, 비슷한 이름의 다른 레스토랑(자신들이 커미션을 받을 수 있는)으로 가는 경우가 있다. 내리기 전에 목적지가 맞는지 간판을 확인하고 요금을 지불하는 것도 좋은 방법.

4. 버스는 현지인에게 양보

방콕에도 여러 버스가 있기는 하지만 노선이 복잡하고 요금 징수 방식이 다소 까다롭다. 굳이 관광객이 이용할 필요는 없으니 패스!

Suitcase 공주놀이를 위한 여행가방 챙기기

♛ 개수를 늘리지 말고 종류를 늘려라!

편한 의상에 카메라, 세면도구 등 천편일률적인 짐 싸기는 이제 그만! 제대로 공주 놀이를 하려면 트렁크 속 새 단장이 필요하다. 보다 멋지고 우아하고 톡톡 튀는 휴가를 즐기기 위한 스페셜한 트렁크를 꾸며보자.

일단 여행기간이 길어질수록 옷가지의 수는 늘어난다. 하지만 막상 입으려고 보면 이것도 티셔츠, 저것도 티셔츠, 색깔과 디자인만 다를 뿐 결국은 같은 종류의 옷만 잔뜩 챙겨오게 된다. 남과 다른 스페셜한 여행을 계획한다면 개수를 늘리지 말고 종류를 늘려보자.

티셔츠와 반바지만 여러 장 챙기지 말고 티셔츠와 반바지 한 세트, 하늘하늘한 원피스 한 세트, 블링블링 드레스 한 세트, 해변과 사원 방문 시 유용한 긴 사롱도 한두 장 챙기고 수영복 위에 덧입을 얇고 화려한 겉옷도 챙겨보자.

♛ 패션리더의 필수품, 진공 비닐팩과 섬유 탈취제

옷을 곱게 접어 차곡차곡 트렁크에 쌓아 온 보람도 없이 안쪽의 옷을 꺼내다 보면 순식간에 가방이 엉망이 된다. 이럴 때 유용한 것이 진공 비닐팩. 가장 큰 사이즈의 진공 비닐팩에 항상 함께 착용하는 위아래 옷을 한꺼번에 접어 넣거나 하나씩 넣어 트렁크에 보관하자. 표면이 미끄러워 쉽게 안쪽의 옷들을 꺼낼 수 있으며 먼지나 냄새로부터 옷을 보호하는 효과도 있다.

그리고 태국이 아무리 더운 나라라지만 겉옷은 하루만 입고 빨기엔 무리가 있다. 이런 경우 섬유탈취제를 뿌려 옷장에 걸어두면 1~2번 정도는 새로 빨래한 옷처럼 상쾌한 기분을 느낄 수 있다.

♛ 신데렐라를 위한 마법의 구두는 필수

신발은 부피를 많이 차지하기도 하고 보관하기도 번거로워 많은 사람들이 가장 소홀하게 여기는 부분이다. 신고 나서는 운동화나 샌들 한 켤레로 전 일정을 소화하는 사람들도 있지만 신데렐라가 되려면 나를 빛나게 해줄 마법의 구두 한 켤레쯤은 챙겨가는 센스를 발휘해 보자. 호텔 내 피트니스 센터를 이용하거나 많이 걷는 일정일 때 신을 운동화 한 켤레, 해변에서 신을 샌들이나 슬리퍼 한 켤레, 레스토랑이나 바에서 신을 콧대 높은 구두 한 켤레 정도는 챙겨주는 것이 좋다.

♛ 피부의 활력을 찾아 줄 일회용 시트팩

호사스럽게 놀려고 온 여행, 스타일 구기지 않으려면 일단 피부 관리는 매일매일! 방콕은 건기나 우기나 기온이 높으나 낮으나~ 햇볕 만큼은 짱짱하다. 잠깐만 돌아다녀도 얼굴이 화끈거릴 정도로 자극을 받는데, 이럴 때 일회용 시트팩을 준비해 간다면 만사형통. 저가의 일회용 시트팩은 매일 밤 피부의 활력을 되찾아준다. 태국은 건조하지 않기 때문에 보습팩보다는 알로에, 오이, 감자 등 피부 진정용을 준비하는 게 더 좋다. 요즘 저가 화장품 브랜드에서 유행하는 대용량 알로에 크림을 한 통 가져가면 얼굴 외에도 그을린 피부 여기저기에 치덕치덕 아낌없이 바를 수 있어 활용도가 높다.

Advice 시시때때로 유용한 어드바이스

♛ 체크인 시, 호텔 카드 챙기기

태국의 택시 기사들은 영어를 못하는 경우가 많다. 외출 후 돌아올 때를 대비해 체크인 시 미리 호텔의 전화번호와 태국어 주소, 호텔 약도를 챙겨두면 편리하다.

♛ 컨시어지를 적극 이용하기

컨시어지Concierge는 보통 리셉션이 있는 로비에 같이 있는데 대부분 투숙객의 편의를 위한 서비스를 이곳에서 제공한다. 주변 지도를 요청하거나 가고자 하는 목적지의 위치를 물어볼 수도 있고 택시를 불러달라고 해도 된다. 또 레스토랑과 스파 등을 예약할 때도 컨시어지를 이용하면 편리하다.

♛ 신용카드는 신뢰할 만한 곳에서만

큰 쇼핑몰과 호텔, 고급 레스토랑의 경우에는 상관이 없지만 그 밖의 경우에는 가급적 신용카드보다는 현금으로 결제하자. 만일의 불미스러운 사태를 예방하는 차원에서다.

♛ 호텔 디파짓은 현금으로

체크인 시, 호텔에서는 레스토랑, 스파, 미니바 등 투숙 기간 중 발생할 소비에 대비해 투숙객의 신용카드를 요구한다. 보통 고급 호텔일수록 디파짓Deposit 금액이 높은데 많게는 숙박비의 1.5~2배까지 걸기도 한다.

디파짓을 신용카드로 이용할 경우, 체크아웃 시에 취소 처리를 해주는 경우도 있지만 보통은 별다른 조치 없이 전표만 제출하지 않는 방식이 많다보니, 요금은 청구되지 않지만 자동 취소가 되는 5~7일 동안 카드의 한도는 잡혀 있게 된다.

디파짓을 현금으로 하면 자연스레 큰 돈을 호텔 측에 맡기는 셈이 되니 안전상 도움이 되며 신용카드에 대해서 전혀 신경을 쓰지 않아도 되어 편리하다. 단, 디파짓을 현금으로 할 경우 반드시 영수증을 받아 잘 보관해야 하며 체크아웃 시 제시하면 돈을 돌려받을 수 있다.

♛ 귀중품과 돈은 반드시 세이프티 박스에

고급 호텔에 묵는 경우 도난 사고가 일어날 확률은 극히 드물지만 그래도 방심은 금물. 귀중품과 여권 등은 반드시 세이프티 박스Safety Box에 보관하는 습관을 들이고 외출 시에는 여권 사본과 하루 쓸 정도의 돈만 소지하는 것이 안전하다.

♛ 이런 사람 조심하세요!

택시에서 한국 사람에게 팁으로 받았다며 태국돈 있으면 태국돈으로 바꾸어달라는 사람, 왕궁 근처에서 문을 닫았으니 다른 곳으로 안내하겠다는 사람, 가짜 보석을 가지고와 싸게 팔려는 사람, 공원에서 비둘기 모이를 줘보라며 친절하게 모이를 건네는 사람, 술집에서 과하게 친절하게 음료수를 건네며 접근하는 사람 등은 사기꾼일 확률이 높으니 주의하자.

Dress Code 드레스 코드를 챙기는 센스

♛ 공항패션은 연예인의 전유물이 아니다

공항에서는 생각보다 많이 걷게 되고 오랜 시간 비행기를 타야 하기 때문에 굽이 높은 구두, 꽉 끼는 블라우스나 스커트는 상당히 불편하다. 그렇다고 후줄근한 트레이닝복을 입고 갈 수도 없는 일. 적당한 길이의 원피스나 심플하고 긴 티셔츠에 레깅스를 입고 카디건을 걸치는 게 가장 무난하다. 얇은 카디건이나 재킷은 공항 대기시간이나 기내에서 온도 변화에 대처할 수 있는 실용적인 아이템이니 항시 지참!

♛ 심플한 원피스 한 벌 정도는 꼭

중급 이하의 호텔을 방문했을 때 상대적으로 드레스 코드에 대한 부담은 적어지지만 고급 호텔의 경우 때에 따라 호텔 내의 어디서든 드레스 코드를 적용하는 경우도 있다.
보통은 여성보다 남성에게 엄격한데 여성의 경우에는 반바지, 샌들이나 샌들풍 슬리퍼 정도는 허용된다. 조식당은 비교적 자유로운 차림으로 이용할 수 있지만 비즈니스맨들의 미팅장소로도 많이 활용되어 넥타이 부대들도 많이 눈에 띈다. 이런 분위기를 감안하여 세수도 하지 않고 목 늘어난 티셔츠에 무릎 나온 바지를 입고 가는 만행은 피하자. 편하면서도 격식에 많이 떨어지지 않는 심플한 블랙 원피스나 휴양지풍 비비디한 원피스면 오케이!
휴양지풍 원피스는 재래시장, 쇼핑몰 어디서든 구입이 가능하며 저렴하면서도 부피가 적고 구김이 덜하며 때에 따라 조합해 입을 수 있어 실용적이다.
고급 숙박시설(클럽룸, 스위트)에 머무를 경우 그 객실 손님만 사용 가능한 라운지를 이용할 수 있는데, 여기서 무료로 애프터눈 티나 이브닝 칵테일을 제공하기도 한다. 이브닝 칵테일 타임에는 드레스 코드가 엄격하지는 않지만 기왕이면 우아하게 차려입고 기분을 내 보는 것도 나쁘지 않을 듯.

♛ 고급 레스토랑에선 액세서리로 포인트를

기본적으로 고급 레스토랑Fine Dining에서 제시하는 드레스 코드는 스마트 캐주얼Smart Casual이다. 반바지나 샌들이 엄격하게 금지되는 남성 고객과는 달리 여성들에게는 관대한 편. 보통 호텔에서 레스토랑까지 왕복으로 대중교통을 이용하는 경우가 많으므로 과하게 화려한 의상보다는 적당히 포멀한 스커트나 원피스에 액세서리로 화려한 포인트를 주는 것이 좋다.

♛ 스파에선 입고 벗기 편하게

드레스 코드가 따로 없긴 하지만 탈의를 해야 하는 경우가 대부분이므로 입고 벗기 편한 옷을 선택하도록 하자. 특히 발마사지를 받는 경우 입은 옷을 그대로 입고 받아야 하는 경우가 많으므로 스커트보다는 반바지를 입는 것이 좋다. 스파를 받은 후에는 화장이 거의 지워지고 헤어도 엉망이 되기 쉬우니 일정이 또 있는 경우에는 간단한 메이크업 도구를 챙겨가는 것이 좋다.

Service Charge 언제나 알쏭달쏭, 상황별 팁 주기 에티켓

♛ 호텔에서, 짐을 옮겨준 직원에게만

체크인을 한 후 방을 배정받아 이동할 때, 직원이 직접 가방을 들어주며 나와 함께 방으로 이동하는 경우와 체크인을 담당했던 직원이 나와 동행해 방을 안내해주고 유의사항을 일러준 후, 짐은 다른 직원이 따로 가져다주는 경우가 있다.

두 경우 모두 짐을 가져다준 직원에게만 팁을 주어도 무방하다. US$1 지폐를 여러 장 준비해서 팁용으로만 사용하는 것도 좋은 방법이다. 트렁크 1개 기준 US$1~2를 건네면 무방하며 태국 바트일 경우, 40~50B 선이 적당하다.

체크아웃 시 짐 옮기는 것을 부탁하려 직원을 부르거나 체크아웃 수속을 한 후 방에 있는 짐을 가져다 달라고 부탁하는 것이 일반적이다. 이런 경우도 체크인 시와 동일하게 팁을 제공한다. 방에서 스스로 짐을 가지고 나왔다고 하더라도 택시를 탈 때 짐을 실어주었을 경우 20~40B 정도의 팁을 건네는 것이 좋다.

♛ 호텔에서, 객실 청소 & 아침식사 스태프에게

외출 시 하우스키퍼가 객실을 청소하는데 이런 경우에도 팁을 침대 머리맡이나 책상 위에 놓아두는 경우가 많다. 이런 경우 객실 1개 기준, US$1~2, 혹은 20~40B정도가 적당하다.

아침식사 시 호텔에 따라 객실 요금에 아침식사 요금이 포함된 경우에도 형식적으로 테이블에 와서 사인을 받아가는 경우가 있다. 이런 경우, 때때로 사인란 옆에 직원에게 주는 팁 금액을 적는 칸이 있는데 20~40B를 적거나 빈칸으로 두어도 무방하다. 금액을 적는 경우, 체크아웃 시 계산하게 된다.

♛ 레스토랑 & 스파에서, 계산서에 서비스 차지가 없다면

가격에 서비스 차지가 포함되어 있는 레스토랑과 그렇지 않은 곳이 있다. 이미 서비스 차지가 포함되어 있는 경우에는 팁을 따로 줄 필요는 없다. 서비스 차지가 포함 되지 않았을 경우에는 음식 가격의 10% 정도를 테이블 위에 놓아두거나 자신의 테이블 전담 직원에게 직접 건네준다.

마사지숍이나 스파의 경우, 서비스 차지가 포함되지 않은 경우가 대부분이다. 저가 마사지숍의 경우 40~50B, 고급 스파나 호텔 스파의 경우는 스파 가격에 따라 100~300B 정도의 팁을 테라피스트에게 준다.

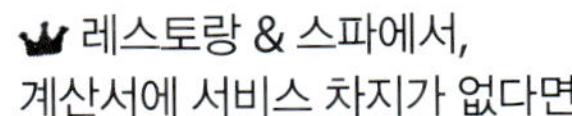

Thai Food 태국 음식 알아두기

똠얌꿍 Tom Yum Goong

세계 3대 음식으로 꼽히는 태국의 대표 음식. 맵고 시고 짜고 단맛이 복합적으로 느껴져 처음엔 낯설지만 먹을수록 중독성이 있다. '꿍'은 새우를 뜻하는 말로 똠얌꿍은 새우를 주재료로 하며 레몬그라스, 라임, 칠리, 코리앤더(고수) 등이 들어간다.

팟타이 Pad Thai

달콤한 맛이 나는 태국식 볶음면. 땅콩가루와 숙주가 함께 나온다. 모두 함께 비벼 쁘릭남플라(고추를 썰어 넣은 태국식 피시 소스)나 설탕을 취향에 따라 곁들여 먹는다. 곁들여진 라임을 짜서 뿌려 먹으면 면이 더 탱글탱글해지지만 새콤한 맛을 싫어한다면 패스!

팟시유 Pad See Ew

볶음면의 일종으로 팟타이와는 달리 넓적한 면을 간장 소스에 볶아내 누구에게나 무난한 맛이다. 팟타이와 마찬가지로 해산물, 치킨, 돼지고기 등 재료를 선택해 주문할 수 있다.

카오팟 Khao Pad

태국식 볶음밥. 끼니 때 꼭 밥을 먹어야 하는 사람들에게 강추! 누구나 먹어도 부담 없는 맛이다. 쁘릭남쁠라를 곁들여 먹으면 끝내준다.

팟카파오무쌉 Phat Kapao Moo Saab

이름이 익숙하진 않지만 태국 음식 초보자도 맛있게 즐길 수 있는 메뉴다. 바질과 함께 짭짤하게 볶아낸 다진 돼지고기를 밥 위에 달걀과 함께 얹어내는데 함께 비벼먹으면 맛이 좋다. 다소 간이 센 편이니 한 번에 다 비비지 말고 조금씩 먹어가며 비빈다.

미앙캄 Miang Kham

보통 레스토랑에서는 좀처럼 보기 힘들지만 오랜 역사를 가진 태국 전통 애피타이저다. 찻잎을 돌돌 말아 고깔처럼 만든 다음, 라임, 샬롯, 마른 새우, 땅콩, 코코넛을 넣고 새콤달콤한 소스를 얹어 먹는다.

팟팍루암밋 Pad Pak Rom Mit

굴 소스에 여러 가지 채소를 센불에 볶아낸 것으로 주 요리와 함께 곁들여 주문하기 좋다. 채소 요리 치고는 다소 느끼한 맛으로 팟팍붕파이댕이 훨씬 우리 입맛에 맞는 듯하다.

팟팍붕파이댕 Pad Pak Boong Fai Dang

초록색의 긴 줄기를 가진 모닝글로리(태국 음식에 많이 들어가는 채소)를 볶아낸 요리로 팟팍루임밋보다 맛이 깔끔해 우리 입맛에 잘 맞는다.

텃만꿍 Tod Man Goong

새우살을 다져 튀김옷을 입혀 튀겨낸 것으로 고소하고 무난한 맛이다. 튀김 요리이다 보니 한 사람이 2개 이상 먹으면 느끼하다. 3~4명이 주문할 경우 한 접시로 나눠 먹는 것이 적당하다.

뿌팟퐁커리 Poo Pad Pongkari

태국에 오면 꼭 한 번은 먹게 되는 인기 메뉴. 신선한 게를 태국식 커리 소스에 버무려 낸다. 게살을 발라먹은 후 밥을 주문해 소스에 비벼 먹어도 맛있다. 매콤한 후추로 맛을 낸 페퍼 크랩, 뿌팟프릭타이담도 맛있다.

얌운센 **Yam Woonsen**

얌은 샐러드, 운센은 당면이라는 뜻으로 당면을 채소와 해산물 등과 새콤하고 매콤하게 무쳐낸 샐러드다. 소고기를 주재료로 한 얌 느어나 시푸드 샐러드인 얌탈레 등도 맛있다.

쏨땀 **Som Tam**

피시소스, 라임, 칠리를 절구로 빻아 소스를 만들어 그린 파파야에 버무려낸 샐러드다. 돼지고기 구이인 '커무양', 닭구이 '까이양' 닭튀김 '까이텃' 등과 함께 먹는 것이 일반적이다. 들어가는 재료에 따라 쏨땀 뿌, 쏨땀 뿔라 등이 있지만 무난한 쏨땀 타이가 여행자에게는 가장 적합하다.

사테 **Satay**

동남아에서 흔히 볼 수 있는 꼬치구이로 돼지고기, 쇠고기, 닭고기 등이 일반적이다. 보통은 고소한 땅콩 소스에 곁들여 먹는다.

랏나 탈레 **Ratna Talay**

넓적한 면과 해산물, 야채를 걸쭉하게 조리해낸 요리로 구수하고 감칠맛이 나 아주 맛있다. '탈레'는 시푸드를 의미한다. 고소한 면과 탱글탱글한 시푸드가 조화를 이뤄 우리 입맛에 잘 맞는다.

껭키여우완 **Gaeng Keowan**

태국식 그린 커리. 코코넛이 듬뿍 들어가 부드러우면서도 매콤하다. 코코넛 자체가 호불호가 갈리는 음식이라 거부감을 느끼는 사람도 있는 편이다.

꿍채남쁠라 Goong Chae Nampla

태국스타일 새우회라 보면 된다. 신선한 새우를 허브와 매콤새콤한 소스와 함께 먹는 것으로 깔끔한 맛이다. 라임을 위에 뿌리고 허브를 곁들여 소스에 찍어 먹으면 달짝지근한 새우 맛이 기가 막힌다.

카우니여우 마무앙 Khao Niew Manuang

태국의 대표적인 디저트로 연유를 듬뿍 얹은 찰밥을 망고와 함께 먹는 요리다. 고급 레스토랑에서는 직접 만든 코코넛 아이스크림을 곁들여 내기도 한다.

태국 음식의 기본 재료

코리앤더 Coriander

태국어로는 '팍치'라 하고 우리나라에서는 '고수'라고 부른다. 우리나라 사람들이 싫어하는 대표적인 향채소다. 쌀국수, 똠양꿍 등 다양한 음식에 널리 사용되는데 팍치에 거부감이 심하다면 "마이싸이 팍치(팍치 빼주세요)"라고 말하면 된다. 하지만 제대로 된 음식 맛을 즐기려면 있는 그대로 맛보는 것이 최선이라는 것을 명심하자.

라임 Lime

상큼한 맛을 더하는 초록색의 작은 과일. 음식뿐 아니라 모히토 등 칵테일을 제조하는 데에도 사용된다. 쏨땀의 라임은 액젓의 비릿함을 감추고 상큼한 맛을 내며, 팟타이의 라임은 면을 탱글탱글하게 만들어 준다.

태국 고추 Thai Chilli

'쁘릭키누'라고 불리는 태국 고추는 우리나라 고추보다 크기가 작고 매운 맛이 강하다. 요리와 소스에 두루두루 사용된다. 태국 고추와 피시 소스로 만든 '쁘릭남쁠라'는 볶음밥이나 볶음면에 조금 곁들여 먹으면 맛이 최고다.

피시 소스 Fish Sauce

우리나라의 액젓과 비슷한 소스로 쏨땀을 만들 때 많이 쓰인다. 많이 넣으면 비릿한 맛이 나지만 적당한 양은 깊은 맛을 낸다. 살짝만 넣고 비벼 먹으면 쿰쿰한 향이 미묘하게 입맛을 돋운다.

1Day Course

모던 & 시크 스타일 1Day

로맨틱 & 클래식 스타일 1Day

빈티지 & 캐주얼 스타일 1Day

블링 & 블링 스타일 1Day

3Night 5Day Course

방콕에 처음 오는 사람들을 위한 3박5일

두 번째 오는 사람들을 위한 3박5일

세 번 이상 방문한 사람들을 위한 3박5일

4Night 6Day Course

오로지 방콕 4박6일

방콕+파타야 비치 바캉스 4박6일

방콕+후아힌 와이너리 투어 4박6일

Best Spot for You

Tour

Consulting

손쉽게 짜는 투어 코스

1Day Course

♛ 모던 & 시크 스타일 1Day
스쿰빗을 기점으로 이동하는 일정

10:30 TCDC p.44 → (BTS 10분) → 12:30 온 더 테이블에서 런치 p.36 → (BTS 2분, 도보 5분) → 14:00 게이손 플라자 p.79 → (도보 10분) → 17:00 콴 스파 p.74 → (도보 15분, 보트 5분) 19:30 플로우에서 저녁 p.36 110 → (도보 1분) → 22:00 쓰리 식스티 바 p.96

♛ 로맨틱 & 클래식 스타일 1Day
텅러를 기점으로 이동하는 일정

10:00 리야나 스파 p.164 → (도보 20분) → 12:30 바닐라 가든에서 런치 p.158 → (도보 20분, BTS 15분) → 15:00 룸 콘셉트 스토어(시암 디스커버리) p.132 → (BTS 10분) → 18:00 피자조에서 저녁 p.144 → (도보 5분) → 롱 테이블 p.148

♛ 빈티지 & 캐주얼 스타일 1Day
플런칫을 기점으로 이동하는 일정

11:00 루암루디 헬스 마사지 p.262 → (도보 1분) → 13:00 커피 빈 바이 다오에서 런치 p.259 → (도보 5분, BTS 5분) → 15:30 터미널 21 p.236 → (도보 5분) → 19:00 수다 식당에서 저녁 p.230 → (BTS 15분) → 21:00 색소폰 p.263

♛ 블링 & 블링 스타일 1Day
칫롬을 기점으로 이동하는 일정

13:00 조조에서 런치 p.358 → (도보 10분) → 15:00 판퓨리 p.369 → (도보 5분) → 17:30 센트럴 월드 p.364 → (도보 1분) → 20:00 나라 퀴진에서 저녁 p.360 → (BTS 5분, 도보 15분) → 22:00 레벨스 클럽 p.348

Comment

각 스타일별 1Day 코스를 조합해 2~4Day 코스를 짜면 다채로운 느낌의 방콕 여행을 즐길 수 있다. 방콕행 비행기가 보통 저녁 4~5시나 밤 12시경 방콕에 도착하기 때문에, 방콕 여행 일정은 3박5일이나 4박6일로 잡는 것이 일반적이다. 첫날은 도착하자마자 숙소에서 잠을 자야 하는 셈. 하지만 인천행 비행기 역시 저녁이나 밤 시간에 출발하는 것이 대부분이어서, 첫날은 별다른 일정 없이 쉬는 대신 출국하는 마지막 날은 꽉 채워서 쓸 수 있다. 그래서 3박5일 코스는 4일 일정으로, 4박6일 코스는 5일 일정으로 구성하였다.

3Night 5Day Course

♛ 방콕에 처음 오는 사람들을 위한 3박5일 코스

Day 1 시암+스쿰빗

10:00 시암 파라곤 p.326 → (도보 1분) → 12:30 어나더하운드 카페에서 런치p.34 → (도보 3분) → 14:30 시암 센터 p.320 → (BTS 10분) → 17:30 어반 리트리트 p.48 → (도보 3분) → 20:00 수다 식당에서 저녁 p.230 → (도보 15분) → 21:30 롱 테이블 p.148

Day 2 칫롬+카오산+아눗싸와리

10:00 센트럴 월드 p.362 → (도보 1분) → 13:30 나라 퀴진 p.360 → (도보 7분) → 15:30 게이손 플라자 p.79 → (BTS 15분, 보트 20분) → 17:00 왕궁 관광 → (도보 20분) → 20:00 페뷸러스에서 저녁 p.290 → (도보 3분) → 21:00 카오산 로드 산책 → (택시 30분) → 23:00 색소폰 p.263

Day 3 실롬+사톤+리버사이드

11:00 터미널 21 p.236 → (도보 15분) → 13:30 쿠파에서 런치&커피 타임 p.58→ (MRT 10분) → 16:00 짐 톰슨 p.374 → (도보 15분) → 18:00 쏨분 시푸드에서 저녁 p.264 → (도보 10분, BTS 5분, 보트 15분) → 21:00 아시아티크 p.206

Day 4 짜투짝 시장 etc.

09:00 짜뚜짝 시장 p.304 → (BTS 20분, 도보 10분) → 12:00 커피 빈스 바이 다오에서 런치 p.259 → (도보 1분) → 14:00 루암루디 마사지 p.262 → (BTS 10분) → 16:30 엠포리움에서 쇼핑 p.114 → (도보 3분) → 18:30 레몬그라스에서 저녁 p.241

Comment

방콕 명소를 두루 둘러볼 수 있게 코스를 구성했다. 방콕 초행자라면 호텔에 너무 많은 욕심을 내지는 말자. 볼거리, 먹거리, 즐길거리 가득한 방콕이기에 호텔보다는 외부 활동이 많을 터! 고급 호텔보다는 BTS와 가깝고 깔끔하고 합리적인 가격대의 호텔을 찾는 것이 좋다.

♛ 두 번째 오는 사람들을 위한 3박5일 코스

Day 1 스쿰빗

11:00 엠포리움 p.114 → (도보 1분) - 13:30 아오이에서 런치 p.60 → (도보 2분) →
15:30 TCDC p.44 → (도보 2분) → 17:00 TWG에서 티타임 p.334 → (도보 3분) →
18:00 나라야 p.143 → (도보 30분 혹은 택시 5분) → 20:00 와인 커넥션 p.64

Day 2 시암+스쿰빗

10:00 시암 센터 p.320 → (도보 1분) → 12:30 쏨땀 누아에서 런치 p.222 → (도보 5분)
→ 14:00 시암 스퀘어 p.114 → (도보 1분) → 16:00 실크림 돌치 카페에서 휴식 p.128
→ (BTS 10분, 도보 5분) → 19:00 피자조에서 저녁 p.144 → (도보 10분) → 21:00 롱
테이블 p.148

Day 3 텅러+에까마이+칫롬

11:00 리야나 스파 p.164 → (도보 20분 혹은 택시) → 13:30 바닐라 가든에서 런치
p.158 → (BTS 15분) - 15:00 빅씨 p.215 → (도보 10분) → 16:30 센트럴 월드 p.362
→ (도보 1분) → 19:00 카르파푸룩에서 저녁 p.170 → (도보 10분) → 21:00 레드 스카
이 p.80

Day 4 사톤+리버사이드

11:00 딘 앤 델루카에서 브런치 p.184 → (도보 20분) - 13:00 코모 샴발라 p.384 → (도보
5분) → 15:30 살롱에서 애프터눈 티 p.186 → (택시 10분) 18:00 아시아티크 p.206

Comment

방콕 초행길에 필수 코스를 마스터했다면 두 번째 방콕 여행에선 조금 느긋하게 골목 구석구석 숨어 있는
카페에서 차도 한 잔 마시고 리버사이드의 고급 호텔에서 호사스런 다이닝과 스파를 즐겨보자.

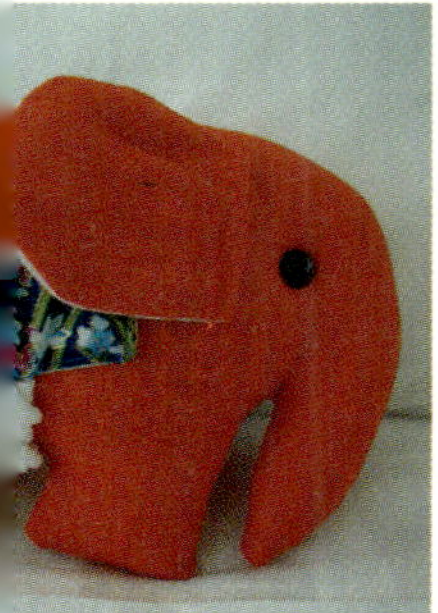

♛ 세 번 이상 방문한 사람들을 위한 3박5일 코스

Day 1 사톤+시암

11:00 르언 누아드 마사지 스튜디오 p.280 → (도보 1분) → 13:00 나즈에서 런치 p.270 → (도보 10분, BTS 10분) → 15:30 방콕 아트 앤 컬쳐 센터 p.32 → (도보 5분) → 17:30 몬놈솟에서 저녁 p.134 → (도보 10분) → 19:00 시암 센터 p.320 → (도보 1분) → 21:00 렛 뎀 잇 케이크 p.140

Day 2 스쿰빗

11:00 TCDC p.44 → (도보 2분) → 12:30 아오이 p.60 → (도보 1분) → 14:30 엠포리움 p.114 → (도보 2분) → 17:00 나라야 p.143 → (BTS 2분, 도보 15분) → 18:30 애프터 유 p.162 → (도보 3분) → 20:00 리야나 스파 p.164 → (도보 25분) → 22:30 투 다이 포 p.248

Day 3 사톤+리버사이드

09:00 블루 엘리펀트 쿠킹 스쿨 p.376 → (BTS 2분, 보트 5분) → 14:00 랜턴 p.284 → (도보 1분) → 15:30 에포리아 p.100 → (도보 1분) → 18:30 플로우에서 저녁 p.110 → (보트 20분) → 21:00 아시아티크 p.206

Day 4 방나 etc.

11:00 메가 방나 p.302 → (도보 1분) → 13:00 포시즌스 레스토랑에서 런치 p.328 → (도보 1분) → 15:00 메가 방나(쇼핑 계속) p.302 → 18:00 루암루디 마사지 p.262 → (도보 1분) → 19:30 커피 빈스 바이 다오에서 저녁 p.259

Comment

어지간한 관광지도, 필수 코스라는 방콕의 맛집들도 대체로 다 마스터했다면 이제 남들과 다른 나만의 스페셜한 일정을 짜보자. 매번 태국 음식에 밀려 2순위로 밀려났던 현지인에게 인기 있는 카페나 웨스턴 푸드도 맛보고, 이제는 시간에 쫓기듯 다니지 말고 여유롭게 쇼핑몰을 구석구석 다니며 쇼핑에 올인해 보자.

4Night 6Day Course

Day 1 스쿰빗

11:00 TCDC p.44 → (도보 2분) → 12:30 아오이 p.60 → (도보 1분) → 14:00 엠포리움 p.114 → (BTS 10분) → 16:30 루암루디 헬스 마사지 p.262 → (도보 1분) → 19:00 커피 빈스 바이 다오 p.259 → (BTS 2분, 도보 20분) → 21:30 어보브 일레븐 p.346

Day 2 시암+카오산+아눗싸와리

11:00 시암 파라곤 p.326 → (도보 1분) → 13:30 어나더 하운드 카페 p.34 → (도보 5분) → 15:00 시암 센터 p.320 → (BTS 10분, 보트 15분) → 18:00 페뷸러스 p.290 → (도보 1분) → 19:30 카오산 로드 p.24 → (택시 30분) → 22:00 색소폰 p.263

Day 3 실롬+사톤+리버사이드

11:00 방콕 아트 앤 컬처 센터 p.32 → (도보 10분) → 13:00 하이 쏨땀 컨벤트 p.274 → (도보 10분) → 14:30 르언 누아드 마사지 스튜디오 p.280 → (도보 25분)→ 17:00 딘 앤 델루카 p.184 → (도보 10분)→ 18:30 쏨분 시푸드 p.264 → (도보 10분, BTS 5분, 보트 5분) → 20:30 쓰리 식스티 바 p.96

Day 4 짜뚜짝+칫롬+플런칫

09:00 짜뚜짝 시장 p.304 → (BTS 20분, 도보 5분) → 12:00 탄 생추어리 p.368 → (도보 5분) → 14:00 카르파푸룩 p.170 → (도보 1분) → 15:30 센트럴 월드 p.362 → (BTS 3분, 도보 10분) → 18:00 레몬 팜 p.76 → (도보 1분) → 19:00 스푼풀 자카 카페 p.166 → (도보 10분) → 20:00 까깐 p.70

Day 5 텅러+에까마이

11:00 바닐라 가든 p.158 → (도보 30분) → 13:00 리야나 스파 p.164 → (도보 5분) → 15:30 애프터 유 p.162 → (도보 10분) → 17:00 크레센도 p.160 → (도보 1분) → 17:30 팬트리 매직 p.163 → (도보 15분) → 18:30 반 카니타 p.68

Comment

방콕에 5일 정도 머무른다면 웬만한 유명 스폿은 두루 볼 수 있다. 너무 빠듯하게 5일을 꽉 채우려고 욕심 내면 오히려 여행이 지겨워질 수 있으니, 이른 아침부터 스케줄에 쫓기지 말고 느긋하게 조식 먹고 수영장 에서 물놀이도 즐기며 한 템포 느리게 하루를 시작하고, 여유롭게 각 장소로 이동해 보자.

♛ 방콕+파타야 비치 바캉스 4박6일 코스

Day 1 방콕 → 파타야

10:00 호텔 조식 후 출발 → (자동차 2시간 30분) → 12:30 파타야 도착 → 1:00 호텔 체크인 → (도보 3분) → 15:00 비치에서 물놀이 p.442 → 19:30 호라이즌에서 저녁 p.424

Day 2 파타야 산호섬 투어

08:00 산호섬 투어 p.442 → (여행사 차량 서비스 이용) → 15:00 호텔에서 스파 → (도보 나 택시 이동) → 18:00 림파 라뼁에서 저녁 p.418

Day 3 파타야 → 방콕

10:00 파타야 수상시장 투어 p.412 → 12:30 방콕으로 출발 → (자동차 2시간 30분) → 15:00 방콕 도착 → 15:30 호텔 체크 인 → (도보 3분) → 17:00 시암 파라곤 p.326 → 19:00 어나더 하운드 카페에서 저녁 p.34 → (도보 5분) → 20:00 시암 센터 p.320

Day 4 아속+실롬

11:00 터미널 21 p.236 → (도보 5분) → 14:00 수다 식당에서 런치 p.230 → (도보 5분) → 15:30 어반 리트리트 p.48 → (BTS 15분) → 18:00 딘 앤 델루카 p.184 → (도보 10분) → 20:00 쏨분 시푸드에서 저녁 p.264

Day 5 스쿰빗+리버사이드

10:30 엠포리움 p.114 → (도보 3분) → 13:00 레몬그라스에서 런치 p.241 → (도보 5분) → 15:00 나라야 p.143 → (도보 3분) → 16:00 TWG p.334 → (BTS 20분, 보트 15분) → 18:00 반 카니타(혹은 아시아티크)에서 저녁 식사 p.68

Comment

여름휴가를 위해 방콕에 왔거나 일정이 5일 정도로 넉넉하다면 파타야와 연계해 신나는 해변 바캉스를 즐겨보자. 그런데 파타야의 주요 관광지는 대부분 파타야 시내에서 떨어져 있다. 따라서 방콕에서 파타야로 이동할 때, 여행사 차량 서비스를 신청해 파타야 가는 길에 관광지를 한두 군데 둘러보면 더 효율적이다. 이동 시간을 감안해 넉넉하게 시간을 짜고 중간중간 충분히 휴식하는 시간도 염두에 두어야 피로하지 않은 여행이 될 수 있다.

👑 방콕+후아힌 와이너리 투어 4박6일 코스

Day 1 칫롬

11:00 센트럴 월드 p.364 → (도보 1분) → 13:00 나라 퀴진에서 런치 p.360 → (도보 10분) → 15:00 빅씨 p.215 → (도보 5분) → 17:00 탄 생추어리 p.368 → (도보 10분) → 19:30 카르파푸룩에서 저녁 p.170 → (도보 10분) → 21:00 레드 스카이 p. 80

Day 2 방콕 → 후아힌

11:00 커피 빈스 바이 다오에서 런치 p.259 → 후아힌으로 출발 → (자동차 3시간) → 후아힌 도착 → 14:00 플런완 p.424 → (자동차 이동) → 16:30 호텔 체크인 → (툭툭 5분) → 18:00 오션 사이드 레스토랑에서 저녁 p.429

Day 3 와이너리 투어 etc.

10:30 후아힌 힐스 빈야드 와이너리 투어(런치 포함) p.440 → (자동차 30분) → 15:00 마켓 빌리지 → 16:30 더 바라이 p.434 → 19:00 렛츠 시 레스토랑에서 저녁 p.431 → 20:30 시카다 마켓(주말인 경우) p.426

Day 4 후아힌 → 방콕

호텔 조식 후 방콕 출발 → (자동차 3시간) → 13:00 방콕 도착 → 호텔 체크인 → 14:00 수다 식당에서 런치 p.230 → (도보 5분) → 15:00 터미널 21 p.236 → (BTS 20분, 보트 20분) → 18:00 아시아티크 p.206 → (보트 20분, BTS 5분, 도보 10분) → 21:00 쏨분 시푸드에서 저녁 p.264

Day 5 시암+리버사이드

10:30 시암 파라곤 p.326 → (도보 1분) → 13:00 포시즌스 레스토랑에서 런치 p.328→ (도보 5분) → 15:00 시암 센터 p.320 → (BTS 10분) → 18:30 살라팁에서 저녁 p.392

Comment

좀 더 조용하고 여유로운 시간을 보내고 싶다면 후아힌을 연계해 근교 코스를 짜보자. 와이너리 투어를 하며 자연과 교감하는 시간을 가지고 후아힌 바다가 보이는 카페에서 망중한을 만끽한 후 고급 스파에서 장시간 힐링 타임도 즐기면 완벽한 휴식이 될 것이다. 방콕 시내로 돌아와서는 비교적 캐주얼한 스폿 위주로 돌아 예산의 부담을 줄이고 마지막 날에 화려한 힙 플레이스에서 일정을 마무리하면 퍼펙트!

Best Spot for You 스타일별 베스트 스폿

♛ 문화 & 예술 애호가가 놓쳐서는 안 될 곳

♛ 쇼핑 마니아가 놓쳐서는 안 될 곳

♛ 스파 마니아가 놓쳐서는 안 될 곳

♕ 맛집 마니아가 놓쳐서는 안 될 곳

까깐 Gaggan p.70
반 카니타 Baan Khanitha p.68
제응어 키친 Je Ngor's Kitchen p.226
수다 식당 Suda Restaurant p.230

♕ 남친과 데이트하기 좋은 곳

쓰리 식스티 바 Three Sixty Bar p.96
살라팁 Salathip p.392

♕ 혼자 왔을 때 가면 좋은 곳

라이브러리 Library p.62
블리스 Bliss p.46
비엥 줌 온 Vieng Joom On p.142
렛 뎀 잇 케이크 Let Them Eat Cake p.140

♛ 멋쟁이들이 많이 모이는 핫한 곳

어보브 일레븐 Above Eleven p.346
레드 스카이 Red Sky p.80
레벨스 클럽 Level's Club p.348

♛ 여친들과 수다 떨기 좋은 곳

바닐라 가든 Vanila Garden p.158
피자조 Pizzazo p.144
카페 클레어 Cafe Claire p.180

♛ 비싼 만큼 최상의 퀄리티를 보장하는 곳

오아시스 스파 Oasis Spa p.154
블루 엘리펀트 Blue Elephant p.376
조조 Jojo p.358
까깐 Gagan p.70
세인트 레지스 방콕 St Regis Bangkok p.174
오리엔탈 레지던스 Oriental Residence p.178
오쿠라 프레스티지 방콕 The Okura Prestige Bangkok p.84

Tour Consulting

Bangkok Map

♛ 지도 보는 방법

R 레스토랑 & 카페   **H** 스폿의 위치 : **1~4** 해당 스폿의 챕터
S 쇼핑 스폿   **R** 같은 건물 내 위치하는 스폿
H 호텔 & 리조트   **R**
N 나이트 스폿   **M**
A 관광지
M 마사지 & 스파

♛ 길찾기 어렵지 않아요!

방콕에서 길을 찾을 때 타논Thanon과 쏘이Soi의 개념을 이해하면 무척 쉽다.
태국어로 타논은 큰 대로Road를 의미한다(현지 표지판에 Thanon보다 Road가 더 많이
표기되어 있다). 쏘이는 대로에서 가지처럼 뻗어나가는 작은 골목을 의미한다.
목적지의 주소를 알고 있다면 우선 가장 가까운 BTS나 MRT 역에서 내린다. 역에서 나오
자마자 보이는 주변 지도에서, 가고자하는 타논(로드) 혹은 쏘이의 위치를 찾아본 후 그쪽
방향 출입구를 선택해 나가면 된다.

노선도 Traffic Line
BTS·지하철·공항철도·BRT

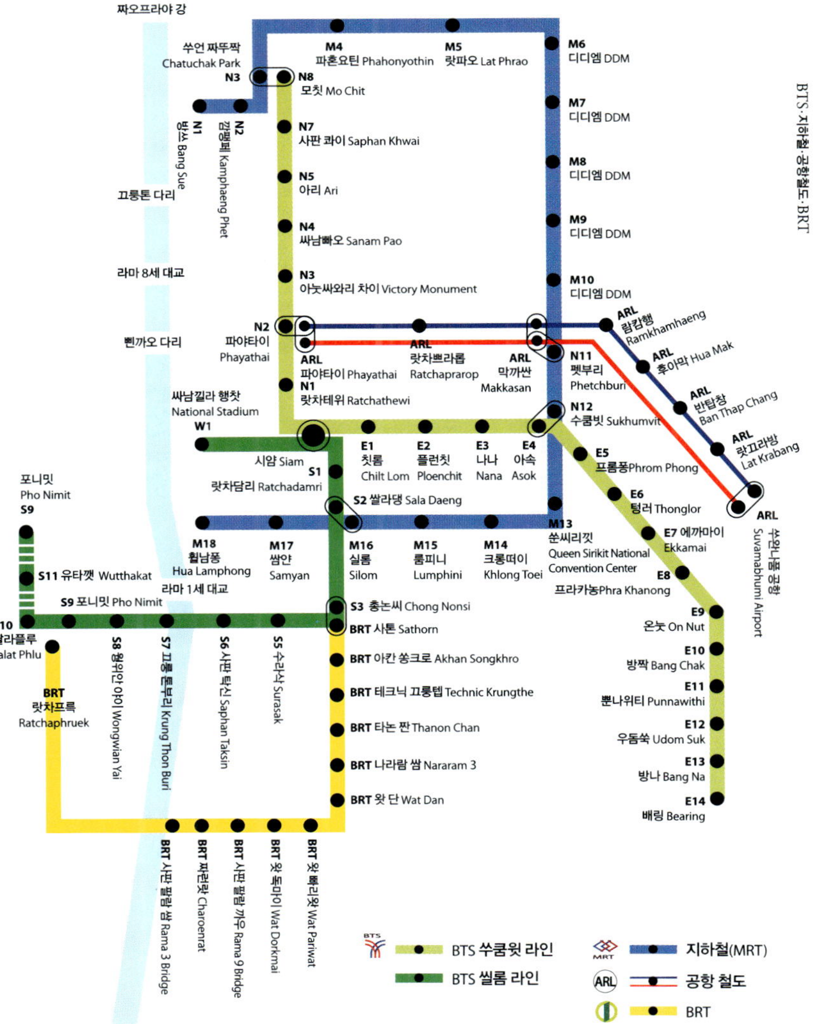

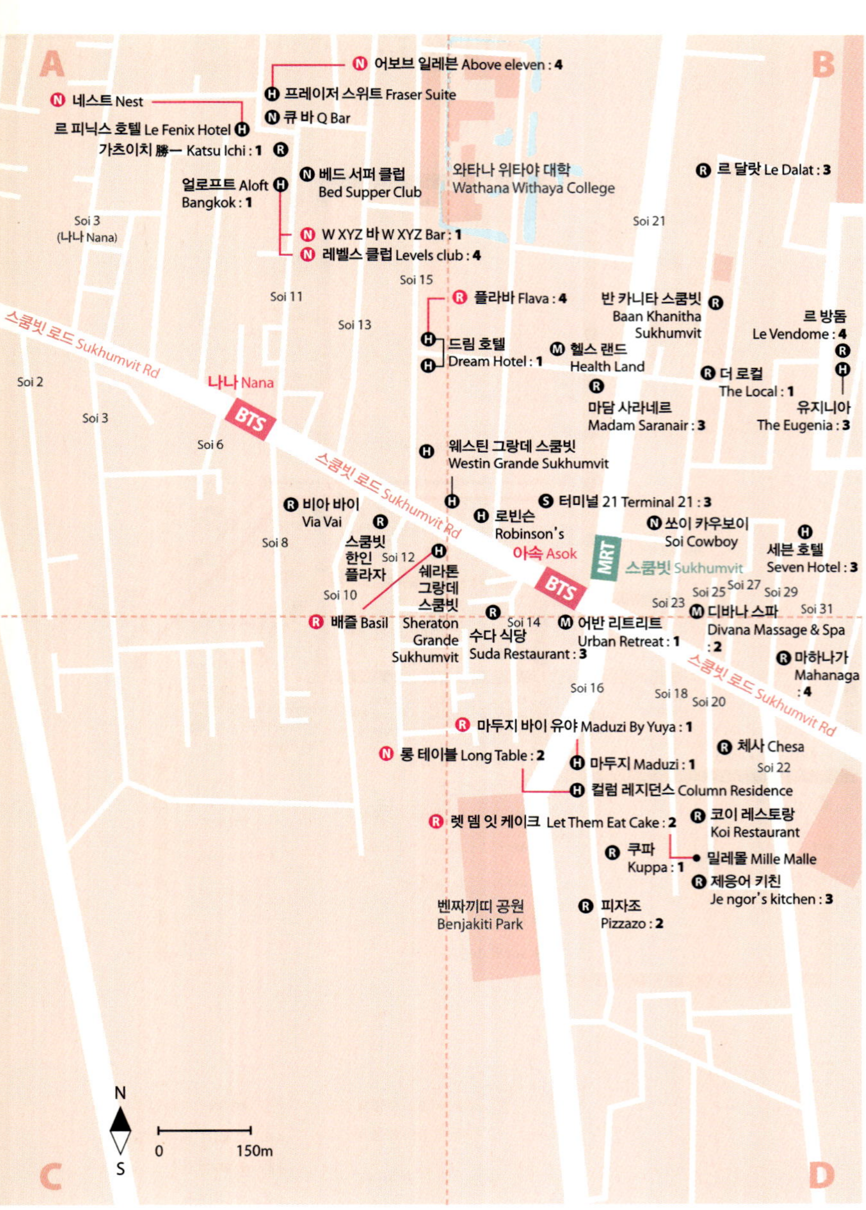

A
B
어보브 일레븐 Above eleven : 4
네스트 Nest
프레이저 스위트 Fraser Suite
르 피닉스 호텔 Le Fenix Hotel
큐 바 Q Bar
가츠이치 勝一 Katsu Ichi : 1
르 달랏 Le Dalat : 3
얼로프트 Aloft Bangkok : 1
베드 서퍼 클럽 Bed Supper Club
와타나 위타야 대학 Wathana Withaya College
Soi 21
Soi 3 (나나 Nana)
W XYZ 바 W XYZ Bar : 1
레벨스 클럽 Levels club : 4
Soi 15
플라바 Flava : 4
반 카니타 스쿰빗 Baan Khanitha Sukhumvit
르 방돔 Le Vendome : 4
Soi 11
Soi 13
드림 호텔 Dream Hotel : 1
헬스 랜드 Health Land
더 로컬 The Local : 1
스쿰빗 로드 Sukhumvit Rd
Soi 2
나나 Nana
마담 사라네르 Madam Saranair : 3
유지니아 The Eugenia : 3
Soi 3
BTS
Soi 6
스쿰빗 로드 Sukhumvit Rd
웨스틴 그랑데 스쿰빗 Westin Grande Sukhumvit
비아 바이 Via Vai
터미널 21 Terminal 21 : 3
Soi 8
로빈슨 Robinson's
쏘이 카우보이 Soi Cowboy
스쿰빗 한인 플라자
아속 Asok
세븐 호텔 Seven Hotel : 3
Soi 12
쉐라톤 그랑데 스쿰빗 Sheraton Grande Sukhumvit
MRT
스쿰빗 Sukhumvit
Soi 10
BTS
Soi 25 Soi 27 Soi 29
배즐 Basil
수다 식당 Suda Restaurant : 3
Soi 14
어반 리트리트 Urban Retreat : 1
Soi 23
디바나 스파 Divana Massage & Spa : 2
Soi 31
스쿰빗 로드 Sukhumvit Rd
마하나가 Mahanaga : 4
Soi 16
Soi 18 Soi 20
마두지 바이 유야 Maduzi By Yuya : 1
롱 테이블 Long Table : 2
마두지 Maduzi : 1
체사 Chesa
Soi 22
컬럼 레지던스 Column Residence
렛 뎀 잇 케이크 Let Them Eat Cake : 2
코이 레스토랑 Koi Restaurant
쿠파 Kuppa : 1
밀레몰 Mille Malle
제응어 키친 Je ngor's kitchen : 3
벤짜끼띠 공원 Benjakiti Park
피자조 Pizzazo : 2
N
0   150m
S
C
D

스쿰빗 Sukhumvit

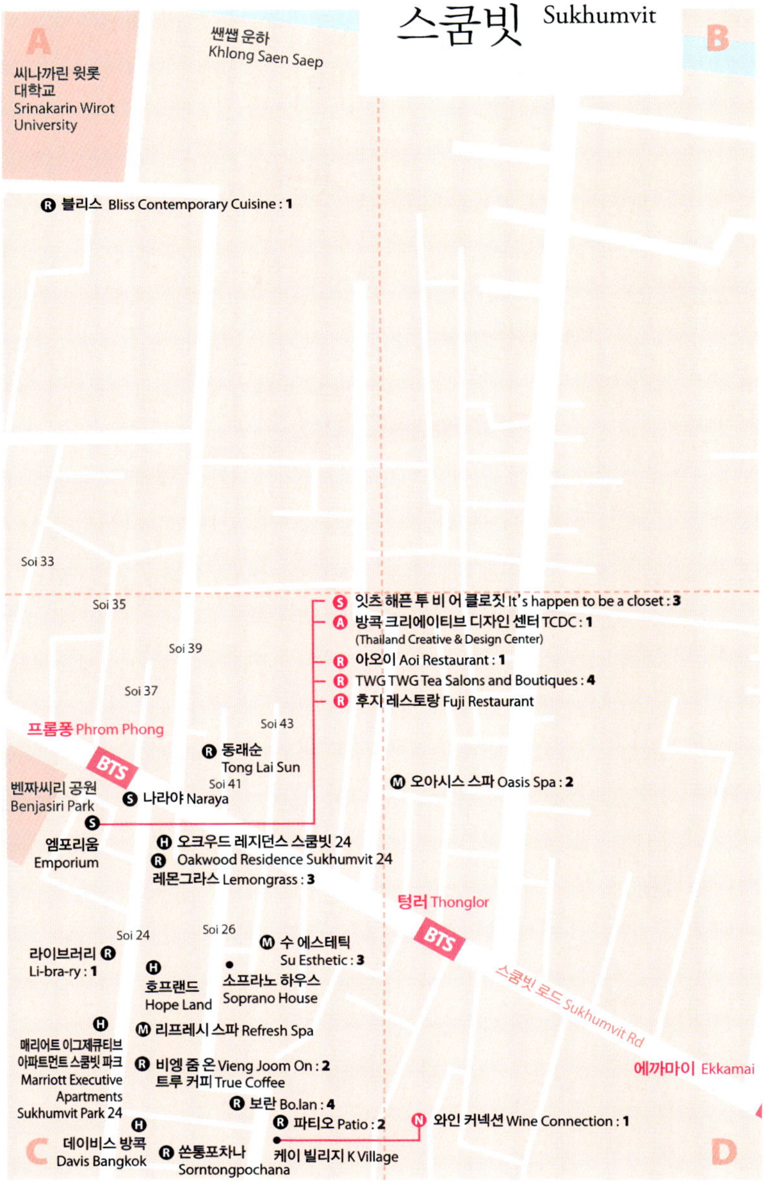

A

씨나까린 윗롯
대학교
Srinakarin Wirot
University

쌘쌥 운하
Khlong Saen Saep

B

R 블리스 Bliss Contemporary Cuisine : **1**

Soi 33

Soi 35

Soi 39

Soi 37

S 잇츠 해픈 투 비 어 클로짓 It's happen to be a closet : **3**
A 방콕 크리에이티브 디자인 센터 TCDC : **1**
(Thailand Creative & Design Center)
R 아오이 Aoi Restaurant : **1**
R TWG TWG Tea Salons and Boutiques : **4**
R 후지 레스토랑 Fuji Restaurant

프롬퐁 Phrom Phong

Soi 43

R 동래순 Tong Lai Sun

BTS

Soi 41

M 오아시스 스파 Oasis Spa : **2**

벤짜씨리 공원
Benjasiri Park

S 나라야 Naraya

S

엠포리움
Emporium

H 오크우드 레지던스 스쿰빗 24
R Oakwood Residence Sukhumvit 24
레몬그라스 Lemongrass : **3**

텅러 Thonglor

Soi 24

Soi 26

BTS

라이브러리 **R**
Li-bra-ry : **1**

M 수 에스테틱 Su Esthetic : **3**

H 호프랜드 Hope Land

소프라노 하우스 Soprano House

스쿰빗 로드 Sukhumvit Rd

H

M 리프레시 스파 Refresh Spa

매리어트 이그제큐티브
아파트먼트 스쿰빗 파크
Marriott Executive
Apartments
Sukhumvit Park 24

R 비엥 줌 온 Vieng Joom On : **2**
트루 커피 True Coffee

에까마이 Ekkamai

R 보란 Bo.lan : **4**

R 파티오 Patio : **2**

N 와인 커넥션 Wine Connection : **1**

C

데이비스 방콕
Davis Bangkok

R 쏜통포차나 Sorntongpochana

케이 빌리지 K Village

D

A
B
C
D
텅러 & 에까마이
Thonglor & Ekkamai
투 다이 포 To Die For : 3
Soi 25
Soi 23
Soi 13
디바나 스파 Divana Massage & Spa
Soi 17
Soi 16
J-애비뉴 J-Avenue
리야나 스파 Leyana Spa : 2
Soi 15
Soi 7
애프터 유 After You : 2
Soi 13
펑키빌라 Funky Villa
데모 Demo
아카노야 Akanoya 紅乃家 : 3
뮤즈 Muse
아레나 10 Arena 10
Soi 11
Soi 10
넝랜 Nunglen
피만 49 Piman 49
클럽 거리
바닐라 가든 Vanilla Garden : 2
Soi 12
팬 퍼시픽 서비스 스위트
Pan Pacific Serviced Suites
Soi 7
에이트 텅러 레지던스
Eight Thonglor Residence
사바이 짜이 깹따완
Sabai Jai Kebtawan
Soi 10
오아시스 스파 Oasis Spa : 2
도이창 커피
Doi Chaang Coffee
헬스랜드 Health Land
Soi 5
텅러 Thonglor (Sukumvit Soi 55)
팬트리 매직 Pantry Magic : 2
서머셋 텅러 Somerset Thonglor
크레센도 Crescendo : 2
Soi 3
베코피노 Beccofino
빅씨 Big C
Soi 49
Soi 1
에까마이 Ekkamai (Sukumvit Soi 63)
Soi6
반 카니타 Baan Khanitha at Fifty Three : 1
듀엣 스파 Duet Spa
Soi4
텅러 Thonglor
아시아 허브 Asia herb Association
BTS
Soi 61
Soi 2
스쿰빗 로드 Sukhumvit Rd
와위 커피 Wawee Coffee
페이스 Face : 4
에까마이 Ekkamai
BTS
N
S
0
100m
STARBUCKS

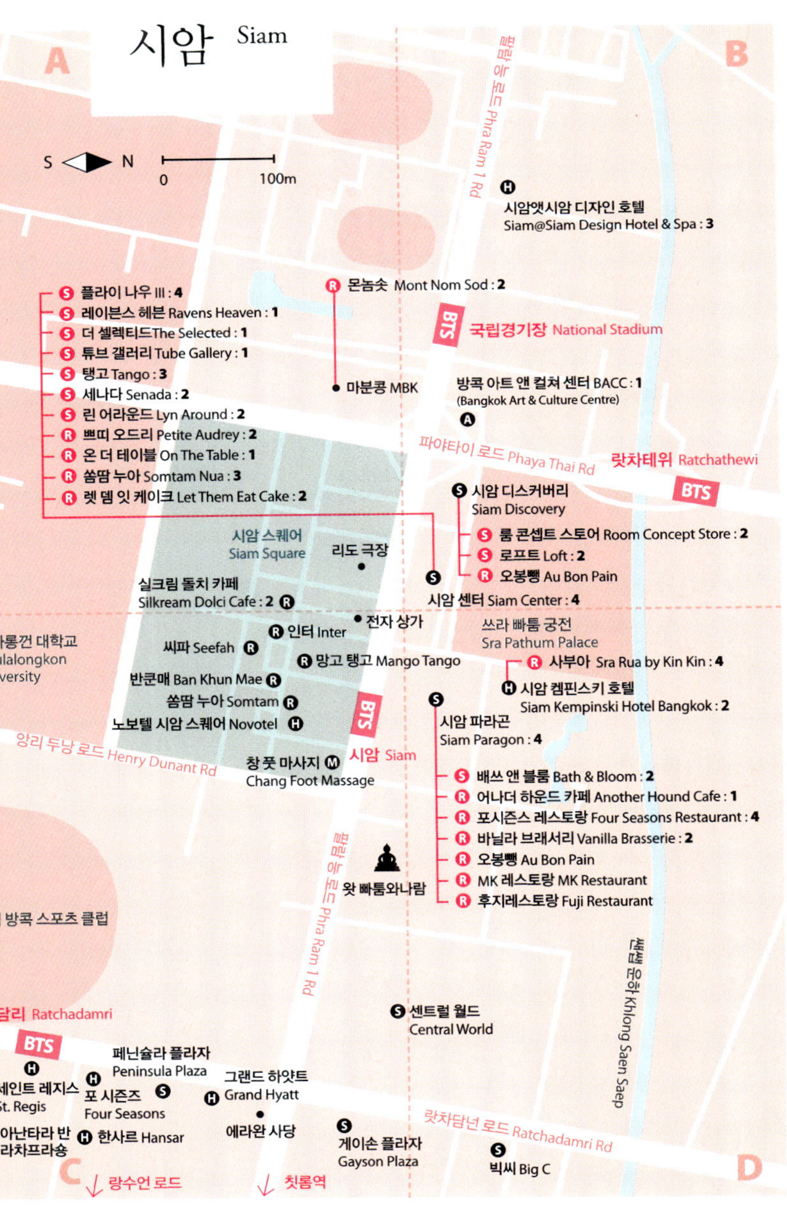

시암 Siam
S N
0 100m

시암앳시암 디자인 호텔
Siam@Siam Design Hotel & Spa : 3

몬놈솟 Mont Nom Sod : 2

국립경기장 National Stadium

방콕 아트 앤 컬쳐 센터 BACC : 1
(Bangkok Art & Culture Centre)

파야타이 로드 Phaya Thai Rd
랏차테위 Ratchathewi

플라이 나우 III : 4
레이븐스 헤븐 Ravens Heaven : 1
더 셀렉티드 The Selected : 1
튜브 갤러리 Tube Gallery : 1
탱고 Tango : 3
세나다 Senada : 2
린 어라운드 Lyn Around : 2
쁘띠 오드리 Petite Audrey : 2
온 더 테이블 On The Table : 1
쏨땀 누아 Somtam Nua : 3
렛 뎀 잇 케이크 Let Them Eat Cake : 2

마분콩 MBK

시암 디스커버리
Siam Discovery

룸 콘셉트 스토어 Room Concept Store : 2
로프트 Loft : 2
오봉뺑 Au Bon Pain
시암 센터 Siam Center : 4

시암 스퀘어
Siam Square

리도 극장

실크림 돌치 카페
Silkream Dolci Cafe : 2

쓰라 빠툼 궁전
Sra Pathum Palace

전자 상가

라롱껀 대학교
hulalongkon
niversity

씨파 Seefah
인터 Inter
망고 탱고 Mango Tango

반쿤매 Ban Khun Mae
쏨땀 누아 Somtam
노보텔 시암 스퀘어 Novotel

사부아 Sra Rua by Kin Kin : 4

시암 켐핀스키 호텔
Siam Kempinski Hotel Bangkok : 2

시암 파라곤
Siam Paragon : 4

앙리 두낭 로드 Henry Dunant Rd

창 풋 마사지
Chang Foot Massage

시암 Siam

배쓰 앤 블룸 Bath & Bloom : 2
어나더 하운드 카페 Another Hound Cafe : 1
포시즌스 레스토랑 Four Seasons Restaurant : 4
바닐라 브래서리 Vanilla Brasserie : 2
오봉뺑 Au Bon Pain
MK 레스토랑 MK Restaurant
후지레스토랑 Fuji Restaurant

왓 빠툼와나람

립 방콕 스포츠 클럽

센트럴 월드
Central World

담리 Ratchadamri

페닌슐라 플라자
Peninsula Plaza

그랜드 하얏트
Grand Hyatt

세인트 레지스
St. Regis

포 시즌즈
Four Seasons

아난타라 반
라차프라송

한사르 Hansar

에라완 사당

게이손 플라자
Gayson Plaza

랏차담넌 로드 Ratchadamri Rd

빅씨 Big C

랑수언 로드

칫롬역

Phra Ram 1 Rd
Khlong Saen Saep
Thonglor & Ekkamai
Siam

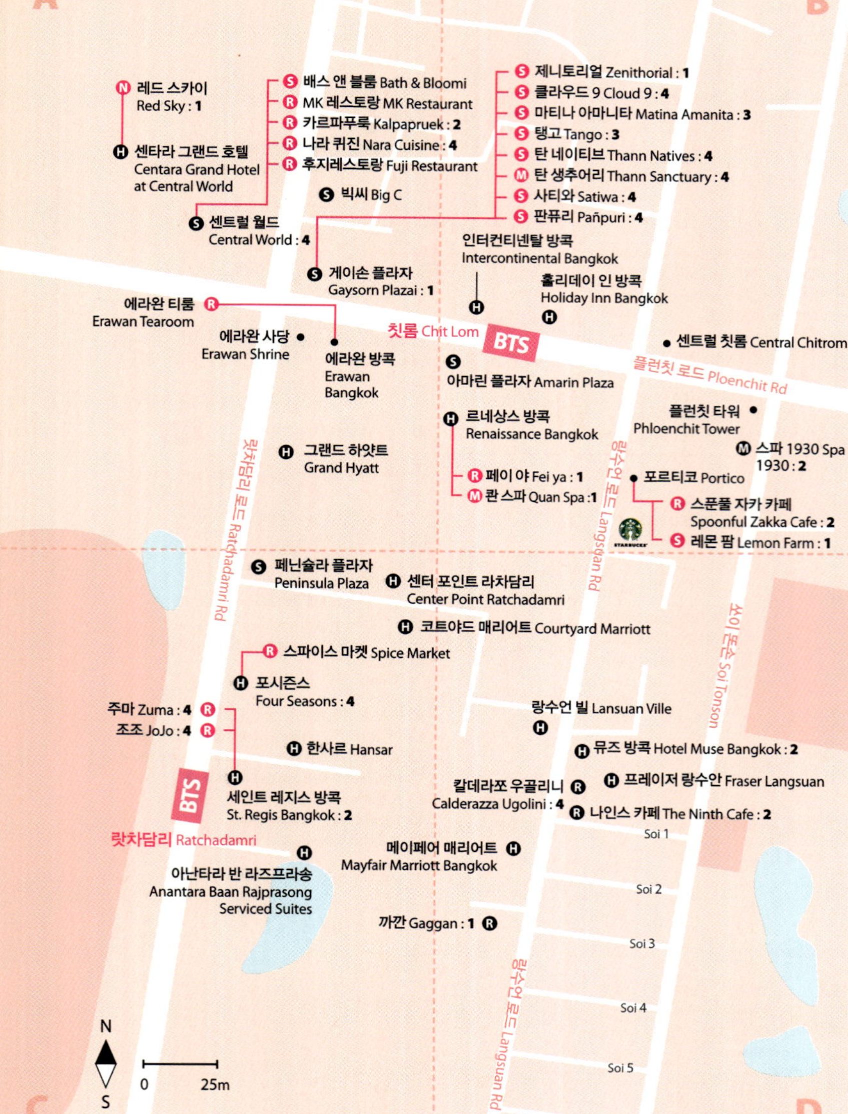

A
B
레드 스카이 Red Sky : 1
N
센타라 그랜드 호텔 Centara Grand Hotel at Central World
H
배스 앤 블룸 Bath & Bloom
MK 레스토랑 MK Restaurant
카르파푸룩 Kalpapruek : 2
나라 퀴진 Nara Cuisine : 4
후지레스토랑 Fuji Restaurant
빅씨 Big C
센트럴 월드 Central World : 4
게이손 플라자 Gaysorn Plazai : 1
제니토리얼 Zenithorial : 1
클라우드 9 Cloud 9 : 4
마티나 아마니타 Matina Amanita : 3
탱고 Tango : 3
탄 네이티브 Thann Natives : 4
탄 생추어리 Thann Sanctuary : 4
사티와 Satiwa : 4
판퓨리 Pañpuri : 4
인터컨티넨탈 방콕 Intercontinental Bangkok
홀리데이 인 방콕 Holiday Inn Bangkok
에라완 티룸 Erawan Tearoom
에라완 사당 Erawan Shrine
에라완 방콕 Erawan Bangkok
칫롬 Chit Lom
BTS
센트럴 칫롬 Central Chitrom
플런칫 로드 Ploenchit Rd
아마린 플라자 Amarin Plaza
르네상스 방콕 Renaissance Bangkok
페이 야 Fei ya : 1
콴 스파 Quan Spa : 1
그랜드 하얏트 Grand Hyatt
플런칫 타워 Phloenchit Tower
스파 1930 Spa 1930 : 2
포르티코 Portico
스푼풀 자카 카페 Spoonful Zakka Cafe : 2
레몬 팜 Lemon Farm : 1
STARBUCKS
랏차담리 로드 Ratchadamri Rd
소이 톤슨 Soi Tonson
랑수언 로드 Langsuan Rd
페닌술라 플라자 Peninsula Plaza
센터 포인트 라차담리 Center Point Ratchadamri
코트야드 매리어트 Courtyard Marriott
스파이스 마켓 Spice Market
포시즌스 Four Seasons : 4
랑수언 빌 Lansuan Ville
주마 Zuma : 4
조조 JoJo : 4
한사르 Hansar
뮤즈 방콕 Hotel Muse Bangkok : 2
BTS
세인트 레지스 방콕 St. Regis Bangkok : 2
칼데라쪼 우골리니 Calderazza Ugolini : 4
프레이저 랑수안 Fraser Langsuan
나인스 카페 The Ninth Cafe : 2
랏차담리 Ratchadamri
아난타라 반 라즈프라송 Anantara Baan Rajprasong Serviced Suites
메이페어 매리어트 Mayfair Marriott Bangkok
Soi 1
Soi 2
까깐 Gaggan : 1
Soi 3
Soi 4
랑수언 로드 Langsuan Rd
Soi 5
N
S
0   25m
C
D

칫롬 & 플런칫 Chit Lom & Ploenchit

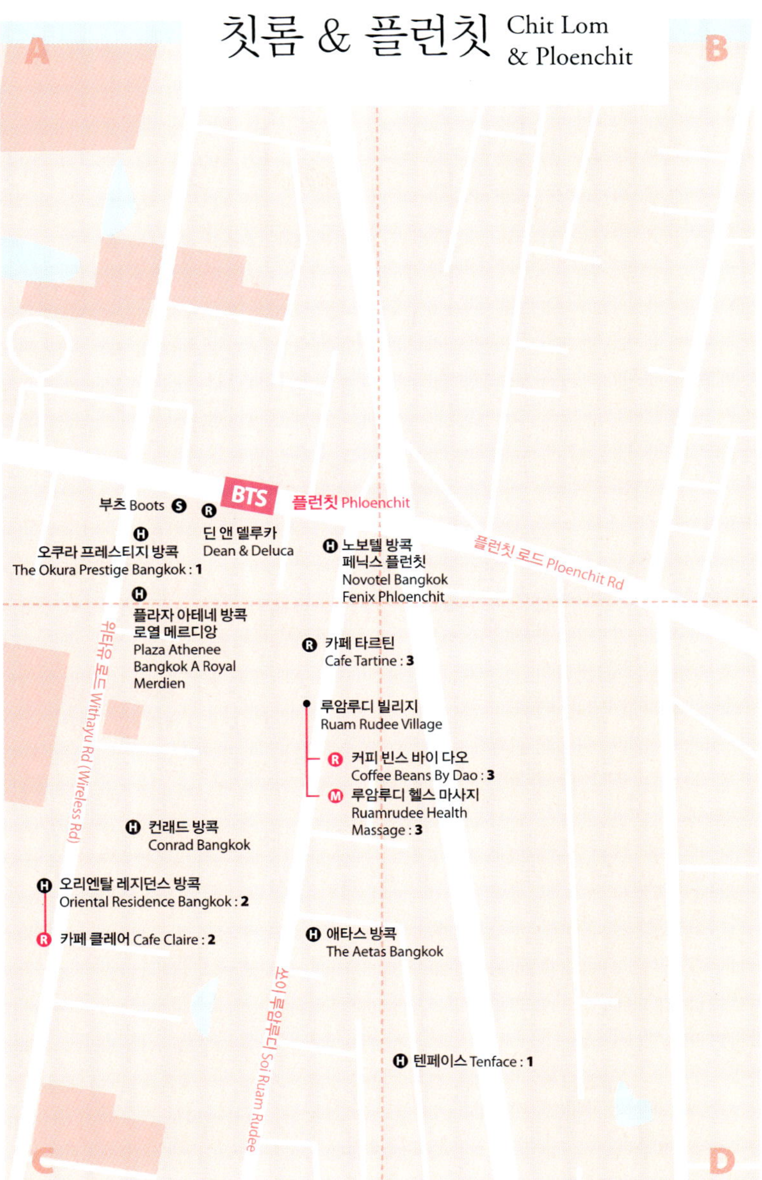

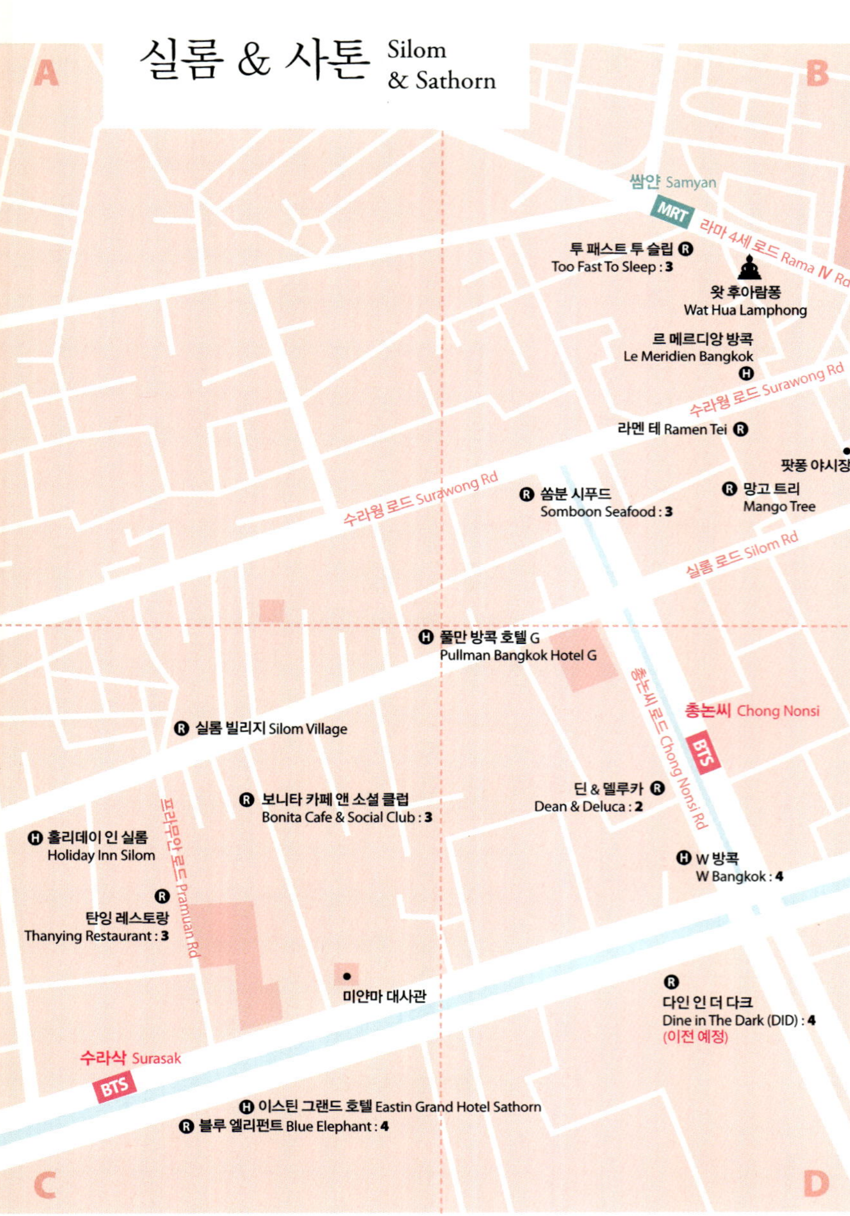
A
B
실롬 & 사톤 Silom & Sathorn
쌈얀 Samyan
MRT
라마 4세 로드 Rama IV Rd
투 패스트 투 슬립 R
Too Fast To Sleep : 3
왓 후아람퐁
Wat Hua Lamphong
르 메르디앙 방콕
Le Meridien Bangkok
H
수라웡 로드 Surawong Rd
라멘 테 Ramen Tei R
팟퐁 야시장
쏨분 시푸드 R
Somboon Seafood : 3
망고 트리 R
Mango Tree
수라웡 로드 Surawong Rd
실롬 로드 Silom Rd
풀만 방콕 호텔 G H
Pullman Bangkok Hotel G
총논씨 Chong Nonsi
총논씨 로드 Chong Nonsi Rd
실롬 빌리지 R Silom Village
BTS
딘 & 델루카 R
Dean & Deluca : 2
보니타 카페 앤 소셜 클럽 R
Bonita Cafe & Social Club : 3
홀리데이 인 실롬 H
Holiday Inn Silom
W 방콕 H
W Bangkok : 4
프라문안 로드 Pramuan Rd
탄잉 레스토랑 R
Thanying Restaurant : 3
미얀마 대사관
다인 인 더 다크 R
Dine in The Dark (DID) : 4
(이전 예정)
수라삭 Surasak
BTS
이스틴 그랜드 호텔 H Eastin Grand Hotel Sathorn
블루 엘리펀트 R Blue Elephant : 4
C
D

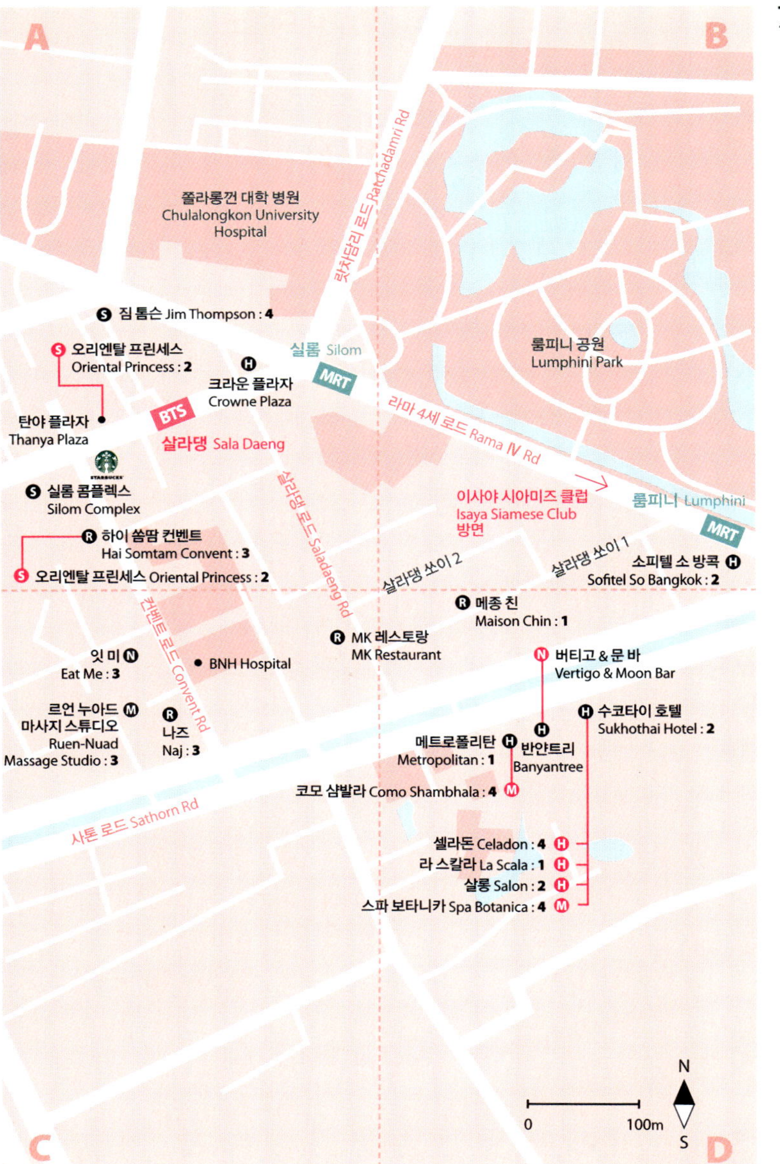
A
B
쫄라롱껀 대학 병원
Chulalongkon University Hospital
랏차담리 로드 Ratchadamri Rd
룸피니 공원
Lumphini Park
짐 톰슨 Jim Thompson : 4
오리엔탈 프린세스
Oriental Princess : 2
크라운 플라자
Crowne Plaza
실롬 Silom
MRT
탄야 플라자
Thanya Plaza
BTS
살라댕 Sala Daeng
라마 4세 로드 Rama IV Rd
실롬 콤플렉스
Silom Complex
하이 쏨땀 컨벤트
Hai Somtam Convent : 3
오리엔탈 프린세스 Oriental Princess : 2
이사야 시아미즈 클럽
Isaya Siamese Club
방면
룸피니 Lumphini
MRT
살라댕 로드 Saladaeng Rd
살라댕 쏘이 2
살라댕 쏘이 1
소피텔 소 방콕
Sofitel So Bangkok : 2
메종 친
Maison Chin : 1
잇 미
Eat Me : 3
컨벤트 로드 Convent Rd
BNH Hospital
MK 레스토랑
MK Restaurant
버티고 & 문 바
Vertigo & Moon Bar
르언 누아드
마사지 스튜디오
Ruen-Nuad
Massage Studio : 3
나즈
Naj : 3
수코타이 호텔
Sukhothai Hotel : 2
메트로폴리탄
Metropolitan : 1
반얀트리
Banyantree
코모 샴발라 Como Shambhala : 4
사톤 로드 Sathorn Rd
셀라돈 Celadon : 4
라 스칼라 La Scala : 1
살롱 Salon : 2
스파 보타니카 Spa Botanica : 4
N
0
100m
S
C
D

리버사이드 Riverside
보트로 30분 더 이동
H 더 시암 The Siam : 4
R 촌 Chon : 3
S ← → N
0 50m
S 리버 시티 River City
R 욕요 York Yor
밀레니엄 힐튼 Millennium Hilton : 1
R 비 마이 게스트 Be My Guest
씨 프라야 피어 Tha Si Phraya
H 로열 오키드 쉐라톤 Royal Orchid Sheraton
R 유안 Yuan : 1
R 플로우 Flow : 1
N 쓰리 식스티 바 360 Bar : 1
M 에포리아 Eforea : 1
R 랜턴 The Lantern : 3
짜런끄룽 로드 Charoen Krung Rd
오리엔탈 스파 The Oriental Spa : 3
M
R 차이나 하우스 China House : 4
짜런나컷 로드 Charoen Nakhon Rd
짜오프라야 강 Chao Phraya River
H 만다린 오리엔탈 방콕 Mandarin Oriental Bangkok : 2
H 페닌슐라 Peninsula
르 부아 Le Bua At State Tower
왓 쑤언플루
H 샹그릴라 Shangri-la : 4
N 시로코 앤 스카이 바 Sirocco & Sky Bar
R 초콜릿 부티크 Chocolate Boutique : 2
R 살라팁 Salathip : 4
M 치 스파 Chi, The Spa : 2
S 로빈슨 Robinson
BTS 끄룽 톤부리 Krung Thonburi
사판 탁신 브리지 Saphan Taksin Bridge
BTS 사판 탁신 Saphan Taksin
이비스 방콕 리버사이드 Ibis Bangkok Riverside
센트럴 피어 Tha Central
사톤 피어 Tha Sathon
아시아티크 Asiatique : 2
S H 아난타라 방콕 리버사이드 리조트 Anantara Bangkok Riverside Resort and Spa : 4
보트로 15분 더 이동
A   B   C   D

카오산 Khaosan

Riverside
Khaosan
프라아팃 로드 Phra Athit Rd
선착장 Tha Phra Athit
나왈라이 리버 스위트 호텔 Navalai River Suite Hotel
쏨땀집
나이쏘이 Nai Soi
커피 앤 모어 Coffe & More
디디엠 DDM
홍익인간 Hongik
동대문 Dong Dae Moon
파쑤멘 요새 Phrasumane
반타이 스파 Baanthai Spa
홍익여행사
봄베이 블루스 Bombay Blues
타이나라 여행사
프라쑤멘 로드 Phra Sumen Rd
무에타이 체육관
만남의 광장
타버나 Taverna (2층으로 뒷길과 연결)
반 차트 Baan Chart : 3
지라 Jira
경찰서
짜크라퐁 로드 Chakraphong Rd
톰양꿍 Tom Yam Goong
슬립 위드 인 Sleep With Inn
오봉뺑 Au Bon Pain
방람푸 시장
트루 커피 True Coffee
페뷸러스 The Fabulous : 3
람부리 로드 Rambutri Rd
타니 로드 Tani Rd
STARBUCKS
카오산 로드 Khaosan Rd
짜이디 마사지 Chaidee Massage
위앙따이 호텔 Viengtai Hotel
KFC
피자 컴퍼니 Pizza Company
N
0   300m
S

차이나타운 China Town
A
더 부톤 The Bhuthorn
짜런크롱 로드 Charoen Krung Rd
왓 포
롯 운하 Khlong Lot
시암 박물관 Museum of Siam
트리 펫 로드 Tri Phet Rd
옹앙 운하 Khlong Ang
왓 랏차부라나
라치니 피어 Tha Rachinee
B
왓 짜끄라왓
빡크롱 시장 Pakkhlong Market
사판 풋 피어 Tha Saphan Phut
사판 풋 야시장 Saphan Phut Night Market
아눗싸와리 Anutsawari
빅토리 모뉴먼트 Victory Monument
BTS
센추리 플라자 Century The Movie Plaza
후아힌행 롯뚜터미널
전승기념탑 Victory Monument
색소폰 Saxophone : 3
타파야행 롯뚜터미널
아유타야행 롯뚜터미널
S N
0 100m
킹파워 콤플렉스 King Power Complex
풀만 방콕 킹파워 호텔 Pullman Bangkok King Power Hotel

A
왓 텝씨린
미라마 호텔 Miramar Hotel
왓 프랍프라차이
왓 망꼰 까말라왓
짜런크룽 로드 Charoen Krung Rd
왓 깐마뚜야람
그랜드 차이나 프린세스
Grand China Princess
7월 22일 로터리
(왕위안 이씹썽 까라까타)
B
랏차윙 피어 Tha Rachawong
짜크라펫 로드 Chakra Phet Rd
텍사스 수끼 Texas Suki
쏘이 텍사스 Soi Texas
코튼 재즈바
Cotton Jazz Bar & Restaurant : 3
상하이 맨션
Shanghai Mansion : 3
캔톤 하우스 Canton House
MRT 훨남풍 역 방면
Hua Lam Phong
방면
랏차윙 피어 Tha Rachawong
쏨왓 로드 Songwat Rd
오디안 로터리
(왕위안 오디안)
짜오프라야강
Mae Nam Chao Phraya
N
0   50m
S

A
B
파타야 Pattaya
센타라 그랜드 미라지
Centara Grand Mirage
Beach Resort
우드랜드 리조트 Woodland Resort
렛츠 릴렉스 Let's Relax
북파타야 로드 North Pattaya Rd
헬스 랜드
Health Land
미니 시암
Mini Siam
만트라 Mantra Restaurant & Bar
돌고래상
아마리 오키드 리조트
Amari Orchid Pattaya
티파니 쇼 Tiffany Show
방콕행 버스터미널
룩돌 숍 Lukdod Shop
센트럴 센터 파타야
Central Center Pattaya
홀리데이 인 파타야
Holiday Inn Pattaya
Soi 2
Soi 3
아트 인 파라다이스
Art in Paradise
Soi 4
피아이씨 키친 PIC Kitchen
알카자 쇼 Alcazar Show
Soi 5
한우리 Hanwoori
Soi 6
Soi 1/6
하드록 카페 Hardrock Cafe
하드록 호텔 Hardlock Hotel
호라이즌 Horizon
엣지 Edge
에포리아 Eforea
톱스 슈퍼마켓
센트럴 파타야 로드 Central Pattaya Rd
빅씨 Big C
스쿰빗 로드 Skumvit Rd
Soi 7
힐튼 파타야 Hilton Pattaya
Soi 8
센트럴 페스티벌 파타야 비치
Central Festival Pattaya Beach
Soi 9
Soi 10
파타야 세컨 로드 Pattaya 2nd Rd
Soi 11
마이크 쇼핑몰
Mike Shopping Mall
Soi 12
키스 레스토랑
Kiss Food & Drink
비치 로드 Beach Rd
Soi 13
파타야 애비뉴 Pattaya Avenue
두짓 D2
Dusit D2 Baraquda Pattaya
르언 타이
Ruen Thai
파타야 써드 로드 Pattaya 3rd Rd
로열 가든 플라자 Royal Garden Plaza
파타야 매리어트
Pattaya Marriott
왓 차이몽꼰
남파타야 로드 South Pattaya Rd
Soi 14
Soi 15
워킹 스트리트 Walking Street
Soi 17
Soi 16
N
S
0   100m
C
D
파타야 수상시장 Pattaya Floating Market
림파 라삥 Rimpa Lapin
방면

후아힌 Hua Hin

A
B
플런완 Plearnwan 방면
(시내에서 차로 15분)
● 후아힌 공항
반 잇싸라 Baan Itsara ®
® 오션사이드 레스토랑
Oceanside Beach Club & Restaurant
푸타락사 Putahracsa Resort Ⓗ
그린 갤러리 Ⓗ ® 리빙룸 Living Room Bistro
Green Gallery Hua Hin
® 상타이 Sang Thai
촘신 로드 Chomsin Rd
® 헤븐스 키친 Heaven's Kitchen
빗차카셈 로드 Petchakasem Road
® 차오레이 Chaolay
후아힌 나이트 마켓
Hua Hin Night Market
데차누칫 로드 Dechanuchit Rd
® 코티 레스토랑
Koti Restaurant
STARBUCKS
시계탑 (관광 안내소)
풀숙 로드 Poolsuk Rd
왓 후아힌
방고밥집 Ban Pa Jeu ®
나레담리 로드 Naresdamri Rd
Ⓗ ® 화이트 로투스
White Lotus
힐튼 후아힌
Hilton Hua Hin Resort & Spa
● 방콕행 버스터미널
Ⓢ 후아힌 쇼핑몰
콜로네이드몰 Hua Hin Shopping Mall
Colonnade Mall Ⓢ ● 경찰서
Ⓗ 센타라 그랜드 리조트
Centara Grand Resort & Villas Hua Hin
후아힌 기차역 ●
담넌카셈 로드
Hua Hin Railway Station Damnoern Kasem Rd
● 힌 렉 파이 뷰포인트
Hin Lek Fai View Point
그랜드 나이트 마켓 ●
Grand Night Market
Ⓢ 마켓 빌리지 Market Village
Ⓗ 인터컨티넨탈 후아힌 리조트
Intercontinental Hua Hin Resort
Ⓗ 하얏트 리젠시
Hyatt Regency Hua Hin
Ⓜ 더 바라이 The Barai
시카다 마켓 Cicada Market Ⓢ
● 렛츠 시 Let's Sea Hua Hin
® 렛츠 시 레스토랑
Let's Sea Beach Restuarant
N
S
0 100m
C D
타키압 로드 Takiab Rd
● 카오 타키압 Khao Takiab
Pattaya
Hua Hin

실롬 & 사톤

칫롬 & 플런칫

방콕 프린세스

발행일 초판 1쇄 2013년 9월 6일

지은이 한혜원 김정숙

발행인 김우석
제작총괄 손장환
편집장 이정아
책임편집 손영미
마케팅 김동현 신영병 김용호 임정호 이진규
제작 김훈일 박자윤
저작권 안수진
홍보 이효정
디자인·일러스트·지도 강윤선
인쇄 자윤프린팅

발행처 중앙북스(주)
등록 2007년 2월 13일 제2-4561호
주소 (121-904)서울시 마포구 상암동 1651번지 상암DMCC빌딩 20층

구입문의 02-2031-1303
내용문의 02-2031-1366
팩스 02-2031-1399
홈페이지 http://jbooks.joins.com
페이스북 www.facebook.com/hellojbooks

ⓒ 한혜원·김정숙, 2013

ISBN 978-89-278-0470-3